파급력 높은 주제에 대한 독특한 학문적 접근으로 모든 이의 눈길을 사로잡는 작품.

— 로버트 사폴스키Robert Sapolsky, 스탠퍼드대학교 생물학·신경학·신경외과 교수

종교의 기원에 대한 새로운 시각을 제시하는 탁월한 책!

— 패트릭 맥나마라Patrick McNamara, 보스턴대학교 진화신경행동연구소 소장

종교의 출현을 암시하는 고고학적·인류학적 증거와 뇌의 신경생물학적 진화를 보여주는 화석 증거, 그리고 인간 정신 진화의 심리학적 증거를 융합한 놀라운 작품이다.

— 마이클 로젠버그Michael Rosenberg, 델라웨어대학교 인류학 교수

인간과 신 사이의 신경과학적 관계에 대한 학문적이고 통찰력 있는 연구 결과를 보여주는 작품. 그의 스물한 번째 책은 오랜 세월 한길을 걸어온 저명한 정신 건강 연구자의 학문적 깊이를 드러내 보인다.

— 제프리 리버먼Jeffrey Lieberman, 컬럼비아 의과대학 정신의학과 교수·학과장, 정신과 의사

과학자가 아닌 일반 독자들도 읽을 수 있게 쓰인 흥미롭고 통찰력 있는 작품

—《퍼블리셔스 위클리》

뇌의 진화,
신의 출현

EVOLVING BRAINS, EMERGING GODS:
Early Humans and the Origins of Religion by E. Fuller Torrey

Copyright © 2017 Columbia University Press

All rights reserved.

This Korean edition is a complete translation of the U.S. edition, specially authorized by the original publisher, Columbia University Press.

This Korean edition was published by Galmabaram in 2019 by arrangement with Columbia University Press through KCC(Korea Copyright Center Inc.), Seoul.

이 책의 한국어판 저작권은 (주)한국저작권센터(KCC)를 통해 저작권자와 독점계약한 갈마바람에 있습니다. 저작권법에 의해 한국 내에서 보호를 받는 저작물이므로 무단전재와 복제를 금합니다.

뇌의 진화, 신의 출현

초기 인류와 종교의 기원

E. 풀러 토리 지음
유나영 옮김

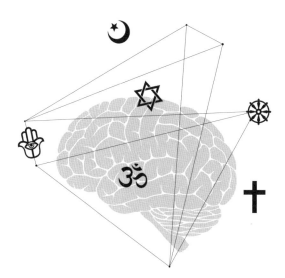

갈마바람
Galmabaram

이 책을 쓸 수 있게 해준 바버라에게
당신과 함께한 멋진 50년에 감사하며

일러두기

- 지은이 주는 본문에 1, 2, 3…으로 표시하고 미주로 실었다.
- 옮긴이 주는 본문에 *, **, ***…으로 표시하고 각주로 실었다.
- 뇌 부위별 명칭은 대한의사협회 의학용어 원칙을 기준으로 삼았으며, 가급적 한글화된 용어를 사용하였다.
- 인명, 지명 등 표기는 국립국어원의 외래어 지침을 따랐으며, 주요 인물이나 작품이 처음 언급될 때는 한글
  표기 뒤에 원어를 병기했다.
- 미주의 참고 문헌 가운데 국역본이 있는 것은 제일 처음 나올 때 서지 사항을 밝혀두었다.
- 책 제목 및 신문명과 잡지명은 《 》, 논문 또는 작품명(시, 에세이 등)은 〈 〉로 표기했다.

나는 죽음을 상대로 씨름을 해왔어. 그건 우리가 생각할 수 있는 다툼 중에서도 가장 맥 빠진 다툼이지. 그 다툼은 어떤 막연한 회색 공간에서 일어나는데, 발밑에 딛고 설 땅이 없고, 주변에 아무것도 없으며, 구경꾼도 없고, 소란도 없고, 영광도 없고, 승리를 향한 커다란 욕구도 없고, 패배에 대한 커다란 두려움도 없고, 미지근한 회의로 가득 찬 그 진저리나는 분위기 속에서, 우리 자신의 정당함에 대한 많은 믿음도 없이, 또 우리 적수인 죽음에 대한 믿음은 더더구나 없이 다투기만 하는 거야.

—조셉 콘래드, 《암흑의 핵심Heart of Darkness》*, 1903

문명, 경제 체제, 이주, 전쟁과 평화는 왔다 가지만, 죽음의 문제는 끝까지 남는다. 그리고 이것은 수천수만 세대의 남녀와 무수한 부족·인종·국가와 인류의 온갖 다양한 집단·유형·계급을 공통된—당혹과 고통에 시달리는—한 인류로 묶는다.

—콜리스 라몬트, 《불멸이라는 환상The Illusion Of Immortality》, 1935

*   이상옥 옮김, 민음사, 1998, 159쪽.

차
—
례

2부 신의 출현

소년 시절부터 나는 하느님을 찾아 헤맸다. 실은 어떤 신이든 상관없었다. 나는 성당의 복사로 영성체를 보조하면서 그 안에 하느님이 계신다는 말을 들었다. 대학에서는 종교학을 전공하며 다양한 모습으로 현현한 신들을 공부했다. 인류학과 대학원에 다닐 때는 전혀 닮지 않은 문화들에서 놀랄 만큼 비슷한 신들을 발견했다. 정신과 의사로서는 뇌를 공부했고, 신이 뇌의 어디에 거주하는지 알고 싶었다. 최초로 뇌를 체계적으로 연구한 17세기 영국의 의사 토머스 윌리스 Thomas Willis는 이 연구가 "사람 마음의 은밀한 장소들을 드러낼" 것이라고 말했고, 그의 말은 옳았다. 나는 신을 경배하기 위해 지어진 세계의 많은 성지들을 방문하여 그곳에 스며 있는 신비한 기운을 들이마시기도 했다. 성가 합창이 울려 퍼질 때면 초월적인 분위기를 띠는

고딕 성당은 내가 특히 좋아하는 곳이다.[1]

○○○○○

내가 이 책을 쓰기로 결심한 것은 이런 성지들 중 한 곳인 영국의 에이브버리Averbury를 방문했을 때였다. '레드 라이언 펍'의 테라스에서는 4,500년 전에 세워진 실버리힐Silbury Hill이 내다보였다. 실버리힐은 유럽에서 가장 높은 인공 둔덕으로 높이가 약 40미터에 이른다. 골각기와 목재 도구만 가지고도 놀라운 공학적 독창성을 발휘하여 방사상의 칸으로 구획·축조된 구조물은 오늘날까지도 침식된 흔적이 거의 없다. 실버리힐이 지어진 시기에 사카라Saqqara의 이집트인들은 약 60미터 높이의 계단식 피라미드를 최초로 세웠고, 카랄Caral의 페루인들은 약 30미터 높이의 토축단을 쌓았으며, 뉴허량의 중국인들은 거대한 기단을 쌓고 그 위에 사당을 지었다. 그후 인도네시아, 수단, 멕시코, 과테말라, 온두라스 등 세계 여러 지역에서 토축단과 피라미드가 지어졌다. 미국에도 세인트루이스 인근 카호키아Cahokia에 약 30미터 높이의 멍크 둔덕 등이 남아 있다. 아마 이 모두는 신들에게 가닿고 그들을 숭배하기 위해 지어졌을 것이다. 이런 욕구는 우리 뇌가 진화하면서 생겨난 필요에 대한 논리적 반응이다.

하지만 신에 대한 현재의 이론이 불완전한 정보에 기초해 있음을 유념해야 한다. 우리는 사람의 뇌가 어떻게 진화했고 어떻게 기능하는지에 대해 아직 배울 것이 많다. 호모사피엔스의 진화와 종교 관념의 발달에 대해 우리가 가지고 있는 지식 또한 단편적이다. 매우 중요한 고고학 유적들의 상당수는 우연히 발견되었다. 예를 들어 러시아 숭기르의 2만 8,000년 전 매장 유구는 땅속에서 점토를 채취하다가 발견되었다. 이와 비슷하게 불가리아의 바르나Varna, 요르단의 아인 가잘Ain Ghazal, 터키의 네발리 초리Nevali Çori, 중국의 우한武漢, 페루의 가라가이Garaguy 유적은 모두 건설 공사 중에 우연히 발견되었고, 터키의 괴베클리 테페Göbekli Tepe와 스코틀랜드의 네스 오브 브로드가Ness of Brodgar는 농부들이 밭을 갈다가 발견했다. 짐작건대 아직 발견되지 않은 이러한 유적들이 수백 개는 될 것이고, 이 유적들은 호모사피엔스의 진화와 신의 출현에 대한 정보를 추가로 제공할 수 있을 것이다. 따라서 이 책의 내용은 어디까지나 현재 알려진 사실을 바탕으로 한 잠정적 결론에 불과하다.

나는 사람의 진화를 기술하면서 지질학 및 고고학의 시대 구분 용어를 대체로 피하고, 지금으로부터 약 몇 년 전인지로 표시했다. 정확한 연대를 명시해야 할 때는 기원전(BCE)과 기원후(CE)를 표시했다. 또 독자들이 위치를 쉽게 파악할 수 있도록 고대의 장소들도 대부분 현재 지명으로 표기했다. 또 현대적 명명법에 따라 인류를 포함한 모든 대형 유인원을 '호미니드hominid'로, 호모사피엔스와 그 모든 직계 조상을 포함한 인류 계통을 '호미닌hominin'으로 지칭했다. 뇌에 관한 상세한 정보는 그 부분을 건너뛰고 싶어할 수도 있는 독자들을 배려하여 별도로 배치했고, 참고문헌은 해당 단락 말미에 한꺼번에 적었다.[2]

'신gods'과 '종교religion'라는 두 단어는 학자에 따라 매우 다양한 뜻으로 쓰인다는 점에서 문제가 있다. 조상, 동물, 자연의 정령들을 포함하여 초자연적 힘을 가진 존재는 모두 신이라고 주장하는 사람도 있다. 나는 '신'을 인간의 삶과 본성에 특수한 힘을 행사하며 남성성 혹은 여성성을 띤 불멸의 신적 존재라는 보다 제한된 의미로 사용한다. 하지만 이 정의도 전지, 전능, 무소부재의 정도가 천차만별인 광범위한 신을 포괄한다. 신은 천지와 인간을 창조했을 수도 아닐 수도 있고, 인간사에 관여할 수도 안 할 수도 있다. 일체의 인간사로부터 완전히 분리된 신을 지고신high god이라고 부르기도 한다. 대문자로 시작하는 신God('하나님')은 유대교, 기독교, 이슬람교의 유일신을 가리킨다. '종교' 또한 영적인 감정에서부터 신앙 및 의례 체계에 이르는 모든 것을 지칭하는 데 사용된다는 점에서 매우 포괄적이고 부정확한 단어다. 나는 이 단어를 윌리엄 제임스William James가 정의한 대로 "개개인이 신성하다고 여기는 일체의 것과 관련된… 그 개개인의 감정, 행동, 경험"을 가리키는 뜻으로 사용할 것이다. 여기서 "신성한divine"이란 "신과 같은godlike"이라는 의미다.[3]

호모사피엔스의 진화가 우리를 신들과 공식 종교들로 이끌어온 여
정은 참으로 비범하다. 우리 뇌는 진화했을 뿐만 아니라, 그 진화 과
정을 우리가 이해할 수 있고 기록할 수 있고 그것이 우리 삶에 띠는
함의를 생각할 수 있게끔 진화했다.

감사의 글

나는 컬럼비아대학 출판부의 편집자 웬디 로크너에게 가장 큰 빚을 졌다. 그는 여러 학문 분야가 뒤섞여 있고 어느 한 분야로 분류하기 쉽지 않은 이 원고에 전폭적 신뢰를 보내주었다. 캐럴라인 웨이저, 리사 햄, 로버트 뎀케 등 출간을 도와준 모든 이들은 유능한 전문가로서 함께 일하는 것이 즐거웠다. 또 뇌 그림에 신경해부학적 전문지식을 자문해준 마리 웹스터에게도 감사드린다. 많은 신경해부학적 오류를 수정해준 앤드루 드워크와 제프리 리버먼에게도 감사드린다.

많은 분들이 내 질문에 응해주었다. 예일 대학교 인간관계지역파일Human Relations Area Files의 크리스티안 커나, 그리고 팀 베런스, 토드 프로이스, 톰 쇠네만, 새러 워커 등이 그분들이다. 또 많은 분들이 다양한 진행 단계에서 원고의 일부분을 읽고 조언을 아끼지 않았다. 그중에서도 특히 핼시 비머, 존 데이비스, 페이스 디커슨, 조너선 밀러, 로버트 새폴스키, 로버트 테일러, 메이너드 톨, 시드 울프에게 감사드린다. T. S 엘리엇T. S. Eliot의 〈사중주 Four Quartets〉를 인용할 수 있게 허락해준 페이버 & 페이버 출판사에도 감사드린다. 끝으로 내 연구 조교인 주디 밀러와 웬디 시먼스, 그리고 행정적인 도움을 준 샤키라 버틀러와 셴 종에게도 감사를 표하고 싶다.

서론:
신들의 보금자리, 뇌

우리를 둘러싼 이 광대하고 복잡한 우주에서 우리의 위치를 정확히
가늠하려면 우리 뇌를 어느 정도 상세히 이해하는 것이 필수다.

— 프랜시스 크릭, 《열광의 탐구What Mad Pursuit》, 1988

신들은 어디서 왔을까? 또 언제 왔을까? 이 질문이 이 책을 추동한
힘이었다. 정신분석가 카를 융Carl Jung은 "우리 이전의 모든 세대들은
이러저러한 형태의 신을 믿었다"고 주장했다. 그게 정말 사실일까?
옛 호미닌에게도 신이 있었을까? 그에 반해, 종교 연구가 패트릭 맥
나마라Patrick McNamara는 신과 그에 수반된 종교의 존재가 현생 호모사
피엔스를 우리 호미닌 선조들과 구분하는 가장 두드러진 특징 중 하
나 — "거미의 거미줄, 비버의 댐, 새의 울음처럼 현생 인류 특유의 전
형적" 요소 — 라고 주장했다.[1]

신이 언제 어디에서 왔든, 하나의 신이든 여러 신이든 신을 믿는 것은 확실히 인간의 마음에서 우러나오는 욕구다. 2012년 미국에서 행해진 여론조사에 따르면, 조사 대상의 91퍼센트가 하나님이나 "보편적인 영적 존재Universal Spirit"를 믿는다고 답했고 4분의 3은 그런 신이 존재한다고 "절대적으로 확신"한다고 답했다. 이런 믿음은 인간이 "우리의 평범한 삶을 어떤 식으로든 초월과 연결하고자 갈망하는 신학적 동물"이라는 장-자크 루소Jean-Jacques Rousseau의 말을 뒷받침한다. 실제로 신을 향한 우리의 열망은 너무나 강렬해서, 저명한 과학자이자 독실한 기독교도인 프랜시스 콜린스Francis Collins는 "신을 향한 보편적 갈망" 그 자체가 목적의식을 띤 신적 창조주가 존재한다는 증거라고 주장하기도 했다. 거의 3,000년 전에 호메로스Homeros도 "모든 인간은 신을 필요로 한다"고 비슷하게 지적했다.[2]

유대교, 기독교, 이슬람교는 하나님이 유일신이라고 가르치지만 대다수 종교는 많은 신이 존재한다고 주장한다. 실제로 각 문화권의 신을 알파벳순으로 열거하자면, 아후라 마즈다Ahura Mazda, 비에마Biema, 츠웨지Chwezi, 닥기파Dakgipa, 에누납Enuunap, 푼동딩Fundongthing, 위대한 영Great Sprit, 혹시 타곱Hokshi Tagob, 이즈왈라Ijwala, 야훼Jehovah, 카슈군야Kas-shu-goon-yah, 라타Lata, 음보리Mbori, 은카이Nkai, 오순두Osundu, 팝둠맛Pab Dunmmat, 케찰코아틀Quetzalcoatl, 라Ra, 센갈랑 부롱Sengalang Burong, 티라와Tirawa, 우가타메Ugatame, 보두Vodu로부터 위라코차Wiraqocha, 희화Xi-He, 유루파리Yurupari, 제우스Zeus에 이르기까지 무수한 신들이 존재한다. 16세기 프랑스의 작가 미셸 드 몽테뉴Michel de Montaigne는 신을 만들어내는 인간의 성향을 이렇게 지적한다. "확실히 인간은 완전히 미쳤다. 벌레 한 마리도 만들어내지 못하면서 수십 가지 신을 창조해낸다."³

또한 신은 무소부재하여 지상과 천상과 지하 어디에서나 발견된다. 아테네의 아테나Athena처럼 특정 장소와 결부된 신도 있고, 바다의 신 포세이돈Poseidon처럼 자연의 힘이나, 사랑의 신 아프로디테Aphrodite처럼 인간 활동과 결부된 신도 있다. 일신교에서는 대개 유일신이 모든 인간 행동을 주재하는 반면, 다신교의 신들은 놀랄 만한 수준으로 전문화되곤 한다. 예를 들어 고대 로마에는 연중 들판을 갈아엎는 세 시기와 결부된 세 신(베르베카토르Vervecator, 레파라토르Reparator, 임포르키토르Imporcitor)*이 있었다. 또 파종(인시토르Insitor), 거름주기(스테르쿨리니우스Sterculinius), 김매기(사리토르Sarritor), 추수(메소르Messor), 곡식 저장(콘디토르Conditor)을 주관하는 신도 있었다. 아마 신들의 전문화가 궁극적으로 표현된 예는, "도둑들의 일을 돕는 특수한 신"을 가진 통가의 폴리네시아인들 사이에서 발견할 수 있을 것이다. 인류 역사 내내 새로운 신들이 출현하고 낡은 신들이 죽어갔다.

---

* 각각 유휴지를 갈아엎는 신, 두 번째 밭갈이의 신, 세 번째 밭갈이의 신.

살아 있는 신들은 예배 장소에서 찾아볼 수 있는 반면, 죽은 신들의 상당수는 박물관에서 찾아볼 수 있다. 박물관에서 그들의 형상은 예술 작품으로 취급된다.[4]

진화 이론

이 책은 신들이 어디서 왔는가에 대한 질문에 그들이 인간의 뇌에서 생겨났다고 주장할 것이다. 신들이 언제 왔는가에 대해서는, 뇌가 다섯 차례의 특수한 인지적 발달을 거친 연후에 등장한 것이라고 주장할 것이다. 신을 인지할 수 있기까지는 이러한 발달이 필요했다. 약 200만 년 전 호모하빌리스의 뇌 크기와 일반 지능이 대폭 증가했다(1장). 약 180만 년 전에 나타난 호모에렉투스는 자아에 대한 인식을 발달시켰다(2장). 약 20만 년 전부터 옛 호모사피엔스는 (흔히 "마음 이론"이라고 지칭하는) 타인의 생각에 대한 인식을 발달시켰다(3장). 약 10만 년 전부터 초기 호모사피엔스는 자신의 생각을 돌아보는 자기 성찰 능력을 발달시켰다. 그래서 그들은 타인이 뭘 생각하고 있는지를 생각할 뿐만 아니라, 타인이 자신에 대해 어떻게 생각하며 그 생각에 대해 어떻게 반응할지까지 생각할 수 있었다(4장).

끝으로, 약 4만 년 전부터 우리 현생 호모사피엔스는 흔히 "자전적 기억"이라고 부르는 것을 발달시켰다. 이는 자기 자신을 과거와 미래로 투사하는 능력이다. 그래서 우리는 미래를 예측하고 더욱 능숙하게 계획할 수 있었다. 그리고 호미닌 역사상 최초로 죽음을 개인적 존재의 종료로서 온전히 이해할 수 있었다. 그리고 최초로 죽음의 대안, 이를테면 우리의 죽은 조상들이 여전히 존재할지도 모르는 장소들을 상상할 수 있었다(5장).

특정한 인지 기능이 호미닌의 특정 진화 단계와 결부된다고 주장한다고 해서, 그 기능이 오로지 그 시기에만 발달했다는 말은 아니다. 모든 인지 기능은 호미닌이 진화한 전체 경로 가운데 한 부분으로 진화했고, 짐작건대 계속해서 진화 중이다. 특정한 인지 기능을 호미닌 진화 과정의 특정 단계와 결부시키는 것은, 진화의 그 단계에서 호미닌이 우리가 아는 어떤 새로운 행동을 선보였으며 이 행동은 그 특정 인지 기능이 이 호미닌의 행동에 영향을 미칠 수 있을 정도로 성숙했음을 암시한다는 뜻 이상도 이하도 아니다. 예를 들어, 약 10만 년 전에 장신구 목걸이를 만드는 데 사용된 것으로 보이는 조개 껍데기가 처음으로 등장했다. 이는 타인이 자신에 대해 어떻게 생각하는지를 생각하는 인지 능력이 그들의 행동에 영향을 미칠 정도로 성숙했음을 뜻한다. 이런 인지 기능의 전구前驅는 10만 년 전 이전부터 존재했을 것이고 5만 년 전부터는 더더욱 발전하게 되지만, 우리는 장신구로 사용된 조개껍데기를 인지 진화의 표시로 간주한다.

자전적 기억과 기타 인지 기능의 획득은 약 1만 2,000년 전부터 시작된 농경의 혁명으로 이어졌다. 이로 인해 처음으로 많은 사람이 한데 모여 부락과 도시에 정착했고, 이는 급격한 인구 증가를 불러왔다.

　　한 장소에 거주하면 죽은 자를 산 자들 옆에 매장할 수 있다. 그 결과로 조상숭배가 점점 더 중요해지고 정교해졌다. 인구가 증가하면서 불가피하게 조상들 사이의 위계가 생겨났다. 1만 년 전~7,000년 전의 어느 시점에, 아주 중요한 몇몇 조상들이 보이지 않는 선을 넘어 개념상 신으로 간주되기에 이르렀다(6장).

　　최초로 문자 기록이 가능해진 6,500년 전쯤에는 신들이 무수히 생겨났다. 처음에 그들의 책무는 삶과 죽음 같은 신성한 문제에 집중되었다. 하지만 곧 정치 지도자들이 신의 유용성을 깨달으면서, 법을 집행하고 전쟁을 벌이는 등의 세속적인 일 또한 점점 더 신들의 몫이 되었다. 2,500년 전 무렵에는 종교와 정치가 서로를 뒷받침하면서 주요 종교와 문명들이 조직되었다(7장). 마지막 장에서는 뇌의 진화로 신이 출현했다는 이론의 유용성을 지금까지 제시된 다른 이론들과 비교한다(8장). 이론의 유용성은 알려진 사실에 대한 설명력을 기준으로 평가할 것이다.

이 책에서 제시하는 신의 진화 이론은 새로운 것이 아니라, 진화론의 아버지인 찰스 다윈Charles Darwin이 최초로 알맞게 제시한 이론을 업데이트한 것에 가깝다. 다윈은 젊은 시절에 전통적 기독교 신앙을 고수했고, 한때 성직의 길을 진지하게 고려하기까지 했다. 그는 5년간의 비글호 항해 중에 "성경을 인용한다는 이유로… 몇몇 장교들의 완전한 비웃음거리가 되었다"고 훗날 회고하기도 했다. 영국으로 돌아와 자연선택 이론을 발전시키기 시작하면서, 다윈은 종교적 신앙도 뇌 진화의 결과일지 모른다는 생각을 하게 된다. 그는 "종교에 대해 많은 생각을 했다"고 개인 공책에 적었다. 그리고 특유의 약식 전보 문체로, "유전되는 사고(아니 더 적절히 표현하자면 욕망)"가 "뇌의 분비물"일지도 모른다고 추측했다. 계속해서 그는, 만약 그렇다면 "이것[신에 대한 믿음]이 유전되는 뇌 구조가 아니라고는 상상하기 힘들다…. 신에 대한 사랑은 생물 조직에서 비롯된 효과"라고 적었다. 사고와 욕망과 "신에 대한 사랑" 모두가 우리 뇌 조직의 산물이라고 추측한 것이다.[5]

당시 겨우 29세였던 다윈은 이런 생각을 공개적으로 표명할 수 없었다. 그는 자연선택이라는 자신의 신생 이론이 인간이 신의 형상대로 지어졌다는 기독교 신앙과 첨예하게 대립한다는 사실을 알고 있었다. 다윈은 기득권 세력인 종교의 비위를 거스르지 않고, 자신의 신앙심 깊은 아내를 실망시키지 않기 위해 향후 20년 동안 그의 자연선택 이론을 발표하지 않았다.

자연선택에 대한 다윈의 관점이 그가 세계 일주 항해 중에 만난 동물들을 통해 형성되었다면, 신에 대한 다윈의 관점은 그가 만난 사람들을 통해 형성되었다. 그는 남아메리카, 뉴질랜드, 오스트레일리아, 태즈메이니아, 그리고 대서양과 태평양에 산재한 무수한 섬의 원주민을 만났고, 그들이 믿는 수많은 신들에게 깊은 인상을 받았다. 《인간의 유래The Descent of Man》에서 그는 "만물에 스며든 영적 힘에 대한 믿음은 보편적인 것으로 보인다"며 "영적 힘에 대한 믿음은 신이 존재한다는 믿음으로 쉽게 이어질 것"이라고 지적했다. 다윈은 이런 믿음이 "인간 추론 능력의 상당한 진보"가 있은 연후에, 또한 "상상하고 호기심을 품고 궁금해하는 능력의 더 큰 진보로부터" 비로소 생겨난다고 덧붙이면서 뇌 발달 이론의 초석을 놓았다.

다윈은 "개가 자기 주인을 신으로 여긴다"고 주장한 다른 저자의 말을 인용하면서, 인간이 느끼는 "종교적 헌신의 감정"을 "개가 주인에게 품는 깊은 사랑"에 빗대었다.[6]

말년에 다윈은 자기 이론의 영향으로 신을 전혀 믿지 않게 되었다. 그는 자서전에 이렇게 썼다. "불신이 아주 서서히 내게로 다가와서 마침내는 완전해졌다. 그 속도가 너무 느려서 나는 전혀 내적 갈

등을 느끼지 않았고, 내 결론이 옳다는 것을 단 1초도 의심해본 적이 없다." 많은 사람들이 그렇듯, 악의 문제 역시 다윈이 궁극적으로 신앙을 버리게 된 이유가 되었다. 가장 사랑한 딸이 결핵으로 열 살 때 사망한 일은 특히 큰 괴로움을 주었다. 또한 다윈은 전지전능하다는 신이 어떻게 "무수한 하등동물들이 거의 끝없는 시간에 걸쳐 고통을 겪게끔" 내버려둘 수 있는지 의문을 품었다. 한 친구에게 그는 이렇게 썼다. "나는 남들과 다르게 우리 주변에서 창조주의 의도와 은혜의 증거를 분명히 볼 수가 없습니다. 내 눈에는 세상에 고통이 너무나 많은 것처럼 보입니다." 결국 다윈은 창조 과정에서조차 신을 느끼지 못하게 되었다. "바람이 부는 방향에서 의도를 찾을 수 없듯이 유기체의 다양성과 자연선택의 작용에서도 의도를 찾을 수 없다."[7]

사람의 뇌

신의 출현에 대한 진화 이론을 평가하려면 사람의 뇌에 대해 어느 정도 이해할 필요가 있다. 이 장에서는 이에 대해 간략히 요약하고, 더 자세한 내용은 주석과 부록에서 설명하겠다. 뇌는 놀라운 기관으로, 1,000억 개의 신경세포(뉴런)와 1조 개의 신경아교세포로 이루어져 있다고 여겨진다. 한 사람의 뇌세포를 지구상의 모든 사람이 나누어 갖는다면 한 명에게 신경세포 16개, 신경아교세포 160개씩 돌아가는 셈이다. 각각의 신경세포가 최소 500개의 다른 신경세포와 연결되어, 결과적으로 뇌 하나에 있는 신경섬유의 총 길이는 약 16만 킬로미터에 달한다. 이 신경섬유를 한 줄로 이으면 지구를 네 바퀴 돌 수 있다. 신경섬유는 밝은 빛깔의 물질인 말이집으로 싸여 있다. 빛깔이 밝기 때문에 이렇게 신경섬유로 된 연결로를 "백색질white matter"이라고 부른다. 신경세포, 신경아교세포, 연결로가 한데 모여 무한히 복잡한 뇌 신경망을 형성하며, 이것이 사람의 뇌를 우주에서 가장 복잡하다고 알려진 물체로 만든다. 영국의 신경학자 맥도널드 크리츨리 Macdonald Critchley는 뇌 신경망을 "뇌의 신성한 연회"에 비유하며, "이 잔치의 음식들은 한데 섞여서 쉽사리 찾기 힘들며 심지어 그 소스의 재료는 아직까지도 비밀에 싸여 있다"고 말했다.[8]

국소적으로 볼 때 사람의 뇌는 두 반구로 나뉘며, 각 반구는 이마엽, 관자엽, 마루엽, 뒤통수엽의 네 주요 엽으로 나뉜다(도판 0.1). 또 현미경으로 관찰한 뇌세포 조직에 의거하여 52개의 개별 영역으로 세분된다. 1909년 독일의 해부학자 코르비니안 브로드만Korbinian Brodmann이 처음 분류한 이 뇌 영역은 이후 몇 차례에 걸쳐 수정되었지만 여전히 브로드만 영역이라고 불리며, 보통 BA에 숫자를 붙인 형태로, 예를 들어 'BA 4' 하는 식으로 약칭한다. 이 책에서는 뇌 부위별 기능에 관심 있는 독자들을 위해 브로드만 번호 체계를 이용할

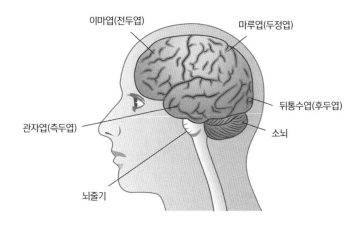

이마엽(전두엽)　　　　　　　　　마루엽(두정엽)

뒤통수엽(후두엽)

관자엽(측두엽)

소뇌

뇌줄기

도판 0.1 뇌의 네 엽

것이다. 도판 0.2는 브로드만 영역을 보여준다.[9]

　뇌 영상 연구와 사후의 뇌 연구는 사람 뇌의 어느 영역이 먼저 진화했고 어느 영역이 최근에 진화했는지를 보여주는데, 이에 대한 보다 자세한 설명은 부록 A에 실었다. 가장 최근에 진화한 뇌 영역은 독일의 연구자인 파울 에밀 플레시히Paul Emil Flechsig의 명명을 따라 흔히 "[말이집 형성] 지연 영역terminal areas"이라고 부른다. 중요한 것은, 가장 최근에 진화한 이 뇌 영역이 우리를 고유한 인간으로 만들어주는 대부분의 인지 기능과 결부된 영역과 일치한다는 점이다. 뇌 영상 연구는 뇌 영역들을 연결하는 백색질 연결로white matter tract(백질로)의

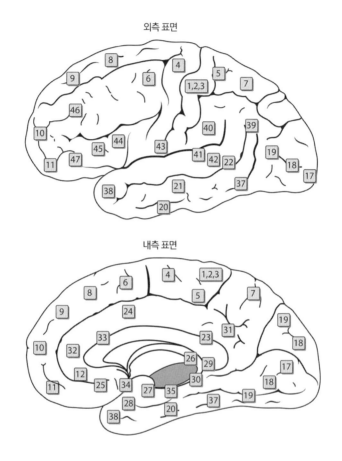

외측 표면

내측 표면

도판 0.2 브로드만 뇌 영역

진화 순서도 밝혀냈다. 가장 최근에 진화한 네 개의 백질로는 가장 최근에 진화한 뇌 영역들을 연결하며, 이 뇌 영역들은 이 책에서 논의할 인지 기능들과 결부되어 있다. 뒤에서 더 자세히 설명하겠지만, 뇌 진화에 대해 알려진 지식과 특정 인지 기능의 획득에 대해 알려진 지식은 서로 놀랄 만큼 잘 들어맞는다.

우리가 고유한 인간이 되는 데 있어 뇌의 연결섬유가 중요하다는 사실은, 곧 뇌에 단일한 "신의 부위god part"가 존재하지 않는다는 뜻이기도 하다. 사람의 거의 모든 고등한 인지 기능이 그렇듯, 신에 대한 사고 역시 여러 뇌 영역을 잇는 **네트워크**의 산물이다. 이러한 네트워크는 "특정 인지 과정에 굉장히 많은 계산 선택지가 결부되게끔 해주는" "연결 그리드"로 표현되기도 한다. 이 네트워크는 "모듈"이나 "인지 영역"이라고 불리기도 한다. 그래서 전통적으로 뇌의 두 영역(브로카 영역과 베르니케 영역)에 국지화되어 있다고 여겨져온 언어조차도 이제는 최소 다섯 영역에 걸친 네트워크의 일부임이 알려지게 되었다. 그러므로 "신을 관장하는 뇌 부위"는 없으며, 신과 종교적 믿음에 대한 사고를 제어하는 네트워크가 있을 뿐이다. 이것이 신의 네트워크로, 우리를 고유한 인간으로 만드는 인지 기능을 제어하는 바로 그 네트워크와 동일하다.[10]

뇌 진화의 증거들

이 책에서 제시하는 진화 이론은 뇌가 어떻게 진화했는지에 대한 이해에 기반하고 있으므로, 우리는 우리가 아는 사실을 어떻게 해서 알게 되었는지 물어야 합리적일 것이다. 즉 증거의 성격을 따져보아야 한다. 호미닌의 뇌 진화에 대한 정보는 호미닌의 두개골 연구, 고고학 유물 연구, 인간과 영장류의 사후 뇌 연구, 살아 있는 인간과 영장류의 뇌 영상 연구, 아동 발달 연구라는 다섯 가지 주요 연구 분야에서 나왔다.

호미닌의 두개골은 인간 뇌 진화의 중요한 정보원이다. 물론 그 뇌를 입수하는 편이 훨씬 낫겠지만, 뇌는 사후에 가장 먼저 부패하는 장기 중 하나로 따뜻한 기온에서는 수 시간 이내에 액화된다. 따라서 우리는 옛 호미닌의 뇌를 조사할 수 없다. 우리가 호모하빌리스, 호모에렉투스, 호모네안데르탈렌시스, 초기 호모사피엔스의 보존된 뇌를 나란히 놓고서 현생 호모사피엔스의 뇌와 비교하고 각각의 뇌를 정밀하게 해부할 수 있다면 얼마나 많은 걸 배울 수 있을지 상상해보라.

안타깝게도 우리는 그럴 수 없다. 우리가 가진 건 그 뇌를 담았던 두개골뿐이다. 교회 묘지에서 "불쌍한 요릭"의 두개골을 들고 선 햄릿처럼, 우리는 두개골을 이용하여 그 속에 든 뇌의 산물이었을 과거의 행동을 추측할 수 있다. 태아기 및 영아기 두개골의 유연한 뼈는 뇌가 성장함에 따라 그 형태에 맞게 조형된다. 따라서 두개골은 화산재 위에 찍히고 나서 굳은 태고의 발자국과 비슷하다. 직접 관찰할 수 있는 발은 더 이상 없지만 발의 모양과 심지어 발가락의 세부까지 어느 정도 남아 있다.

잘 보존된 두개골은 상당한 정보를 제공할 수 있다. 물론 뇌 용량은 비교적 계산하기 쉽다. 두 반구가 대칭인지를 포함하여―호미닌의 진화 초기에는 대칭이지만 후반에는 그렇지 않다―뇌의 전체적 형태에 대해서도 뚜렷한 정보를 제공한다. 두개골의 형태를 관찰함으로써 이마엽, 마루엽, 관자엽, 뒤통수엽의 상대적 크기와 상대적 중요성에 대해 근거 있는 추측을 해볼 수도 있다. 초기 호미닌의 뇌에서는 뒤통수엽이 두드러지지만 후기 호미닌의 뇌에서는 다른 영역들이 더 발달했다. 두개골 안쪽 면의 주요 동맥과 정맥이 지나는 부위에는 고랑이 파여 있고, 소뇌와 이마엽 밑면이 자리잡았던 두개골 바닥에는 오목한 자국이 나 있다. 특별히 잘 보존된 두개골에서는 심지어 각각의 뇌 이랑 자국들까지 찾아볼 수 있다. 전체적으로 볼 때 두개골 입수가 뇌 입수에 한참 못 미치는 차선책이긴 해도, 우리 조상이 취했던 행동의 다른 증거들과 결합시켰을 때 두개골은 상당히 유용한 정보를 제공할 수 있다.

고고학 유물은 초기 호미닌의 인지 능력과 행동, 그러니까 뇌 진화에 대한 두 번째로 중요한 단서다. 200만 년 전 호모하빌리스가 만든 보다 발달된 도구는 더 높은 지능과 전반적으로 개선된 인지 능력을 시사한다. 앞에서 지적했듯이, 약 10만 년 전의 초기 호모사피엔스가 몸치장에 쓰기 위해 가공한 조개껍데기는 남이 자신에 대해 어떻게 생각하는지를 생각하는 능력을 시사한다. 약 2만 7,000년 전 현생 호모사피엔스가 식량, 도구, 무기, 귀금속, 기타 용구를 시신과 함께 매장한 것은 그들이 내세에 대해 생각하는 능력을 갖게 되었음을 보여준다.

두개골과 유물의 연대 추정

오래된 두개골과 유물은 그 연대를 꽤 정확하게 측정할 수만 있다면 인류 진화를 이해하는 데 매우 중요하다. 약 4만 년 전까지의 연대를 추정하는 데는 방사성 탄소 연대 측정법이 많이 쓰인다. 탄소는 모든 생물체에 존재하며, 탄소의 동위원소인 탄소-14의 붕괴 속도는 예측 가능하다. 머리카락, 뼈, 나무, 숯 등의 유기물 표본에 남아 있는 탄소-14의 양을 측정하면 약 10퍼센트의 오차 범위로 연대를 계산할 수 있다. 따라서 방사성 탄소 연대가 3만 년 전으로 나오는 무덤은 2만 7,000~3만 3,000년 전에 만들어졌다고 추정할 수 있다. 방사성 탄소 연대 측정의 한계는 대기 중 탄소-14의 양이 태양 활동과 지구 자기장에 따라 시간이 지나면서 변한다는 것이다. 이런 한계 때문에 방사성 토륨과 우라늄이 방사성 탄소 연대 측정의 대안으로 점점 더 많이 쓰이고 있다.

4만 년 전 이전의 연대는 측정 정확도가 훨씬 떨어진다. 포타슘이 방사성 아르곤으로 붕괴한 정도를 측정하는 법(포타슘-아르곤 연대 측정), 방사선 손상으로 인한 전자 축적량을 측정하는 법(전자스핀공명 연대 측정), DNA 돌연변이에 기초한 방법 등 다양한 측정법이 이용되어왔다. 세 방법 모두 오차 범위가 매우 크며, 연대가 오래될수록 오차 범위는 더욱 커진다. 일례로 DNA 돌연변이 측정법은, 이를테면 침팬지의 조상이 최초의 호미닌으로부터 분기해나온 시기처럼 종이 언제 분화했는지를 추정하는 데 사용되어왔다. 그런데 최근 DNA 돌연변이가 과거에 생각했던 것보다 더 느린 속도로 발생한다는 것이 밝혀졌다. 그래서 과거에는 침팬지-호미닌 분기가 400~700만 년 전에 일어났다고 생각했는데, 이제 그 연대가 800~1,000만 년 전으로 더 거슬러 올라갔다. 그리고 초기 호모사피엔스가 아프리카 밖으로 이동한 시기 또한 통상 추정되어온 약 6만 년 전이 아니라 12만 년 전일 가능성이 있다. 그러므로 이 책에서 논의하는 4만 년 이전의 모든 연대는 아주 넓은 오차 범위를 가진다고 보아야 한다.

참고문헌 J. Hellstrom, "Absolute Dating of Cave Art," *Science* 336 (2012): 1387–1388; A. Gibbon, "Turning Back the Clock: Slowing the Pace of Prehistory," *Science* 338 (2012): 189–191.

뇌의 진화를 아는 데 필요한 세 번째 연구 자원은 인간과 영장류의 사후 뇌다. 일반적으로 호모사피엔스 진화 초기에 진화한 뇌 영역은 개개인의 발달 과정에서도 초기에 성숙하며, 후기에 진화한 영역은 나중에 성숙한다고 알려져 있다. 이 현상을 요약한 한 연구에 따르면, "계통발생적으로 오래된 겉질(피질) 영역은 새로 생긴 겉질 영역보다 일찍 성숙한다". 예를 들어 팔, 입술, 혀의 운동 같은 특정 근육 기능과 결부된 뇌 영역은 가장 초기에 진화한 영역 중 하나인 동시에 가장 일찍 성숙하는 영역 중 하나이므로 갓 태어난 아기가 엄마 가슴을 붙들고 빨 수 있는 것이다.[11] 뇌 영역의 상대적 성숙도를 평가하는 방법은 세 가지가 있는데, 이를 부록 A에 요약했다.

인간의 사후 뇌는 진화 과정에서 보다 최근에 발달한 뇌 영역에 대한 정보를 제공할 뿐만 아니라, 침팬지나 기타 영장류의 사후 뇌와 비교할 수도 있다. 이런 비교 연구는 호미닌의 뇌 진화 과정에서 어떤 영역의 크기가 더 커지거나 작아졌는지, 다양한 뇌 영역의 연결정도가 상대적으로 어떤 차이를 보이는지, 호미닌 특유의 색다른 세포 유형이 있는지, 신경전달물질과 단백질 등의 화학 조성에 차이가 있는지 등을 보여준다.

특정 뇌 영역의 크기와 그 영역이 수행하는 기능의 중요성 사이에는 일반적으로 상관관계가 있다고 여겨진다. 이 원칙은 다음과 같이 요약된다. "특정 기능을 제어하는 신경 조직의 크기는 그 기능을 수행하는 데 따르는 정보 처리량에 대응한다." 그래서 소리에 크게 의존하는 박쥐는 청각겉질이 크고, 시각에 의존하는 원숭이는 시각겉질이 크다. 냄새에 의존하는 쥐는 후각겉질이 크고, 씨앗을 어디에 숨겼는지에 대한 기억에 의존하는 사막쥐는 기억 영역(해마)이 고도로 발달했다. 따라서 인간 뇌 영역의 크기를 침팬지의 그것과 비교하는 연구는 인간 뇌의 어떤 영역이 가장 중요하고 가장 최근에 진화했는지를 파악하는 데 유용하다.[12]

호미닌의 두개골, 유물, 인간의 사후 뇌 연구 이외에, 뇌가 어떻게 진화했는지를 이해할 수 있는 네 번째 방법은 최근 개발된 영상 기술을 이용하여 생명체의 뇌를 연구하는 것이다. 이런 기술로는 자기공명영상(MRI), 기능적 자기공명영상(fMRI), 그리고 뇌 영역 간의 연결을 평가하는 데 특히 유용한 확산텐서영상(DTI) 등이 있다. 살아 있는 인간과 침팬지의 MRI 연구는 두 뇌의 구조적 차이를 조명함으로써 사후 뇌 연구를 보완하고 있다. 소아를 대상으로 한 MRI

연구 또한 어떤 뇌 영역이 일찍 성숙하고 어떤 영역이 나중에 성숙하는지를 판단하는 데 이용된다. 그 결과는 놀라운 일관성을 보이며, "계통발생적으로 보다 오래된 뇌 영역은 새로운 영역보다 일찍 성숙한다"는 것을 분명히 보여준다. 사후 연구와 MRI 연구를 병행하면 호미닌의 뇌 진화 과정에서 어떤 뇌 영역이 가장 최근에 발달했는지를 알 수 있다.[13]

기능적 MRI(fMRI) 연구 또한 특정 뇌 기능을 특정 뇌 영역이나 네트워크와 연관 짓는 데 이용된다. 일례로 다른 사람이 무슨 생각을 하는지 생각해보라고 피험자에게 지시한 뒤 어떤 뇌 영역이 활성화되는지를 fMRI로 측정해볼 수 있다. 이런 식으로 타인에 대한 사고 과정을 특정 뇌 영역의 활동과 연관 지을 수 있다. 우리는 호미닌의 뇌 진화에서 어느 뇌 영역이 보다 최근에 발달했는지 알기 때문에, fMRI 연구는 보다 최근에 발달한 뇌 영역의 기능에 대한 정보를 준다.

최근 개발된 확산텐서영상(DTI)을 활용하여 우리는 뇌의 백질로를 최초로 시각화할 수 있게 되었다. 지금까지 15가지가 넘는 개별 경로가 확인되었고, 소아와 청소년에 대한 DTI 연구를 통해 연령대별로 각 경로의 성숙도를 가늠할 수 있게 되었다. 몇몇 경로는 출생 직후에 성숙한다. 그중 하나가 두 반구를 잇는 큰 연결로인 뇌들보(뇌량)이다. 이 연결로는 지능과도 관계가 있는데, 알베르트 아인슈타인 뇌의 뇌들보가 특히 크다는 것이 사후 연구로 밝혀지기도 했다.

아래세로다발 또한 출생 직후에 성숙하는 백질로로, 이마앞엽을 뇌 뒤쪽의 뒤통수엽과 시각겉질에 연결한다. 이에 반해 가장 늦게 성숙하는 네 가지 백질로는 현생 호모사피엔스가 되는 데 결정적인 뇌의 부위들을 연결한다. 이 네 경로는 도판 0.3에 표시한 위세로다발, 활꼴다발, 갈고리다발, 띠다발로, 뒤에서 좀 더 자세히 논의할 것이다.[14]

끝으로 사람 뇌의 진화 연구에 유용한 다섯 번째 주된 자원은 아동 인지 발달이다. 오랫동안 인간 태아의 신체 발달은 종의 진화적 발달을 정확히 반영한다고 여겨졌다. 그래서 인간 태아는 포유류의 조상인 고척추동물의 꼬리와 아가미틈을 닮은 꼬리와 인두주머니를 갖는다는 것이다. 이런 관찰에 근거하여 과거 여러 세대의 생물학도들은 "개체발생[신체 발달]은 계통발생[진화적 발달]을 반복한다"고 배웠다.

하버드 대학의 생물학자 스티븐 제이 굴드Stephen Jay Gould 등의 연구로, 이 공리의 일률적 해석은 신빙성이 떨어지게 되었다. 개체의 '신체' 발달은 종의 진화적 발달을 정확하게 반복하지 않는다. 하지만 대체적 유사성은 존재하며, 특히 인간의 '인지' 발달에서는 더욱 그런 것처럼 보인다. 영국의 신경과학자이자 노벨상 수상자로 포유류 뇌 연구에 평생을 바친 존 에클스 경Sir John Eccles은 "아기의 의식에서 아동의 자의식으로의 점진적 발달은 호미니드 자의식의 창발적 진화를 설명하는 훌륭한 모델을 제공한다"고 믿었다. 아동 발달

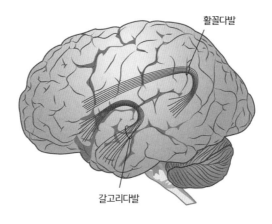

활꼴다발

갈고리다발

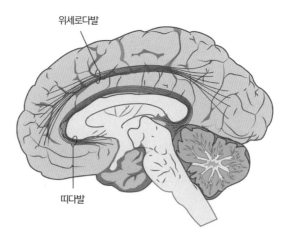

위세로다발

띠다발

도판 0.3 우리를 고유한 인간으로 만들어주는 기능에 중요한 백질로들

전문가 장 피아제Jean Piaget도 "아동의 사고 발달은 우리 종의 의식의 진화와 매우 유사하다"고 여겼다. 보다 최근의 경우를 살펴보면, 침팬지와 인간의 인지 과정 비교 전문가인 사우스웨스턴 루이지애나 대학의 심리학자 대니얼 포비넬리Daniel Povinelli는, "진화심리학자들은 [인간] 심리 능력의 개체발생에 기초하여, 심리 상태를 유발하는 구체적 속성들이 진화한 순서를 재구성할 수 있다"고 지적했다. 이 주제에 대한 한 심포지엄에서는 "인간의 인지 발달 순서는 그 선조형의 진화 순서와 대체로 유사하다"는 결론이 내려지기도 했다. 따라서 아동의 인지 발달은 호모사피엔스를 포함한 호미닌 인지 발달의 진화적 재구성을 돕는 단서로 활용될 수 있다.[15]

우리가 인간 뇌의 진화에 대해 많은 것을 알게 되긴 했지만 아직 배울 것이 많다. 이 분야에 대한 최근의 평가에 따르면, "뇌 구조와 기능의 관계에 대한 우리의 이해도는, 특히 다른 장기와 비교했을 때 원시적인 수준에 머물러 있다". 뇌 진화의 대체적 윤곽은 상당히 뚜렷한 데 비해 좀 더 자세한 세부는 아직 정리가 끝나지 않았다. 뇌 영상 기술이 점점 더 정교해지고 있으므로 우리는 십 년 후에는 또다른 진보가 이루어져 있을 거라 기대할 수 있다. 그래서 백질로의 진화는 물론 특정한 뇌 신경망의 기능에 대해 좀 더 잘 이해하게 될 것이고, 이는 신의 출현에 대한 보다 나은 이해로 이어질 것이다.[16]

평행진화

이 책에서 제시하는 주장의 기저를 이루는 비판적 개념이 또 하나 있다. 신경세포와 신경아교세포와 뇌 연결이 수백만 년에 걸쳐 진화했다고 할 때 이는 실제로 무엇을 의미하는 것인가? DNA 배열로 구성된 유전자는 세포 분열상의 실수, 방사선, 바이러스, 일부 화학물질 등 수많은 요인에 의해 바뀔 수 있다. 뇌의 진화는 뇌와 결부된 유전자의 분자구조에 변이가 일어났을 때, 그리고 이 변이가 유기체에 모종의 번식적 이점을 제공했을 때 일어났다. 예를 들어 내가 5장에서 기술할 "자전적 기억"이라는 것을 호모사피엔스가 획득했을 때, 그들은 당시의 다른 호미닌보다 훨씬 더 능숙하게 미래를 계획할 수 있었다. 변이된 유전자가 유기체에 불리할 경우 이런 유전자는 죽어서 자취를 감춘다. 변이된 유전자가 번식에 유리할 경우 이런 유전자는 다음 세대로 물려질 가능성이 높다. 따라서 진화는 출세하려는 유전자들의 노력이라고 비유할 수 있다. 다윈은 이 과정을 자연선택이라고 불렀다.

은유적으로, 자연선택은 전 세계의 아주 미세한 변이들까지 매일 매 시간 면밀히 뜯어보고 있다고 말할 수 있다. 그러면서 나쁜 것은 버리고, 좋은 것은 모두 보존하며 늘려나간다. 기회만 있다면 언제 어디서나, 각각의 유기체를 그 유기적·비유기적 생활 조건에 맞게 끔 묵묵히 눈에 띄지 않게 개선해나간다. 우리는 시간의 손이 여러 세대의 경과를 표시한 뒤에야 비로소 이 느린 점진적 변화를 감지할 수 있다.

따라서 우리 뇌는 2억 년에 걸친 이런 자연적 실험의 시행착오가 낳은 개조품이다. 그러므로 우리 뇌에 지적이지 않은 설계의 많은 특성들이 보인다는 사실을 알게 되더라도, 가령 오늘날에는 이치에 안 맞지만 아마도 어느 조상 포유류가 브론토사우루스의 간식거리가 되지 않기 위해 진화했을 특성들이 포함되어 있음을 발견하더라도, 놀라선 안 된다.[17]

　　이 책에서 제시하는 이론에 중요한 진화의 한 가지 특수한 측면은 평행진화parallel evolution의 존재다. 평행진화는 공통된 유전적 기원을 지닌 유기체들이 수천·수백만 년 전에 서로 갈라져나왔는데도 계속 비슷한 방향으로 진화하는 경우에 일어난다. 갈라져나온 유기체들이 비슷한 방향으로 발달하는 건 그들이 기후나 먹이 공급 등에서 비슷한 외적 선택 압력을 받거나, 발달 가능한 경우의 수를 제한하는 공통된 해부 구조 등의 내적 제약을 갖기 때문이다. 평행진화는 "생물 조직이 같은 '해결책'에 도달하는 반복적 경향"으로 정의된다. 평행진화의 산물은 관찰자들의 흥미를 끌기도 하고 그들을 당혹에 빠뜨리기도 했다. 하버드 대학의 역사학자 대니얼 스메일Daniel Smail은 이것을 "탈석기시대의 인간 사회에서 가장 섬뜩한 특성 중 하나"로 꼽았다. "농경은 서로 다른 대륙에서 독립적으로 고안되었다. 문자, 토기, 사제 계급, 시체 방부 처리, 천문학, 귀걸이, 주화, 순결의 신성함 등도 마찬가지다…. 우리는 인간 문명의 다양성을 찬미하지만, 가장 놀라운 것은 바로 그 유사성이다." 이를 계속된 뇌 진화의 산물로 볼 경우 우리는 이런 현상을 이해할 수 있을 것이다.[18]

평행진화의 사례들

가장 널리 인용되는 평행진화의 예는 오스트레일리아의 포유류 진화다. 오스트레일리아 대륙은 1억 년도 더 전에 떨어져나와 다른 대륙들로부터 고립되었다. 하지만 오스트레일리아의 포유류와 다른 대륙의 포유류는 대륙이 분리되기 전에 같은 조상을 공유했고, 그래서 그 후손들 가운데 일부는 놀랄 만큼 비슷한 방향으로 계속 진화했다. 이런 평행진화의 예로는 오스트레일리아의 볏꼬리주머니쥐와 유럽의 두더지, 오스트레일리아의 유대하늘다람쥐와 북아메리카의 날다람쥐, 태즈메이니아 늑대와 북아메리카의 늑대를 들 수 있다. 물론 유전자 돌연변이와 기후·먹이 공급·포식자·기타 요인 등의 외적 선택 압력이 다른 까닭에 서로 다른 방향으로 진화한 포유류들도 존재한다. 우리는 오스트레일리아 유대류의 뇌와 다른 대륙 태반 포유류의 뇌를 비교한 연구들을 통해 평행진화의 해부학적 토대를 알 수 있다. 두 포유류의 시각, 청각, 감각 자극을 지배하는 뇌 영역들은 놀랄 만큼 비슷하다고 한다. 한 연구자가 내린 결론에 따르면, "유대류가 진화시킨 형태, 행동, 겉질의 분화는 그들의 서식지와 비슷한 환경에 있는 태반 포유류에서 관찰되는 것과 놀라울 정도로 비슷하다. 이는 신경 체계의 진화에 부과된 제약의 결과로, 유사한 환경적 도전에 대해 유사한 해결책이 거듭 개발되었음을 암시한다".

뇌 발달이 평행진화한 또 다른 사례는 구대륙과 신대륙 원숭이의 뇌를 비교한 연구에서 찾아볼 수 있다. 이 둘은 3,000만 년 동안 독자적으로 진화했다. 신대륙 원숭이의 일종인 꼬리감는 원숭이는 "작은 물체를 조작하거나 목표 지향적 도구 사용을 위해 엄지와 검지를 맞대는" 정밀 그립precision grip을 구사한다. 구대륙 원숭이인 마카크도 정밀 그립을 구사한다. 두 원숭이의 뇌를 조사하자 손의 사용을 지배하는 마루엽 부위에서 놀라운 해부학적 유사성이 발견되었다. 연구자들은 "골격, 근육, 신경의 특성과 연관된 진화적 변화들이 유사하게 진행되며, 따라서 신체적 특성과 뇌의 특성이 연결된다… 꼬리감기원숭이와 먼 친척 관계이며 비슷한 손 조작 능력을 지닌 마카크원숭이가 [해부] 영역에서 이런 유사성을 보인다는 것은 영장류에 출현할 수 있는 겉질 배열의 범위가 제한되어 있음을 의미한다. 이는 아주 잘 보존된 발달 메커니즘이 겉질 영역의 경계와 국소 배열을 형성한 결과"라고 결론 내렸다.

참고문헌　J. Karlen and L. Krubitzer, "The Functional and Anatomical Organization of Marsupial Neocortex: Evidence for Parallel Evolution Across Mammals," *Progress in Neurobiology* 82 (2007): 122–141; J. Padberg, J. G. Franca, D. F. Cooke et al., "Parallel Evolution of Cortical Areas Involved in Skilled Hand Use," *Journal of Neuroscience* 27 (2007): 10106–10115.

이 책에는 놀라울 정도로 비슷한 발달 궤적들이 나오는데, 그중 상당수는 뇌 발달의 평행진화로 설명할 수 있다. 예를 들어 우리 자신을 과거와 미래에 온전히 자리매김하게 만든 최초의 유전적 뇌 변화(자전적 기억)는 호모사피엔스가 아프리카를 떠나기 이전에 일어났다. 이런 뇌 발달이 이미 진행 중이었으므로, 호모사피엔스는 포르투갈, 파키스탄, 페루, 파푸아뉴기니 등 어디에 정착했든 인지적으로 대충 비슷한 방향으로 수천 년간 계속 진화했다. 서로 매우 이질적인 집단들도 동식물을 길들인 후의 인구 증가 압력 같은 비슷한 선택 압력을 경험했다는 점에서, 지리적으로 멀리 떨어진 집단들이 엇비슷한 결과에 도달한 것은 놀랄 일이 아니다. 예를 들어보자.

- 약 4만 년 전, 최초의 시각예술이 현재의 스페인 및 인도네시아에 있는 동굴벽화와 독일에서 발견된 상아 조각품이라는 형태로 출현했다.
- 1만 1,000년 전~7,000년 전에 동남아시아, 중국, 파푸아뉴기니, 페루, 그리고 아마도 중앙아메리카에서 독자적으로 동식물이 사육/재배되었다.
- 약 9,000년 전에 조상숭배가 동남아시아와 중국에서 널리 성행하게 된 듯하다.
- 6,500년 전~5,000년 전에 동남아시아, 중국, 그리고 아마도 페루에서 지고신이 독자적으로 출현했다.

심리학자 마크 리어리Mark Leary와 니콜 버터모어Nicole Buttermore도 "개념적으로 자아를 인식하는 능력에 필요한 신경계 기질은 호모사피엔스가 아프리카 밖으로 확산되기 전부터 이미 존재하고 있었다…. 이는 평행진화의 예를 보여주는 것일 수도 있다. 아프리카에서 확산되기 이전에 일어난 인지적 변화가 진화의 추진력이 된 것"이라고 비슷한 견해를 제시했다.[19]

○○○○○

이렇게 인간 뇌의 인지적 진화는 신과 문명의 출현을 가능케 했다. 이는 인류가 발전한 놀라운 시대의 출발점이 되었을 것이다. 불과 6,000년 만에 우리는, 뇌 연구자 마르셀 메술람Marsel Mesulam의 말을 빌리면 "달구지에서 보이저호로, 스핑크스에서 로댕의 〈키스〉로, 《길가메시》에서 (《오디세이》를 거쳐) 《신곡》으로" 나아갔다. 이는 실로 비범한 여정이었다. 하지만 이 모두가 어떻게 일어났는지를 충분히 이해하려면 우리는 그 시초부터, 즉 다섯 차례의 인지적 진보 중 첫 번째부터 시작해야 한다.[20]

1부

신이 만들어지기까지

1

호모하빌리스:

더 영리한 자아

종교적 믿음의 역사가 문명과 인류 진화의 대서사에서 중심 무대를
차지하는 일은 흔치 않다. 그러나 인간 조건을 이해하려는 욕구, 즉
영혼의 양식을 향한 탐색은 일용할 양식을 얻고 재생산에 성공하려
는 탐색 못지않게 위대할 것이다.

— 마이크 파커 피어슨, 《죽음의 고고학The Archaeology of Death and Burial》, 1999

신들은 약 200만 년의 임신 기간을 거쳐 태어났다. 호미닌의 뇌가 영
장류 비슷한 뇌에서 현생 호모사피엔스의 인지 능력을 지닌 뇌로 구
조적·기능적으로 진화하는 데는 그만큼의 시간이 걸렸다. 신이 진화
에서 기원한 것이 맞다면 지금으로부터 약 4만 년 전 이전의 호미닌
에게는 신의 개념이 떠오르지 않았을 것이고, 신 자체는 아마 1만 년
전 이전까지 뚜렷이 가시화되지 못했을 것이다. 그 전까지는 인간의

뇌와 그로 인해 자의식을 띤 인간 세계가 신을 맞이할 준비를 갖추지 못했다.

물론 포유류의 뇌는 그 시기 이전까지 2억 년에 걸쳐 진화해왔다. 첫 1억 4,000만 년 동안 포유류는 보잘것없는 존재로, "공룡 세계의 후미진 곳에 서식하는 조그만 생물체"에 불과했다. 이 기나긴 시기에 진화는 세 부분─앞뇌, 중간뇌, 마름뇌(후뇌)─으로 구성된 뇌의 발달을 실험하고 있었다. 이 세 부분은 모든 포유류 중추신경계통의 기본틀을 이룬다.[1]

약 6,500만 년 전에 소행성이 지구와 충돌하여 공룡과 그 외의 많은 생물이 죽는 대재앙이 벌어졌다. 포유류는 생존했을 뿐만 아니라 이제 쥐라기의 포식자가 제거된 세상에서 번영을 누렸다. 스티븐 제이 굴드는 이렇게 지적했다. "우주적 대재앙이 공룡을 희생시키지 않았다면 이 행성에서 의식意識이 진화하지 못했을 것이라고 가정해야 한다. 이성적인 대형 포유류로서의 우리가 존재하는 것은 완전히 문자 그대로 행운의 별 덕택이다." 우리의 기원을 생각할 때 호모사피엔스는 "일종의 우주적 우연, 진화라는 크리스마스트리에 달린 방울 한 개"에 지나지 않는다고 굴드는 덧붙였다.[2]

공룡이 사라지면서 포유류는 급속히 다양해지고 더 커졌으며, 지구의 새로운 주인이 되었다. 포유류의 앞뇌는 중간뇌와 마름뇌에 비해 불균형하게 커졌고, 결국에는 두개골 속의 대부분 공간을 차지하게 되었다. 앞뇌는 크기가 커지면서 네 엽(이마엽, 관자엽, 마루엽, 뒤통수엽)과 바닥핵(기저핵), 해마, 편도, 시상, 시상하부로 분화했다. 가장 중요한 사실은 뇌가 새겉질(신피질)이라는 얇은 층을 발달시켰다는 것이다. 새겉질은 뇌의 네 엽을 13인치짜리 피자로 감싼 것과 비슷하다고 할 수 있다. 게오르크 슈트리터Georg Striedter의《뇌 진화의 법칙Principles of Brain Evolution》에 따르면 "새겉질은 포유류 뇌의 핵심적 혁신이었다". 그 이전 동물들의 겉질은 세 층이었는 데 비해 새겉질은 신경세포가 여섯 층으로 되어 있기 때문이다. 신경세포는 다른 신경세포와 3차원으로, 즉 수평·수직으로 연결되기 때문에 세 층이 추가되면서 신경세포 연결이 기하급수적으로 증가했고, 그래서 훨씬 더 복잡한 정보와 사고를 처리하는 게 가능해졌다.[3]

　포유류가 다양하게 분화하면서 약 6,000만 년 전에 최초의 영장류가 출현했다. 영장류는 급속히 수백 종으로 늘어났고, 그중 235종이 아직까지 존재한다. 약 3,000만 년 전에는 (꼬리감기원숭이와 마모셋 등) 신대륙 원숭이라고 알려진 한 집단이 독자적인 진화의 길을 걸었고, 약 2,500만 년 전에는 (개코원숭이와 마카크 등) 구대륙 원숭이가 같은 길을 걸었다. 우리와 가장 가까운 집단인 대형 유인원은 처음에 오랑우탄이, 그다음에는 고릴라가 독자적인 진화의 길을 걸으면서 약 1,800만 년 전부터 분화되기 시작했다. 끝으로 약 600만 년 전에 호미닌이 우리와 가장 가까운 호미닌 조상인 침팬지로부터 갈라져나왔다.

호미닌이 지금 우리가 아는 침팬지로부터 진화하지 않았다는 데 주목해야 한다. 호미닌과 침팬지 둘 다 약 600만 년 전에 살았던 공통 조상으로부터 진화해왔다고 해야 맞다. 호미닌 계통과 침팬지 계통은 그 후로도 계속해서 진화했다. 일례로 침팬지 중의 한 집단이 약 200만 년 전 서아프리카에 지리적으로 고립되었는데, 이 집단은 피그미침팬지라고도 부르는 보노보로 진화했다. 진화하는 침팬지 계통이 진화하는 호미닌 계통과 비슷한 진화적 압력하에 600만 년간 놓여 있었음을 고려할 때, 평행진화의 법칙에 따라 침팬지가 호미닌에게서 발달한 것과 유사한 몇몇 인지 능력을 발달시킨 것은 놀랄 일이 아니다. 2장에서 논의할 자아 인식은 이런 평행진화의 한 예다.

최초의 호미닌

한 종이 별개의 종으로 진화하는 것은 보통 점진적으로 이루어진다. 그래서 2001년 차드에서 발견되었고 적어도 600만 년 전의 것이라고 여겨지는 화석인 사헬란트로푸스 차덴시스를 어떤 이들은 최초의 이족보행 호미닌으로 분류하지만, 어떤 이들은 그냥 침팬지로 분류하기도 한다. 이것의 뇌 용량은 400입방센티미터 미만으로 현생 침팬지의 뇌 용량과 같다.[4]

사헬란트로푸스 차덴시스 이후 400만 년간은 아르디피테쿠스 카다바, 아르디피테쿠스 라미두스, 그리고 오스트랄로피테쿠스로 분류되는 몇몇 종―아나멘시스, 아파렌시스, 아프리카누스, 가르히, 보이세이, 로부스투스, 아에티오피쿠스, 그리고 2010년 발견된 화석에서 나온 세디바―들이 그 뒤를 이었다. 어떤 호미닌이 어떤 호미닌으로부터 이어 내려왔는지에 대한 논의가 무성하지만, 사실 확실한 판단을 내리기에는 표본의 수가 충분치 않다. 초기 호미닌 화석에 대한 연구는 아직 "대부분의 과학 분야의 출발점인 우표 수집 단계"에 머물러 있다고 여겨진다.[5]

분명한 점은 이 초기 호미닌들의 뇌 용량이 약 400~475입방센티미터로 침팬지보다 조금 컸고, 그들의 행동이 침팬지와 아주 유사했다는 것이다. 그들은 낮에는 과일, 견과, 뿌리, 덩이줄기를 채집하며 다니다가 포식자를 피하고 잠을 자기 위해 나무 위로 되돌아갔다. 일부 연구자들은 오스트랄로피테쿠스의 일부 종이 석기를 사용했다고 주장하지만, 이를 의심하는 연구자들도 있다. 1974년 에티오피아에서 화석이 발견된 "루시"와 탄자니아의 화산재에 찍힌 세 쌍의 발자국은 오스트랄로피테쿠스의 가장 유명한 실례다. 이따금 우리는 오스트랄로피테쿠스를 낭만적으로 채색하여 그들이 우리와 그리 다르지 않았을 거라고 상상하지만, 직립해서 걸었다는 점을 빼면 사실 그들은 우리와 매우 달랐다. 뇌가 충분히 발달하지 못했기 때문에 그들은 자기 자신에 대해 생각할 수 없었고, 자신이 이룬 걸 자랑하지도, 다른 오스트랄로피테쿠스를 뒤에서 험담하지도, 죽은 뒤에 어떻게 될지 걱정하지도, 신을 숭배하지도 못했다. 그래서 일반적으로 오스트랄로피테쿠스 개체가 "(아프리카 유인원들이 서로 달랐듯) 다른 아프리카 유인원과 달랐다"고 여겨지긴 하지만, "그들은 신체는 아닐지라도 마음은 여전히 유인원이었다".[6]

ooooo

약 200만 년 전 호모하빌리스가 진화했을 때, 초기 호미닌의 세계는 그들의 뇌 크기와 행동 때문에 훨씬 더 흥미로워졌다. 비록 호모하빌리스와 호모속의 초기 구성원—호모루돌펜시스, 호모에르가스테르, 그리고 최근 발견된 호모날레디—들과의 정확한 관계가 확정되려면 멀었지만, 일반적으로 호모하빌리스는 그 영장류 조상으로부터 멀찍이 갈라져나온 최초의 호미닌으로 여겨진다. 호모하빌리스의 화석은 에티오피아, 케냐 북부, 그리고 특히 루이스 리키Louis Leakey와 메리 리키Mary Leakey 부부를 유명하게 해준 탄자니아의 올두바이 협곡에서 발견되었다.

호모하빌리스는 230만 년 전~140만 년 전에 살았다고 여겨지지만, 최근 에티오피아에서 이루어진 발견은 그들이 280만 년 전에도 존재했을 가능성을 시사한다. 뇌의 평균 크기는 약 630입방센티미터로 오스트랄로피테쿠스의 뇌보다 3분의 1 정도 더 컸다고 추정된다.

호모하빌리스는 뇌가 커진 덕분에 오스트랄로피테쿠스보다 더 영리해졌고, 그들이 만든 거친 석기를 통해 그 지능을 짐작할 수 있다. 석기는 주로 바위를 깨뜨려 날카로운 돌날을 만드는 식으로 제작되었다. 거친 석기는 약 330만 년 전까지 거슬러 올라가는 것도 발견되었지만, 호모하빌리스가 만든 석기는 좀 더 정교했고 호모하빌리스의 화석과 함께 다수 발견되었다. 거칠긴 해도 이러한 석기는 죽은 동물의 가죽과 힘줄을 자르는 데 효율적이었을 것이고, 그래서 고기를 발라낼 수 있었을 것이다. 또 석기는 동물의 긴뼈를 부수어 특히 풍부한 단백질 공급원인 골수를 빼먹는 데도 활용할 수 있었다. 석기와 더불어 발견되는 동물 뼈는 도구가 이런 식으로 활용되었음을 보여준다. 또한 이 뼈는 호모하빌리스가 그 이전의 호모종들과 달리 고기를 먹었을 거라는 사실을 시사하기도 한다. 호모하빌리스가 동물을 사냥했다는 증거는 없으므로, 아마 그들은 다른 동물이 죽였거나 노령 또는 질병으로 죽은 동물의 시체를 먹었을 것이다.

물론 도구 사용은 호미닌에게만 독특한 것이 아니다. 도구를 사용하는 새들은 많이 관찰되었다. 까마귀는 나뭇가지와 용의주도하게 잘라낸 나뭇잎을 이용하여 구멍 속의 개미를 꺼내 먹고, 이집트독수리는 돌멩이를 떨어뜨려 타조 알을 깨 먹는다. 해달도 달팽이 껍데기와 게딱지를 돌멩이로 쳐서 깬다. 원숭이들이 나뭇가지로 달팽이를 죽이거나 돌멩이로 굴 껍데기를 깨는 모습이 관찰되기도 했고, 침팬지가 나뭇잎을 제거한 나뭇가지를 흰개미 둔덕에 쑤셔 넣어 먹이를 잡으며 돌로 견과를 깨 먹는다는 사실은 잘 알려져 있다.

호모하빌리스가 사용한 석기의 차별점은 그 복잡성에 있다. 케임브리지 대학의 고고학자 스티븐 미슨Steven Mithen에 따르면, "올두바이 협곡 유적에서 발견되는 유형의 돌날격지를 떼어 내려면 우선 자갈[돌]에서 뾰족한 부분을 인지하고, 이른바 타격면을 택하고, 자갈의 올바른 지점을 올바른 각도로 적절한 힘을 가하여 타격하기 위해 손과 눈의 정교한 협응력을 활용해야 한다"[7]

호모하빌리스가 만들었던 것과 유사한 석기 제작법을 침팬지와 보노보에게 가르치려는 시도들이 행해졌다. 특히 영리한 한 보노보에게 먹이를 상으로 주어가며 석기를 만들게 하는 데 성공하긴 했지만, 호모하빌리스의 석기에는 한참 못 미쳤다. 미슨에 따르면, 보노보는 "뾰족한 부분을 찾는다거나… 힘의 크기를 조절하여 타격한다는 개념을 전혀 발달시키지 못했다". 미슨은 호모하빌리스가 현생 침팬지보다 우월한 인지 기능, 즉 "마음의 직관적 물리학… 어쩌면 심지어는 기술적 지능"을 발달시켰을 거라고 추측했다. 이런 인지적 우월성은, 호모하빌리스가 이따금 돌날격지를 이용하여 막대 끝을 날카롭게 가는 등 도구를 이용하여 다른 도구를 만들었다는 증거로

뒷받침된다. 침팬지에게서는 알려진 바 없는 행동이다.[8]

호모하빌리스의 지능을 보여주는 다른 증거로는, 그들이 도구로 쓰기에 더 좋은 특정한 유형의 돌을 구하기 위해 몇 킬로미터를 이동했다는 사실도 있다. 또 그들은 석기를 가지고 새로운 장소로 이동하기도 했는데, 장래에 사용할 것을 계획하고 예측했다는 증거다. 센트럴 코네티컷 주립대학의 고고학자 케네스 페더Kenneth Feder는 이런 행동이 "고도의 계획과 지능"을 암시한다고 말했다. 미래에 쓰기 위해 계획하고 도구를 보관하는 행동은 침팬지에게서도 이따금 관찰된다. 일례로 스웨덴 한 동물원의 성체 수컷 침팬지는 동물원 개장 시간을 앞두고 돌멩이를 모아서 보관했다가, 우리를 둘러싼 해자 너머의 관람객들에게 던지기도 했다.[9]

그렇다면 호모하빌리스는 실제로 어떠했을까? 그들은 앞선 신체 기능과 어느 정도의 계획 능력을 보유했고 그들의 호미닌 조상보다 확실히 더 영리했다. 하지만 더 높은 지능에도 불구하고 그들이 자의식이나 그 밖에 후기 호미닌에게 두드러지며 신의 출현으로 이어지는 고차원적 인지 기능을 지녔다는 증거는 없다. 영국의 심리학자인 니컬러스 험프리Nicholas Humphrey는 호모하빌리스에 대한 가설적 상을 이렇게 제시했다.

옛날 옛적에 인간의 조상인 의식 없는 동물들이 살았다. 그렇다고 이 동물들이 뇌가 없었다는 말은 아니다. 그들은 분명히 지각과 지능과 복잡한 동기를 지닌 생물이었고, 그들의 내적 조절 메커니즘은 여러 면에서 우리의 것과 동등했다. 하지만 그들은 그 메커니즘을 들여다볼 길이 없었다는 뜻이다. 그들은 영리한 뇌를, 그러나 텅 빈 마음을 지녔다. 그들의 뇌는 감각기관으로부터 정보를 받아들이고 처리했지만 그들의 마음은 이에 수반되는 느낌을 의식하지 못했고, 그들의 뇌는 허기나 공포 같은 것에 의해 움직였지만 그들의 마음은 이에 수반되는 감정을 의식하지 못했으며, 그들의 뇌는 수의적 행동을 통제했지만 그들의 마음은 이에 수반되는 자유의지를 의식하지 못했다…. 그래서 이 조상 동물들은 자기 자신의 행동에 대한 내면의 설명에 완전히 무지한 채로 살았다.[10]

"영리한 뇌, 그러나 텅 빈 마음"은 호모하빌리스의 본질을 포착한 표현인 듯하다.

호모하빌리스의 뇌

호모하빌리스는 어째서 선조들보다 더 영리했을까? 한 가지 이유는, 아주 단순하게도, 그들의 뇌가 선조들보다 50퍼센트 이상 더 컸기 때문이다. 호미닌과 침팬지가 공통 조상으로부터 처음 갈라져나온 후로 400만 년이 흐르는 동안, 호미닌의 뇌는 침팬지보다 아주 약간만 더 커졌을 뿐이다. 그런데 갑자기 200만 년 전에 호미닌의 뇌가 훨씬 급속히 커지기 시작했고, 이렇게 촉발된 성장 패턴은 결국 호모 사피엔스의 과도하게 큰 뇌로 이어졌다. "이 정도 몸 크기의 포유류치고는 괴물처럼 크다"는 것이 우리 뇌의 특징이다. 특히 "사람 뇌는 우리 몸 크기의 유인원에게서 기대되는 것보다 3.5배나 더 크다". 호모하빌리스의 두개골에 대해 많은 독창적인 연구를 해왔고 이 종을 명명하기도 한 남아프리카공화국의 고인류학자 필립 토비아스Phillip Tobias는, "인류를 규정하는 특징 중 하나인 뇌의 놀라울 만큼 불균형한 확대는 호모하빌리스와 더불어 시작되었다"고 지적했다. 마찬가지로 캘리포니아 대학의 진화생물학자 마이클 로즈Michael Rose도 "지난 200만 년에 걸쳐 커져온 사람의 뇌는 화석 기록으로 알려진 가장 급속하고 지속적인 형태적 발달 가운데 하나였다"고 주장했다.[11]

일반적으로 뇌는 클수록 좋다. 일례로 토비아스는 호모하빌리스의 뇌가 커지면서 그 신경세포가 오스트랄로피테쿠스의 뇌에 비해 10억 개 더 늘었다고 추정했다. 하지만 크기가 전부는 아니다. 지능이 높고 뛰어난 업적을 거둔 사람들의 뇌 크기를 봐도 꽤 편차가 있기 때문이다. 영국의 풍자 작가 조너선 스위프트Jonathan Swift와 러시아의 소설가 이반 투르게네프Ivan Turgenev의 뇌는 2,000그램이 넘는 반면, 프랑스 소설가 아나톨 프랑스Anatole France의 뇌는 1,000그램에 불과했다. 3장에서 서술하겠지만, 네안데르탈인의 뇌 크기는 현생 호모사피엔스와 비슷했고 오히려 더 큰 경우도 많았다. 그리고 부록 A에 언급되어 있듯이 코끼리의 뇌는 사람의 4배, 고래의 뇌는 5배나 더 크다. 하지만 몸 크기에 비례한 뇌 크기는 단연 사람이 크다. 일례로 침팬지의 몸무게는 사람과 거의 비슷하지만, 뇌의 크기는 사람 뇌의 3분의 1에도 못 미친다. 그에 반해 심장, 허파, 간, 콩팥 같은 다른 장기의 크기는 침팬지와 사람이 비슷하다. 따라서 큰 뇌는 인간을 다른 영장류와 구분해주는 두드러진 특징이지만, 인간의 고유성을 만드는 것이 뇌 크기만은 아니다.[12]

오히려 사람 뇌의 고유성은 커진 뇌의 특정 영역들과 이 영역들을 잇는 연결의 밀도에 있다. 토비아스에 따르면 호모하빌리스의 두개골은 "뇌 물질의 증가"를 시사하는데, 이런 현상은 "주로 이마엽과 마루엽에서 뚜렷하고" 관자엽과 뒤통수엽에서는 "덜 두드러져 보인다". 특히 이마엽에는 "이마엽 가쪽 부위의 매우 두드러진 재형성"이 눈에 띄고, 마루엽의 위마루소엽과 아래마루소엽은 둘 다 "특히 잘 발달했다". 토비아스는 호모하빌리스의 뇌와 더불어 "호미니드의 진화가 새로운 차원의 조직화를 달성했다"고 결론 내렸다.[13]

따라서 두 가지 사실이 확실해진 듯하다. 첫째로 호모하빌리스는 자신의 선조들보다 영리했던 것으로 보인다. 둘째로 그들의 뇌의 이마엽과 마루엽 부위가 불균형하게 확대되었다. 이 두 사실이 인과 관계가 있다는 가정은 합리적이다. 하지만 과연 이를 뒷받침하는 데이터가 있을까?

실은 그런 데이터가 존재한다. 최근 들어, 사람 뇌에서 지능 요소를 국소화하려는 뇌 영상 연구들이 쏟아져나왔다. 이러한 37개 연구를 요약한 한 논문에 따르면, 지능이 이마엽과 마루엽 부위의 영역들을 포함한 네트워크와 이 부위들 사이의 연결로 국소화된다는 데 "인상적인 합의"가 이루어졌다. 그러므로 현생 호모사피엔스의 뇌에서 지능을 국소화하려는 뇌 영상 연구의 결과는, 200만 년 전 호모하빌리스가 더 영리해지면서 동시에 불균형하게 커진 호모하빌리스의 뇌 영역들과 잘 들어맞는다.[14]

지능과 관련된 기본 영역들

지능에 대한 뇌 영상 연구에서 활성화되는 특정 뇌 영역들이 어떤 검사법을 적용하느냐에 따라 조금씩 달라진다는 것은 예상할 수 있는 일이다. 일례로 많은 연구에서 활용되는 웩슬러 성인지능척도(WAIS)는 언어 이해, 지각 조직화, 처리 속도, 그리고 즉각적인 문제 해결에 필요한 단기기억인 작업기억을 측정하는 검사법이다. 이 지능검사에 의해 활성화되는 뇌 영역에는 이마엽의 이마극(BA 10), 가쪽이마앞겉질(외측전전두피질, BA 9와 46), 앞띠다발(B 24와 32)이 포함된다. 아래마루엽(BA 39와 40)도 WAIS에 의해 활성화되는 부위다. 사람들이 체스를 두는 동안 뇌 혈류량을 측정하는 등의 다른 지능검사를 활용했을 때는 이마엽의 다른 영역(운동앞겉질, BA 6)과 마루엽의 다른 영역(위마루엽, BA 7)도 함께 두드러진다(도판 1.1). 이 연구 결과들을 발표한 사람들은 "우리가 특정한 이마-마루엽 네트워크를 정의하면서 기술했듯이, 결과들 간에 큰 신경해부학적 일관성이 존재한다"고 결론 내렸다.[15]

지능과 결부된 듯 보이는 이 뇌 영역들에 대해 우리는 무엇을 알고 있을까?

첫째, 이 영역들은 플레시히가 명명한 "지연 영역"의 거의 모든 부위이며 따라서 진화적으로 가장 최근에 발달한 부위로 여겨진다. 실제로 플레시히는 이마극(BA 10)과 가쪽이마앞겉질(BA 9, 46)을 최후에 진화한 뇌 영역으로 분류했다. 둘째, 가장 많이 확대된 뇌 영역의 대부분은 연합영역이라고 알려진 부분이다. 이 영역은 단순한 근육이나 감각기능에 관여하는 게 아니라, 여러 다른 뇌 영역에서 입력된 정보들을 평가하고 적절한 반응을 조율하는 등의 복잡한 뇌 기능에 관여한다. 일례로 호모하빌리스가 손을 바위 뒤로 넣었는데 쉿쉿하는 소리가 들리는 동시에 미끈미끈한 생물체가 만져졌다면, 그의

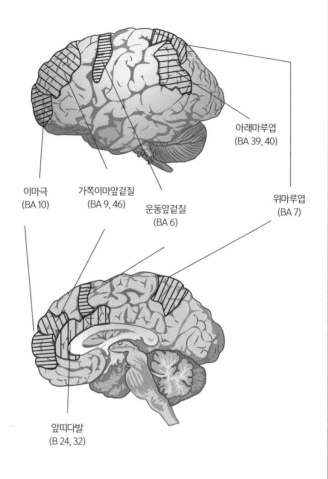

이마극
(BA 10)

가쪽이마앞겉질
(BA 9, 46)

운동앞겉질
(BA 6)

아래마루엽
(BA 39, 40)

위마루엽
(BA 7)

앞띠다발
(B 24, 32)

도판 1.1 호모하빌리스 : 더 영리한 자아

연합영역은 이런 감각 입력들을 통합하여 즉시 손을 빼라고 명령했을 것이다. 가장 최근에 진화했고 호모사피엔스의 독특한 인지기능을 만들어낸 부분은 뇌의 일차 영역이 아니라 연합영역이다. 에머리 대학의 신경과학자이자 영장류학자로 영장류와 사람의 뇌를 광범위하게 비교한 토드 프로이스Todd Preuss는 이 법칙을 명료하게 설명했다. 그는 "인간의 진화에서 일차 영역은 대략 유인원과 비슷한 크기를 유지한 반면 연합겉질은 엄청나게 확대되었다"고 결론 내렸다. 예를 들어 프로이스가 사람의 일차운동 또는 시각겉질을 영장류 뇌의 유사한 영역과 비교했을 때는 사람의 뇌 영역이 예상보다 크지 않았다. 이에 반해, 프로이스가 사람의 연합영역과 영장류 뇌의 유사한 영역을 비교했을 때는 사람의 뇌 영역이 예상보다 몇 배나 더 컸다.[16]

다른 연구들 또한 이마엽과 마루엽의 특정 부위들이 지능에 결정적이라는 사실을 뒷받침한다. 예를 들어 이마극(BA 10)은 "우리 조상들과 비교했을 때 사람 뇌의 다른 부분들보다 많이 확대되었다"고 여겨진다. 이 부분은 정보 처리, 작업기억, 사회적 인지, 감정 처리, 미래 행동의 계획에서 중대한 역할을 수행한다. 사람 이마극 신경세포기둥minicolume의 수평 간격과 대형 유인원 이마극의 그것을 비교한 최근의 연구에 따르면, 사람의 신경세포가 신경세포 간의 상호 연결도가 더 커지게끔 배열되어 있었다. 사람의 이마극이 상대적으로 더 중요하다는 것은 이마극에 있는 신경세포의 수가 침팬지의 비숫한 뇌 영역보다 4배나 더 많다는 사실로도 가늠할 수 있다. 운동앞겉질(BA 6)은 규칙의 추상화와 연합학습이 수반되는 과제를 수행할 때 활성화되는 등 많은 기능을 한다. 그리고 4장과 6장에서 다시 이야기하겠지만, 가쪽이마앞겉질(BA 9와 46)은 계획과 추론을 포함한 집행 기능에서 중심 역할을 한다.[17]

쐐기앞소엽이라고도 하는 위마루 영역(BA 7)은 다양하고 폭넓은 인지·감각·시각 기능을 수행한다. 위마루와 아래마루 영역(BA 39와 40)은 둘 다 지능에 중요한 역할을 하며, 연역적 추론 등의 다른 지적 기능들과도 결부되어 있다. 아인슈타인의 뇌를 사후에 검사했을 때 그의 아래마루 영역이 "다른 대조 표준들보다 15퍼센트 더 넓다"고 밝혀진 건 아마 우연이 아닐 것이다. 이 부분은 시각적 이미지를 수학적 사고 등의 인지기능과 통합하는 영역이다. 아인슈타인의 뇌에서 두 반구를 연결하는 뇌들보 역시 컸다는 사실은 앞 장에서 지적한 바 있다. 그의 뇌들보에서도 가장 큰 부위는 두 반구의 아래마루 영역들을 연결하는 부위였다. 따라서 큰 아래마루 영역과 그것의 연결섬유는 아인슈타인의 지적 역량을 설명하는 한 가지 요인일 수 있다.[18]

호모하빌리스 뇌의 이마엽과 마루엽이 커지면서, 이 두 부위를 연결하는 백질로 또한 발달했을 가능성이 크다. 그 주된 연결로는 합쳐서 위세로다발을 이루는 세 경로다. 이 세 경로는 이마앞겉질을 각각 위마루엽(BA 7), 아래마루엽의 모이랑(BA 39), 아래마루엽의 모서리위이랑(BA 40)으로 연결한다. 위세로다발의 성숙에 대한 연구들에 따르면, 이것은 "가장 늦게 성숙하는 백질로 중 하나"이며 따라서 지난 400만 년간의 지능 발달 과정과 일치한다. 또 다른 연구들에 따르면, 위세로다발은 "고도로 발달된 종들에서만 뚜렷이 확인된다…. 이는 SLF[위세로다발]가 고차원적인 뇌기능에 관여한다는 것을 강력하게 시사한다". 앞에서 설명한 대로, 백질 연결섬유의 존재뿐만 아니라 그것이 정보를 전도하는 속도도—특히 지능에—중요하다. 일례로 영장류와 다른 동물의 지능을 비교한 연구들을 보면, 지능을 예측하는 데 가장 중요한 두 변수는 뇌에 있는 신경세포의 수와 그 연결로의 전도 속도이다.[19]

왜 뇌 크기가 커졌을까?

약 200만 년 전부터 호미닌의 뇌 크기가 급속히 확대되었다는 것은 두 가지 의문을 제기한다. 어떤 식으로 확대가 일어났을까? 그리고 이전 400만 년 동안 비교적 일정한 크기를 유지하다가 왜 그 시점부터 뇌가 커지기 시작했을까? 첫 번째 질문과 관련하여, 호미닌의 뇌가 기존의 뇌 영역을 단순히 뜯어고쳐서 더 커진 건지, 아니면 새로운 뇌 영역을 만들어내서 커진 건지를 놓고 과학자들 사이에 논쟁이 계속되고 있다. 비유하자면, 길 저편에 있는 저 집은 집주인이 기존의 방을 확장해서 커진 것일까, 아니면 새로운 방을 만들어서 커진 것일까?

이 의문은 아직 풀리지 않았지만, 대부분의 뇌 진화가 전자의 방식대로 일어난다는 데는 모두가 동의한다. 다시 말하자면 "기회주의적 진화는 뇌의 오래된 부분들을 다소 마구잡이로 징발하여 새로운 기능에 동원해왔다". 뇌가 진화하면서 해마, 소뇌, 시상, 앞띠다발 같은 뇌의 보다 오래된 특정 영역들이 새로운 기능에 동원된 건 분명해 보인다. 하지만 진화 과정에서 새로운 뇌 영역이 만들어지기도 했다고 믿는 연구자들도 있다. 예를 들어 필립 토비아스는 아래마루소엽이 "사람 뇌에서 가장 특징적인 영역으로… 사람 뇌의 진화에서 유일하게 출현한 '완전히 새로운 구조'"라고 일컫는다. 다른 연구자들은 이것이 "완전히 새로운" 구조라는 데 의구심을 표했지만, 이 영역을 "비인간 영장류에서 확인하기가 사실상 불가능"하며 이 영역이 "원숭이 상태에서 인간 상태로의 이행기에… 엄청난 확대와 분화"를 겪었다는 건 인정했다.[20]

호모하빌리스의 뇌가 왜 그때부터 커졌느냐는 의문에 대해서는 널리 받아들여지는 답이 없다. 기후와 기타 환경 조건의 변화, 고기 섭취 증가와 같은 식단의 변화, 사회적 변화 등이 제시되었다. 그중 널리 인용되는 한 이론은 옥스퍼드 대학의 인류학자 로빈 던바Robin Dunbar가 제안한 '사회적 뇌 가설'이다. 이 가설은 뇌가 큰 영장류일수록 더 큰 사회 집단을 이룬다는 관찰에 기반하고 있으며, 던바는 "영장류는 그들의 유별나게 복잡한 사회 체계를 관리하기 위해 뇌를 더 크게 진화시켰다"고 주장했다. 다시 말해 200만 년 전 최초의 호미닌이 더 큰 집단을 이루어 살게 되면서, 그에 따라 필요해진 더 복잡한 사회관계에 적응하기 위해 뇌가 더 커졌다는 것이다. 하지만 던바가 제시한 이론의 인과 관계는 여전히 논란의 여지가 있다. 더 큰 뇌는 사회적 복잡성을 관리하는 것 말고도 많은 진화적 이점을 안겨줄 것이다. 일례로 시각·후각 체계가 커지면 위험을 탐지하는 능력이 향상되고, 기억 체계가 커지면 식량의 위치를 기억하는 데 도움이 될 것이다. 어쩌면 호미닌의 뇌는 다른 무관한 이유 때문에 커졌고, 이렇게 커진 뇌 덕분에 사회적 복잡성을 관리할 수 있게 되면서 더 큰 집단을 이룬 건지도 모른다. 과학 저술가 마이클 볼터Michael Balter는 뇌의 크기라는 수수께끼를 이렇게 잘 요약했다. "사람의 뇌가 어떻게 이토록 커졌는가는 지금으로선 수수께끼다. 다행히도 자연선택은 우리가 언젠가 이 미스터리를 풀 수도 있을 만큼 충분히 큰 뇌를 이미 만들어놓았다."[21]

요약하면, 약 200만 년 전 동아프리카에 살던 일부 호미닌이 더 큰 뇌를 발달시키기 시작하면서 상당히 영리해졌다. 그 이전의 400

만 년간 호미닌의 뇌 크기가 거의 커지지 않았다는 사실을 감안할 때 이러한 발달은 예상 밖의 일이었고, 여전히 해명되지 못한 상태다. 불균형하게 커진 뇌 영역 중에는 이마엽과 마루엽의 특정 부위들이 포함되어 있었고, 현대의 뇌 영상 기술은 이 영역들이 지능과 결부됨을 밝혀냈다. 이는 궁극적으로 현생 호모사피엔스와 그들이 숭배하는 신을 낳게 될 다섯 차례의 인지적 진보 중 첫 번째 것이었다. 호모하빌리스는 동시대에 살던 다른 호미닌들보다 더 영리해졌지만, 자신이 더 영리하다는 걸 인식하지는 못했다. 이러한 인식은 다음 단계에서 이루어지게 된다.

2

호모에렉투스 :
인식하는 자아

의식의 진화는 생명의 역사를 통틀어 거의 비길 데 없이 중대한 사건
이다.

—스티븐 제이 굴드,《개체발생과 계통발생Ontogeny and Phylogeny》, 1977

호모하빌리스는 인류의 시작을 알리는 신호탄에 불과했을 것이다.
적절히 늘어난 뇌 용량 덕분에 그들은 보다 영리해져서 도구를 만들
고, 도구를 이용하여 다른 도구를 만들고, 미래에 쓰기 위해 도구를
보관할 수 있었다. 지능과 결부된 이마-마루엽 네트워크가 발달했
고, 이후 200만 년간 계속 발달하면서 호모하빌리스의 후손들은 점
점 더 영리해졌다. 호미닌은 최종적으로 그들을 신에 대한 믿음(과 다
른 많은 것들)으로 인도해주게 될 길의 첫발을 내디뎠다.

호미닌의 두 번째 인지적 대도약은 호모에렉투스가 이루어냈다. 이 호미닌은 약 180만 년 전에 처음 출현하여 약 30만 년 전까지 살았으므로 150만 년 동안 존재한 셈이다. 예전에는 호모에렉투스를 호모하빌리스의 후손으로 여겼지만, 호모하빌리스와 호모에렉투스가 현재의 케냐 북부에서 "거의 50만 년간" 공존했다는 것이 연구로 밝혀지면서 그러한 진화 순서의 개연성이 떨어졌다. 2012년에는 대략 같은 시기에 같은 지역에서 살았던 세 번째 호미닌종이 아프리카에서 발견되었다. 추정컨대 아직 발견되지 않은 초기 종들이 더 있을 것이고, 이는 초기 호미닌종들 간의 관계를 밝히는 데 도움이 될 것이다.[1]

호모에렉투스는 호모하빌리스보다 키가 컸고 뇌도 훨씬 더 컸다. 성인 평균 키가 약 152센티미터에 평균 몸무게가 약 57킬로그램이었다. 미시건 대학의 인류학자 앤드루 슈라이옥Andrew Shryock과 하버드 대학의 역사학자 대니얼 스메일에 따르면, 호모에렉투스의 신체적 특성, 특히 팔과 발가락은 "이 호미닌이 나무 오르기를 거의 포기하고 완전히 땅으로 내려왔음을 시사한다". 호모에렉투스의 뇌는 750~1,250입방센티미터로, 평균 약 1,000입방센티미터다. 따라서 그들의 뇌는 호모하빌리스보다 약 60퍼센트나 더 컸다. 현생 호모사피엔스의 평균 뇌 용량이 약 1,350입방센티미터이므로, 호모에렉투스 중에서 가장 큰 축에 드는 뇌는 호모사피엔스 중에서 가장 작은 축에

드는 뇌와 크기가 겹친다. 그러므로 호모에렉투스가 "그 해부 구조
와 행동으로 볼 때 사람이라는 꼬리표를 붙이기에 알맞은 최초의 호
미니드[호미닌]종"이었다는 주장은 얼마간 타당하다.[2]

예상할 수 있듯이, 호모에렉투스의 더 큰 뇌는 새로운 행동의 지
평으로 이어졌다. 그들이 사용한 석기 가운데 일부는 170만 년 이전
까지 거슬러 올라가는데, 호모하빌리스의 석기처럼 한쪽 면에서만
거칠게 격지를 떼어냈던 것으로부터 양면에서 세련되게 격지를 떼
어낸 것으로 바뀌었다. 일반적으로 양면석기 또는 (실은 정교하게 날
을 세운 돌맹이에 불과한데도) 주먹도끼라고 부르는 이 새로운 석기는
무게가 몇 파운드 나가는 것도 있었고, 이전의 석기보다 훨씬 더 예
리했다. 고고학자 케네스 페더에 따르면, 훌륭한 석제 주먹도끼의 제
작은 "대단한 기술, 정확성, 힘"을 요하며 "나의 학생들 가운데 주먹
도끼 제작법을 능숙하게 연마한 사람은 극소수에 불과했다"고 한다.[3]

호모에렉투스는 주먹도끼 외에도 동물을 사냥하기 위해 특별히
제작한 무기로 보이는 것을 처음 만들기도 했다. 길이가 최대 1.8미
터에 양 끝이 뾰족하게 다듬어진 나무창이다. 독일의 한 유적에서는
이러한 창 12개가 발견되었는데, 야생마를 사냥하는 데 사용된 것으
로 보인다. 영국 남부와 스페인의 유적에서 발굴된 호모에렉투스는
들소, 사슴, 곰, 코끼리 같은 다른 대형 포유류를 사냥했던 것 같다.
이런 사냥을 하려면 협동과 다수의 사람들이 필요했다. 뾰족한 나무

창 외에, 창끝에 부착하는 돌촉도 최근 남아프리카공화국에서 발견되었는데 연대가 46만 년 전으로 추정된다.[4]

또한 호모에렉투스는 불을 통제하고 이용한 최초의 호미닌인 듯하다. 불의 사용이 정확히 언제 어디서 처음 시작되었는지는 논란거리다. 79만 년 전에 불을 통제하에 두고 이용했다는 훌륭한 증거가 있고, 약 40만 년 전에는 불의 사용이 보편화되었다. 불은 온기와 빛을 얻거나, 포식자로부터 몸을 지키거나, 불을 질러 동물들을 절벽 너머로 모는 데 사용할 수 있다. 불의 가장 중요한 용도 중 하나는 조리다. 조리는 음식에 있는 세균과 기생충을 죽이고 대부분의 음식을 좀 더 소화하기 쉽게 만들어준다. 침팬지들이 익힌 고기를 선호하는 걸 보면 알 수 있듯, 고기를 더 맛있게 만들기도 한다. 또 불로 고기를 훈연하여 저장 가능하게 만들 수도 있다. 한 실험에서 익힌 고기를 먹고 성장한 쥐는 날고기를 먹고 성장한 쥐보다 몸무게가 29퍼센트나 더 나갔는데, 이는 조리가 호모에렉투스에게 상당한 영양적 혜택을 주었음을 시사한다. 조리된 음식의 영양적 이점은 호모에렉투스의 뇌가 그들의 조상들보다 훨씬 커진 한 가지 이유일 것이다. 또한 조리는 초기 호미닌이 음식을 나눠먹기 위해 모닥불 주위에 모여들었을 때 사회적 상호작용을 증진시켰을 것이다.[5]

더욱 커진 뇌는 호모에렉투스의 행동뿐만 아니라 지리적 지평 또한 넓혔다. 170만 년 이전까지는 호미닌이 아프리카 대륙을 떠났다는 증거가 없다. 호모에렉투스는 170만 년 전에서 70만 년 전 사이의 놀라운 대이동을 통해 세계 반대편까지―오늘날의 스페인, 프랑스, 독일, 이탈리아, 영국, 이스라엘, 조지아에서부터 베트남, 중국, 인도네시아에 이르기까지―퍼져나갔다. 중국과 인도네시아에서 발견된 호모에렉투스의 화석은 처음에는 "북경원인"과 "자바원인"으로 불렸다. 호모에렉투스가 수천 킬로미터를 이동하여 이처럼 다양한 기후에서 생존하는 데 성공했다는 사실은 이 호미닌의 적응력과 집단적 협동 능력을 증명해준다. 호모에렉투스가 정착한 많은 지역들이 아프리카보다 추웠으므로, 동물 가죽을 옷으로 활용하고 불을 통제하는 일은 필수였을 것이다. 또한 동굴 같은 자연 주거지와 막집 같은 인공 주거지의 고고학 유적을 통해 협동 생활을 짐작해볼 수 있다. 협동 사냥과 협동 생활에는 일정한 형태의 의사소통이 요구되지만, 당시의 언어 발달 수준은 여전히 논란이 뜨거운 주제다.[6]

자아 인식

호모에렉투스가 인지와 행동 면에서 보여준 성과는 놀라운 것이다. 다른 영장류로부터 갈라져나온 뒤 첫 400만 년 동안 초기 호미닌은 거친 석기만을 겨우 만들어냈을 뿐이다. 이후 100만 년 동안 그들은 세련된 주먹도끼를 만들고, 나무창을 깎아 동물을 사냥하고, 불을 통제·활용하고, 아프리카 밖으로 이주하여 영국에서부터 인도네시아에 이르는 지역에 정착했다. 협동 생활과 사냥의 증거 또한 호미닌 간 관계의 근본적 변화를 시사한다. 캐나다의 심리학자 멀린 도널드Merlin Donald의 지적대로 "이 종*은 인류 진화의 중대한 문턱을 넘었다".[7]

이 비범한 행동 변화를 어떻게 설명할 수 있을까? 이런 행동 변화가 호미닌 뇌 크기의 현저한 확대와 동시에 일어났으므로 이 두 발달이 연관되어 있다고 가정하는 게 합리적이다. 분명히 호모에렉투스는 호모하빌리스보다 훨씬 더 영리했지만, 지능 하나만으로 행동 변화를 설명할 수 있을까? 협동 사냥과 생활에서 알 수 있는 것처럼, 호모에렉투스가 보여주는 인간관계의 변화는 그 이상의 일이 일어났음을 시사한다.

무슨 일이 일어났는지에 대한 증거를 찾기에 논리적인 부문은 바로 아동 발달이다.

앞에서 지적한 대로, 아동이 인지능력을 획득하는 순서는 인류 진화에서 이런 능력이 발달한 순서와 대체로 유사하다고 여겨진다. 사람의 갓난아기는 생후 2년에 걸쳐 운동 기능과 지능이 발달하는

---

* 호모에렉투스.

데, 이 시기에 또 한 가지의 중요한 인지 기능을 획득한다. 바로 자아 인식self-awareness이다. 두 돌 이전 영아의 자기 인식 능력은 최소한도에 그치며, 거울에 비친 자기 모습을 보고 그것이 마치 다른 아기의 모습인 것처럼 반응할 때가 많다. 다른 아기를 찾으려고 거울을 만지거나 거울 뒤로 기어가는 것이다.[8]

노스캐롤라이나 대학의 뷸라 암스테르담Beulah Amsterdam은 1960년대 중반에 아동의 자아 인식 발달을 보여주는 고전적 실험을 진행해 심리학 학위논문에 실었다. 그는 생후 3~24개월의 아기 88명을 거울 앞에 앉혀놓고 거울을 가리키면서, "봐봐, 이게 누구지?" 하고 물었다. 그는 아이들이 자신을 더 잘 알아볼 수 있게끔 모든 아기들의 코에 빨간 표시를 붙이고, 아기가 자기 코를 만져보거나 거울에 비친 코를 유심히 보면 자기를 인식한 것으로 가정했다. 18개월 미만의 아기들은 전혀 자신을 인식하지 못했고, 18~20개월의 아기들 중에서도 자신을 알아본 아기는 극소수였다. 하지만 20~24개월의 아기들 중 3분의 2는 자아 인식을 보여주었다. 이 시기는 아기가 "나(me)" 혹은 "내 것(mine)" 같은 인칭대명사를 사용하며 "내가 공 던져"처럼 자기 자신에 대해 말하기 시작하는 발달 단계이기도 하다. 이는 자아 인식의 출현을 알리는 지표다.[9]

아동의 자아 인식 발달은 점진적 과정임을 강조해야 한다. 이것은 연속적 단계를 거쳐 발달하며, 제일 초기 단계에서는 주 단위로 진전했다가 퇴보했다가를 거듭한다. 이 발달은 특정한 생활연령에 도달했느냐가 아니라 뇌 발달의 임계 수준에 도달했느냐에 달려 있다. 자폐증이나 다운증후군 아이들도 대부분 거울 속 자아 인식이 발달하지만 다른 아이들보다 늦은 연령에 발달한다는 사실을 보면 알 수 있다. 마찬가지로 호모에렉투스의 자아 인식 또한 느리게 발달했고 초기 단계에서는 진전과 퇴보를 거듭했으리라고 추측할 수 있다.[10]

자아 인식이란 정확히 무엇일까? 애리조나 주립대학의 신경해부학자 버드 크레이그Bud Craig는, 자아 인식이 "내가 존재한다는 걸 아는 것", "'내가 있다'는 느낌"이라고 정의했다. 그 밖에 "자기 자신의 존재에 대한 감각", "자기 자신에게 주목하는 능력", "물질적인 나", "지각이 있는 자아" 등으로 정의되기도 한다. 크레이그는 "유기체가 환경에서 자기를 뺀 모든 것의 존재와 중요성을 경험할 수 있으려면, 우선 자기 자신이 지각 있는 존재로서 존재한다는 것을 경험할 수 있어야 한다"고 지적하기도 했다. 진화적으로 자아 인식은 "뇌가 생명을 조절하는 데 필요한… 신체 상태의 최신 지도"를 제공하기 위해 발달했을 것이며, 호미닌이 자신의 신체 상태와 정신 상태를 통합하는 데 유리하게 작용했을 것이다. 자아 인식은 대부분의 고차원적 사고 과정의 전제 조건이기도 하다. "나"가 없으면 "너"도 있을 수 없다. 올버니 대학의 심리학자 고든 갤럽Gordon Gallup은 "나는 생각한다, 고로 존재한다"라는 데카르트Descartes의 금언을 "나는 존재한다, 고로 생각한다"로 수정해야 한다고 정확하게 지적했다.[11]

자아 인식은 호모에렉투스에게 어떤 혜택을 주었을까? 자아에 대한 인식을 발달시킴으로써 호모에렉투스는 미숙하나마 타인에 대한 인식을 발달시켰고, 따라서 단순한 협력 작업을 개시할 수 있었다. 타인에 대한 그들의 인식에 (다음 장에서 서술할 "마음이론"과 같은) 타인의 생각에 대한 섬세한 이해가 포함되지는 않았을 것이다. 오히려 그것은 늑대, 사자, 개코원숭이, 침팬지처럼 협력해서 사냥하는 동물이나 모래놀이터에서 함께 노는 세 살배기들에게서 볼 수 있는 것에 더 가까웠을 것이다. 그들은 타인이 무슨 생각을 하는지를 반드시 이해하지 않고도 서로를 인식한다. 또 그들은 모래놀이터의 모래를 옮겨다 풀밭에 쏟는 것 같은 단순한 공동 과업에서 협력할 수 있었다. 호모에렉투스는 자아 인식을 활용하여 밤새 불을 지키거나 협동하여 사냥하는 등의 일부 협력적 과업을 이와 비슷하게 수행할 수 있었다. 사실 호모에렉투스가 자아 인식이 없는 상태에서 전 세계로 퍼져나가 흔히 추웠던 기후에서 수십만 년씩 생존했다고는 상상하기 힘들다.

우리에게 자아 인식은 너무 당연한 것이라 자아 인식 능력을 갖지 않은 호미닌을 상상하기 힘들다. 하지만 뇌 기능장애가 있는 일부 사람들은 자아 인식 능력을 전혀 발달시키지 못하며, 발달시켰다가 후천적으로 상실하는 사람들도 있다. 선천성풍진이나 기타 중증 지체를 지닌 일부 아이들은 자아 인식 능력을 전혀 발달시키지 못한다. 한 연구에서 중증 지체아의 상당수는 연령에 무관하게, 또 사전 연습을 거친 후에도 거울에 비친 자신을 알아보지 못했다.[12]

성인의 경우에는 뇌 질환으로 자아 인식 능력이 손상될 수 있다. 예를 들어 일부 조현병 환자들은 이인증depersonalization이라고 하는 자아 인식 손상을 겪는다. 이런 환자들이 다음과 같은 말들을 하는 것이 관찰되기도 했다. "나는 여기 있지만 여기 없다", "나는 거의 존재하지 않는다", "나는 의식이 없다", "내 의식에 대한 느낌이 파편적이다". 알츠하이머병이나 기타 치매를 앓는 일부 환자들은 자아 인식 능력을 완전히 상실하기도 한다. 한 연구에서는 알츠하이머병을 앓는 중증도 환자 22명 중 7명, 그리고 최중증 환자 6명 중 전부가 거울에 비친 자신을 알아보지 못했다. 이런 사람들은 심지어 "거울 속의 사람과 대화하거나, 그 사람을 방 안으로 들이기 위해 거울이 부착된 문을 열려고 하기도 한다". 한 연구에 따르면, 뇌 위축증이 있는 한 여성 환자는 "외모, 나이, 배경, 교육 수준 등등 모두가 자기와 똑같은" 다른 여자가 자기 집에 살고 있다고 믿었다. 이 환자는 거울 속에 있는 다른 여자에게 수시로 말을 걸었다. 역시 자기 집에 다른 여자가 산다고 믿는 다른 뇌 위축증 환자가 "이따금 자신의 거울상을 향해 물을 끼얹거나 물건을 던지며 자기 집에서 나가라고 애원하곤 했다"는 사례도 있다. 이 중대한 인지 기능이 작동하려면 정상적인 뇌 기능이 중요하다는 것을 보여주는 사례들이다.[13]

자아 인식이 인간의 인지 발달에서 중요하긴 해도 인간에게만 고유한 것은 아니다. 뷸라 암스테르담이 거울을 이용하여 영아의 자아 인식 능력을 평가하고 있을 즈음, 고든 갤럽은 거울로 다양한 영장류의 자아 인식을 평가하고 있었다. 찰스 다윈도 비슷한 아이디어를 떠올렸다. 그는 "동물원에 가서… 오랑우탄에게 거울을 보여주고 이 유인원의 반응을 주의 깊게 관찰했다. 오랑우탄의 얼굴 표정이 시시각각 바뀌었다". 갤럽의 침팬지 중 대다수는 이빨, 귀, 항문생식기 부위 등 거울 없이는 볼 수 없는 자기 몸의 부위들을 거울로 비춰보며 탐색하는 법을 터득했고, 일부 침팬지는 이런 부위들을 만져보며 반응하기도 했다. 이에 반해, 시험에 참가한 최소 13종의 원숭이들은 자아 인식의 징후를 보이지 않았다. 갤럽은 이러한 "원숭이와 침팬지의 결정적 차이"에 주목하며, "자아 인식 능력은 인간과 대형 유인원의 아래로까지는 미치지 않는 듯하다"고 결론 내렸다.[14]

갤럽이 수행한 최초의 실험 이후로 침팬지에게서는 여러 차례에 걸쳐, 또 보노보와 오랑우탄, 그리고 드물게는 고릴라에게서도 자아 인식이 관찰되었다. 이 동물들에게서는 자아 인식의 다른 지표들도 나타났다. 일례로 사람 손에서 자라며 수화 사용법을 익힌 한 오랑우탄은 자발적으로 자신을 "나(me)"라고 지칭했다. 침팬지도 사진

속의 자신을 알아보는 법을 터득했다. 사람 손에서 자란 한 침팬지는 자기 사진을 사람 카테고리로 분류함으로써 자기 스스로가 사람이라고 믿는다는 걸 내비치기도 했다. 나중에 이 침팬지가 살아 있는 다른 침팬지들과 마주치게 되었을 때, 그는 수화로 그들을 "까만 벌레"라고 지칭했다.[15]

침팬지와 기타 고등 영장류가 거울 속의 자기를 인식한다는 사실은 이러한 능력이 다른 동물에게도 존재하는지에 대한 궁금증을 일으킨다. 여러 종의 어류와 조류에서 이것을 찾아내려 한 시도들은 까치를 대상으로 한 실험 외에는 모두 실패했다. 포유류 가운데 고양이와 개는 거울 속 자아 인식 능력이 없는 듯 보이지만, 코끼리와 돌고래, 일부 고래들은 그 능력을 가지고 있다. 세 마리의 아시아 코끼리에 대한 연구에서는 뚜렷한 자아 인식 능력이 확인되었다. 심지어한 코끼리는 자기 이마에 칠해진 흰 표시를 코로 더듬어보기까지 했다. 아시아 코끼리는 유달리 영리하다고 알려져 있으며, 100가지가넘는 명령에 반응하게끔 가르칠 수 있다. 돌고래도 수중 거울을 이용하여 자기 몸의 표시된 부위들을 탐색하는 것이 관찰되었다. 돌고래를 연구한 연구자들은 이렇게 결론 내렸다. "자아 인식의 출현은 대형 유인원과 인간에게만 특유한 요소들의 부산물이 아니라" 뇌가 큰모든 동물에게서 찾아볼 수 있는 "고도의 대뇌화[뇌 발달]와 인지 능력 등 보다 일반적인 특성에 기인하는 것일 수 있다."[16]

영장류와 기타 동물의 거울 속 자아 인식 실험은 몇 가지 요점을 보여준다. 첫째, 사람을 제외한 모든 동물들은 거울 속의 자기를 인식하는 것에 금세 흥미를 잃었다. 예를 들어 큰돌고래는 처음에는 대단한 흥미를 보였지만, "침팬지와 비슷하게, 그리고 어린(그리고 나이든) 인간과 달리 실험 과정에서 급속히 흥미를 잃었다"고 한다. 코끼리 또한 "곧 흥미를 잃었다". 둘째, 인간 아동의 자아 인식은 연령에 따라 크게 좌우되고 개인 간 편차가 큰데, 이런 관찰은 동물 실험에서도 확인된다. 예를 들어 일부 성체 침팬지들은 거울에 전혀 흥미를 보이지 않았다. 또 이 실험들은 자아 인식이 시간이 경과함에 따라 지속되지 않을 수도 있음을 보여주기도 했다. 예를 들어 한 오랑우탄은 생후 18~24개월에는 거울 속 자아 인식 능력을 보였지만 28-42개월에는 보이지 않았다. 또 이 실험들은 영장류의 거울 속 자기 인식이 인간과 가장 가까운 종들에 한정된다는 걸 확인해주었다. 다양한 원숭이 종을 대상으로 수많은 시도들이 행해졌지만 하나같이 실패했다. 일부 원숭이들은 자신의 거울상을 친숙하게 여기는 듯했지만 자기 자신으로 여기지는 않았다. 그리고 자아 인식 능력이 대형 유인원과 호미닌에는 있고 원숭이에는 없다는 것은, 이것이 더 오래된 공통 조상에게서 물려받은 것이 아니라 대형 유인원과 호미닌에게서 각각 독립적으로 진화했을 수 있음을 시사한다.[17]

끝으로 이 실험들은 비인간 영장류에게 존재하는 자아 인식이 비교적 이른 발달 단계에 머물러 있음을 보여준다. 연구자들에 따르면 비인간 영장류의 자아 인식이 "2, 3세 아이의 그것에 해당하는 초기적 형태 이상으로" 진전되지 않는다고 한다. 미국자연사박물관의 진화생물학자 이언 태터솔Ian Tattersall이 지적한 대로, "유인원은 인간 아이와 달리 거울 속의 자기 이미지를 폭넓게 활용하지 못한다. 일례로 유인원은… 사회적으로 더 성공하기 위해 자기 이미지를 바꾸려 들지 않는다". 영국의 의사이자 철학자로 침팬지가 지닌 자아 인식의 중요성이 "터무니없이 과장되었다"고 믿는 레이먼드 탤리스Raymond Tallis는 이 점을 재치 있게 표현했다. 그는 실험 과정에서 침팬지의 얼굴에 립스틱을 찍어 표시한 것을 두고 이렇게 지적했다. "침팬지는 립스틱을 사지도 않았고, 립스틱 색을 고르느라 고심하지도 않았고, 입은 옷과 어울리는지, 유행하는 패션과 조화를 이루는지를 생각해보지도 않았고, 이것으로 파트너를 흥분시키거나 부모를 충격에 빠뜨리려 들지도 않았으며, 친구나 색조 컨설턴트에게 전화를 걸어 조언을 구하지도 않았다."[18]

호모에렉투스의 뇌

호모에렉투스의 뇌가 훨씬 커졌다는 것을 감안할 때, 호미닌 발달 단계 중 이 단계에서 자아 인식이 출현한 건 (유인원, 코끼리, 돌고래의 자아 인식 출현과 마찬가지로) 그들의 뇌가 더 컸기 때문일까? 이는 합리적인 추측이다. 특히 이런 자아 인식이 호모에렉투스가 보인 많은 행동들을 촉진했을 터이므로 더더욱 그렇다. 자아 인식은 본능적인 차원이나 타인에 대한 반응을 뛰어넘어 자신(의 욕구 등)에 대해 생각하는 능력을 부여한다.

호모에렉투스의 뇌가 선조들보다 훨씬 컸다는 것 외에, 우리는 그들의 뇌에 대해 무엇을 알고 있을까? 호모에렉투스의 두개골을 연구한 이들에 따르면, 그들의 뇌는 "현생 인류의 뇌와 아주 흥미로운 유사성"을 띤다. 특히 "롤란도 틈새와 실비안 틈새, 큰 관자엽과 이마엽, 확장된 마루엽, 확대된 소뇌 등 뇌 해부구조의 주된 외적 표지들이 빠짐없이 존재한다". 게다가 뇌의 양측이 균등하지 않은데, 이는 사람 뇌의 고유한 특징이 될 기능적 편측화를 가리키는 표지다. 호모에렉투스가 만든 석기에 대한 연구에 의하면, "도구 제작자의 오른손 선호가 두드러진다".[19]

많은 뇌 영역이 자아 인식에 관여하는 건 분명하지만, 최근의 인간 뇌 영상 연구를 통해 우리는 뇌 자아 인식 네트워크의 결정적인 부분으로 보이는 세 영역을 확인했다. 도판 2.1에서 보이는 앞띠다발, 앞섬엽, 아래마루소엽이다. 앞띠다발(BA 24, 32)은 안쪽이마앞겉질에 놓여 있다. 해부학적으로 앞띠다발은 보다 오래된 뇌 영역의 일부이지만, 진화 과정에서 훨씬 새로운 영역인 이마앞겉질의 기능적 일부로 개조된 듯 보인다. 앞띠다발은 많은 기능을 한다. 이마앞겉질의 밑면 바로 뒤에 놓인 섬엽(BA 번호가 없다)은 가장 최근에 진화한 뇌 영역 중 하나다. 일부 연구자들은 원숭이의 뇌에는 이에 상응하는 영역이 없다고 주장하기도 한다. 앞 장에서 언급한 대로, 아래마루 영역(BA 39, 40) 또한 가장 최근에 진화한 뇌 영역 중 하나다.[20]

호모에렉투스의 뇌 크기가 엄청나게 확대되었다는 것을 감안할 때 백질로의 복잡성 또한 증가했을 가능성이 있다. 앞 장에서 기술한 위세로다발에는 앞띠다발, 섬엽, 아래마루 영역으로의 연결로가 포함되어 있어 자아 인식에 중요한 역할을 한다. 이 당시에 더 중요했을 수도 있을 또 다른 연결로는 갈고리다발로, 섬엽을 (감정 표현에 중요한 편도를 비롯하여) 이마엽과·관자엽의 다른 영역들과 연결한다. 백질로의 진화에 대한 연구를 통해 갈고리다발이 가장 최근에 발달한 두 개의 백질로 중 하나라는 것이 확인되었는데, 이는 갈고리다발이 자아 인식을 촉진하는 역할을 한다는 사실과 부합한다.[21]

앞띠다발, 섬엽, 아래마루 영역은 여러 가지 기능을 한다고 알려져 있지만, 이들이 공유하는 한 가지 기능은 바로 자아 인식이다. 앞띠다발이 이 네트워크의 일부라는 사실은 놀랄 일이 아니다. "이마앞겉질의 근본적인 역할이 자아 인식 혹은 의식"이라는 견해는 이미 1세기도 더 전에 제시된 바 있다. 마찬가지로 섬엽 역시 "신체 내

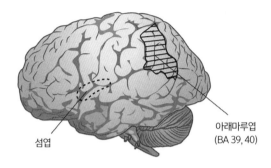

섬엽

아래마루엽
(BA 39, 40)

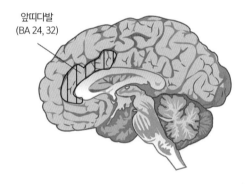

앞띠다발
(BA 24, 32)

도판 2.1 호모에렉투스: 인식하는 자아

부 상태에 대한 인식인 내수용감각과 독특하게 결부되어 있다"고 여겨진다. 사람이 자기 사진을 볼 때의 뇌를 뇌 영상 연구로 모니터링한 결과, 앞띠다발과 앞섬엽, 특히 오른쪽 부분이 활성화되었다. 이런 연구들을 요약한 논문은 "인간이 자기 자신을 인식하는 진화된 능력을 위한 해부학적 기질"이 이 뇌 영역들에 포함되어 있다는 견해를 제시했다. 치매 등으로 인해 이 두 영역이 손상되면 "자의식적 행동의 선택적 상실, 자신과 타인에 대한 정서적 인식의 상실"이 일어난다.[22]

아래마루소엽은 앞띠다발과 앞섬엽을 보완하여 자아 인식을 총괄하지만, 신체 부위들을 모니터링할 뿐 아니라 이 부위들 간의 관계도 모니터링한다. 이 기능 덕분에 호모에렉투스는 손을 보다 정확하게 조작하여, 이를테면 더 좋은 도구와 무기를 만드는 과업 등을 수행할 수 있었다. 카를 칠레스Karl Zilles에 따르면, "목표 지향적 움직임에 필요한 공간 인지의 유지가 뒤[아래]마루 영역의 주된 기능인 듯하다. 이 기능은 (도구 사용과 행동의 개념화 등) 중요한 인간 활동에 꼭 필요한 전제 조건이다".[23]

다수의 인간 뇌 영상 연구를 통해, 아래마루소엽이 신체적 자아 인식을 지배하는 뇌 신경망에 기여한다는 사실이 확인되었다. 또 이 뇌 영역은 자기 성격을 묘사하거나 자기 사진을 확인하거나 자기가 다양한 활동을 하는 모습을 상상하라는 주문을 받았을 때도 대개 이마앞겉질과 더불어 활성화되곤 한다. 예를 들어 건강한 자원자들에게 자기 사진을 보여주었을 때 활성화된 여러 영역 중에 "안쪽이마엽과 아래마루엽"이 있었다. 이와 비슷하게 이인증("물리적 자아로부터 분리된 듯한 느낌")을 겪고 있는 여덟 명을 상대로 한 뇌 영상 연구에서 활성화된 영역 중 하나도 아래마루소엽이었다. 또 유사한 사례에서 앞띠다발이 활성화되었다고 보고하는 연구들도 있다.[24]

자아를 인식하는 뉴런?

호미닌의 자아 인식 발달에서 아마도 가장 흥미진진한 부분은, 자아 인식이 최근의 진화 과정에서 나타난 특정 유형의 뇌세포에서 비롯된 산물일 가능성이 높다는 사실일 것이다. 이 세포들은 1926년 이를 처음 관찰한 오스트리아의 신경학자 콘스탄틴 폰 에코노모 Constantin von Economo의 이름을 따서 흔히 '폰 에코노모 뉴런von Economo neuron(VEN)'이라고 한다. VEN은 일반 신경세포보다 약 4배나 크고, 독특한 방추형 모양이라 "방추 신경세포"라고 부르기도 한다. 출생 직전에 만들어지는 이 세포는 생후 4년 동안 그 수가 서서히 안정되어 결국에는 이것이 분포한 뇌 영역의 전체 신경세포 가운데 1, 2퍼센트를 구성하게 된다. 그래서 VEN은 "인류 진화에서 계통발생적으로 최근에 이루어진 전문화"로 여겨진다.[25]

사람과 기타 동물 뇌의 VEN 분포는 자아 인식에 관련된 뇌 영역과 놀라울 만큼 일치한다. VEN은 심지어 "우리를 인간으로 만들어주는 신경세포"라고 불리기도 한다. 사람의 경우 VEN은 주로 앞띠다발과 앞섬엽에서 발견되었다. 가쪽이마앞겉질에도 아주 적은 수가 있다고 보고되었지만, 검사가 이루어진 기타 다섯 개 영역에서는 발견되지 않았다. 영장류의 경우 보노보, 침팬지, 고릴라, 오랑우탄의 뇌에서 사람보다 적은 수의 VEN이 발견되었다. 이들 모두 거울 속 자아 인식을 보여주는 종이다. 또 이것은 자아 인식을 보이지 않는 마카크원숭이에게서도 발견되었지만, 그 외의 원숭이 23개 종에는 없었다. 비영장류 종의 경우, 둘 다 거울 속 자아 인식을 보이는 코끼리와 돌고래, 그리고 자아 인식 테스트가 행해지지 않은 고래의 뇌에서는 관찰되었지만, 기타 비영장류 30개 종에서는 발견되지 않았다.[26]

자아 인식의 촉진에 있어서 VEN이 띠는 중요성을 뒷받침하는 또 다른 증거는 50, 60대에 발병하는 질병인 이마관자엽치매 연구에서 나왔다. 이마관자엽치매의 주된 증상은 "자기 모니터링, 자아 인식, 자아를 사회적 맥락에 위치시키는 능력의 저하"다. 그래서 이 질병의 초기 환자들은 "사회적 규칙을 무시하고 부적절하게 행동한다…. 다른 사람의 관점을 이해하는 데 곤란을 겪고… 자아 인식에 어려움이 있고, 심지어 자기 성격의 극적인 변화조차 알아차리지 못한다". 초기 알츠하이머병 환자와 달리, 이마관자엽치매 환자의 기억력은 비교적 손상이 적다. 이마관자엽치매 환자의 사후 뇌에 대한 연구들에 따르면, "VEN이 심각하게, 선택적으로, 초기에 소실"되었다고 한다. 앞띠다발과 섬엽에서 이 신경세포가 74퍼센트 감소해 있었다.[27]

우리는 VEN에 대해 아직 조금밖에 알지 못한다. 이것이 대부분 뇌가 큰 포유류와 자아 인식에 관련된 뇌 영역에서 발견되므로, VEN은 큰 뇌를 지니게 된 것과 관련된 문제를 해결하기 위해 진화했을 가능성이 있어 보인다. VEN이 평범한 피라미드 신경세포보다 더 빨리 정보를 전달하여 큰 뇌를 더 효율적으로 만들어준다고 주장하는 이론도 있다. 따라서 인지적 대도약의 두 번째 단계인 자아 인식은 이런 진화적 발달의 한 결과일지도 모른다.[28]

ooooo

요약하면, 약 180만 년 전 새로운 호미닌인 호모에렉투스가 출현했다. 그들은 선조들보다 뇌가 훨씬 컸고 더 세련된 행동을 보였다. 호모에렉투스는 더 영리했을 뿐만 아니라 자아 인식을 지녔을 가능성이 높다. 호모에렉투스도 나르키소스처럼 잔잔한 연못에 비친 자기 모습에 도취되었을지도 모른다. 지능과 자아 인식을 갖춘 호모에렉투스는 온전한 현생 호모사피엔스가 되어 우주에서의 나의 위치, 나와 신들의 관계를 사색할 수 있기 위해 필요한 인지적 단계들 중 두 단계를 밟았다. 하지만 그들은 아직 다른 호미닌이 무슨 생각을 하는지를 온전히 인식하거나, 자기 자신의 생각에 대해 성찰적으로 사고할 수 없었다. 또 과거의 시간과 현재의 시간을 충분히 계획된 미래로 통합시킬 수도 없었다. 지능과 자아 인식을 둘 다 부여받은 호미닌은 다음 번 인지적 도약을 할 채비를 갖추었다. 돌이켜보면 거의 필연적인 도약이었다.

3

옛 호모사피엔스(네안데르탈인):

공감하는 자아

> 인간은, 크게 선해지려면… 다른 사람의, 그리고 다른 많은 이들의
> 입장에 자신을 놓아야 한다. 자신이 속한 종의 고통과 기쁨이 자신의
> 것이 되어야 한다.
>
> ―퍼시 비시 셸리,《시의 옹호A Defence of Poetry》, 1821

생존한 기간으로 따지면 호모에렉투스는 지구상에 살았던 호미닌
중에서 가장 성공한 종이었다. 그들은 우리 종이 지금껏 살아온 기간
보다 약 15배나 더 오래 생존했다. 그들의 성공과 광범위한 지리적
분포를 고려할 때, 호모에렉투스가 적어도 70만 년 전부터 몇몇 다른
호미닌 종으로 진화하기 시작한 것은 놀랄 일이 아니다. 흔히 이들을
한데 묶어 옛 호모사피엔스Archaic Homo sapiens(혹은 고古호모사피엔스)라
고 통칭한다. 이 호미닌 집단의 일부 성원은 궁극적으로 현생 호모사

피엔스가 되고, 신을 이해하는 데 꼭 필요한 새로운 인지적 대진전을 이룬 것으로 보인다.

이 호미닌들은 지리적으로 어디 거주했는지에 따라 다양한 이름으로 불렸다. 유럽에 살았던 이들은 호모하이델베르겐시스와 호모네안데르탈렌시스(네안데르탈인)라고 불린다. 스페인에서 나왔고 연대가 약 43만 년 전으로 추정되는 몇몇 표본들은 두 종의 특징을 모두 보여주고 있다. 아프리카에 살았던 이들은 호모로데시엔시스라고 불리는데, 최근 또 다른 종이 발견되었다. 인도네시아에는 호모플로렌시스라고 명명된 유명한 집단이, 시베리아에는 데니소바인이 있었다. 유전적으로 "네안데르탈인의 자매 집단"인 데니소바인은 네안데르탈인을 수적으로 능가했으며 상호 교배했다. 또 우리는 현생 호모사피엔스가 아프리카를 떠나 동쪽으로 이동한 약 6만 년 전에 데니소바인과 교배했다는 사실도 알고 있다. 오늘날의 말레이시아인, 오스트레일리아 원주민, 파푸아뉴기니 원주민의 유전체에서 데니소바인의 DNA가 발견되었고, 다른 곳에 사는 사람들의 유전체에서는 발견되지 않았기 때문이다. 아직 발견되지 않았지만 다른 옛 호모사피엔스종들도 거의 확실히 존재할 것이다.[1]

가장 유명한 옛 호모사피엔스는 네안데르탈인이다. 그들은 고고학적 조사의 대다수가 이루어진 유럽에 살았고, 또 〈고인돌 가족 플린스톤〉으로 영구히 박제되었기 때문이다. 그들은 약 23만 년 전

~4만 년 전까지 살았다. 네안데르탈인의 주거지가 가장 많이 집중된 지역은 현재의 프랑스 남부지만, 그들은 서쪽으로 웨일스부터 동쪽으로 우즈베키스탄과 시베리아까지 듬성듬성하게나마 널리 퍼져 있었다. 네안데르탈인이 그들의 조상 호모에렉투스처럼 중국이나 인도네시아로 이동했다는 증거나 아프리카에 살았다는 증거는 전혀 없다. 네안데르탈인의 DNA에 대한 연구는 그들의 전체 인구가 상대적으로 적었음을 시사한다.[2]

네안데르탈인의 가장 인상적인 신체 특징은 평균 1,480입방센티미터에 달하는 큰 뇌로, 평균 1,350입방센티미터인 현생 인류보다도 더 크다. 150만 년 전 무렵 호모에렉투스는 뇌 용량이 평균 1,000입방센티미터에 다다랐지만 그 이후로는 거의 증가하지 않았다. 하지만 호모에렉투스에서 네안데르탈인이 진화한 뒤, 네안데르탈인의 뇌 용량은 급격히 증가했다. 스탠퍼드 대학의 인류학자 리처드 클라인Richard Klein이 지적한 대로, 옛 호모사피엔스의 "뇌 용량은 20만 년 전에 현대의, 혹은 현대에 근접하는 수준에 이르렀다".[3]

네안데르탈인의 키는 평균 약 165센티미터, 몸무게는 약 84킬로그램으로 호모에렉투스보다 체격이 상당히 컸다. 현대의 에스키모와 유사한 그들의 강한 상체 근육조직과 짧고 다부진 체형은 추운 유럽 기후에 유리했을 것이다. 그들은 여름에는 동물 떼를 쫓아 이동하다가 본거지로 돌아와 대부분 동굴에서 겨울을 났다. 당시의 유럽은 오

늘날보다 추웠으므로 온기를 얻기 위해 분명 불과 동물 털가죽을 광범위하게 활용했을 것이다.[4]

네안데르탈인은 탁월한 사냥꾼이었다. 그들은 호모에렉투스가 만든 것보다 훨씬 더 세련된 석기, 골각기, 무기를 사용했다. 일례로 석기를 제작할 때 거의 100만 년간 사용되어온 주먹도끼 기법 대신, 사전에 계획한 크기로 타격면에서 격지를 떼내는 르발루아 기법을 도입했다. 이런 기법은 아프리카와 동남아시아에서도 각기 독립적으로 발전한 것으로 보인다. 하지만 그들의 창은 "네안데르탈인의 혁신으로 알려진 것들 가운데 정점"으로, "올림픽 경기용 투창만큼이나 우아하게 균형 잡혔다"고 평가된다. 그들은 이 창으로 무리 동물을 사냥했다. 무리 짓는 동물은 주로 단백질로 구성된 네안데르탈인 식단의 주공급원이었다. 많은 경우 사냥은 집단으로 행해졌고, 들소와 매머드 떼를 절벽으로 몰아 떨어뜨리는 등 협력 활동이 이루어졌다는 증거들이 존재한다. 그들은 물고기와 새를 잡기도 했다.[5]

뇌가 크고 세련된 사냥 기술을 보유했는데도 네안데르탈인의 문화는 놀랄 만큼 정체되어 있었다고 널리 여겨진다. 캘리포니아 대학의 인류학자인 브라이언 페이건Brian Fagan에 따르면 그들에게는 "혁신이 없었다. 그들을 수만 년간 지탱해준 협소한 레퍼토리의 원시 기술뿐이었다". 그들은 거의 20만 년이나 대형 동물을 사냥했는데도 작살이나 활과 화살 등의 무기를 발명해내지 못했다. 뇌 크기만 놓고 보면 네안데르탈인은 컴퓨터를 만들고 달로 날아갔어야 했다. 뇌 크기와 생활방식의 이러한 괴리에 고고학자들은 어리둥절해했고, 영국의 언어학자 데릭 비커턴Derek Bickerton은 이를 "뇌와 문화의 부조화"라고 규정했다. "고고학 기록을 볼 때, 가장 인상적인 것은 그들의 기술이 거의 상상도 못할 만큼 단조롭다는 것이다."[6]

최근 들어 일부 연구자들은 네안데르탈인의 문화가 전통적으로 묘사되는 것처럼 그렇게 정체되어 있었는지에 대해 의문을 제기했다. 우선 네안데르탈인이 이미 20만 년 전에 황토ochre를 활용했다는 주장이 제기되었다. 황토는 몸을 장식하는 용도로 쓸 수 있다. 하지만 그 외에도 곤충을 쫓거나 가죽을 무두질하거나 석기를 나무 손잡이에 접착시키는 등 다양한 용도에 활용힐 수 있으므로, 황토를 발견했다고 해서 그것을 장식용으로 썼다고 확신할 수는 없다. 네안데르탈인이 거주했다고 여겨지는 이탈리아와 스페인의 동굴에서 황토 얼룩이 묻은 바닷조개 껍데기가 나왔다는 보고도 두 건 있었다. 또 네안데르탈인이 독수리, 매, 백조 같은 대형 조류의 날개뼈나 독수리의 발톱을 수집했다는 증거도 있다. 일부 연구자들은 그들이 장식용으로 쓰려고 깃털을 수집했다는 견해를 제시했지만, 뼈와 발톱은 일종의 도구로 쓰기 위해 수집했을 수도 있다. 끝으로, 네안데르탈인이 거주했다고 여겨지는 지브롤터의 한 동굴 속 바위에서 적어도 3만 9,000년 전에 새겨진 교차선 몇 개를 발견했다는 보고가 있다. 이런

발견들은 네안데르탈인의 인지 능력에 대해 계속되고 있던 미완의 논쟁에 다시금 활기를 불어넣었다.[7]

네안데르탈인이 한 가지 중요한 면에서 그들의 호미닌 조상과 달랐던 것은 확실해 보인다. 일부 호미닌이 집단의 다른 성원을 돌보았다는 흔적이 역사상 처음으로 출현한 것이다. 이러한 증거는 스페인과 이라크의 동굴에서 발견되었다. 이라크의 동굴에서 6~8만 년 전에 사망한 것으로 추정되는 네안데르탈인 아홉 명의 유골이 나왔는데, 그중 한 노인 남성은 죽기 여러 해 전에 다발골절이 수반되는 심각한 부상을 입은 흔적이 있었다. 이 부상으로 오른쪽 팔과 다리에 외상을 입어서 그는 불구가 되었고, 머리에 가해진 타격으로 한쪽 눈도 멀었을 가능성이 높다. 이런 호미닌이 혼자 힘으로 오래 생존할 수는 없었을 것이며, 이는 동료 네안데르탈인들이 그를 여러 해 동안 보살폈음을 시사한다. 연구들은 다른 네안데르탈인들도 "관절염으로 심한 고통을 겪거나 팔다리를 잃었음을" 보여주었다. 생존하기 위해 "집단의 다른 성원들이 식량을 나누어주고 야영지에서 야영지로의 이동을 도왔음이 틀림없다. 이는 연민과 애정의 확실한 증거다".[8]

네안데르탈인의 돌봄 행동을 보여줄 수 있는 또 다른 증거는, 그들이 적어도 가끔은 사망한 동료 호미닌을 매장하는 관습이 있었다는 사실이다. 7만 5,000년 전~3만 5,000년 전에 네안데르탈인이 의도적으로 조성한 무덤이 20개 유적에서 최소 59기가 발견되었는데,

그 대부분은 프랑스 남서부에 있다. 매장된 시신 대부분은 몸을 잔뜩 웅크린 자세로 안치되어 있는데, 일부 고고학자들은 이것이 상징적인 (어쩌면 종교적인) 의미를 띤다고 해석한다. 하지만 "구덩이를 더 작게 파려는 순전히 실용적인 이유로" 시신의 몸을 굽혀서 매장했을 것이라고 지적하는 고고학자들도 있다. 혹자는 네안데르탈인의 매장이 내세에 대한 믿음을 시사한다고 추측하기도 한다. 하지만 단순히 하이에나나 곰 같은 맹수가 시신을 뜯어먹지 못하게 하려고 망자를 매장한 것일 수도 있다. 브라이언 페이건이 지적했듯이, 네안데르탈인의 매장은 "시체를 처리하는 편리한 방법, 육식동물이 자주 드나드는 동굴에 거주한 사람들에게는 특히 겨울철에 필수적인 방어 전략"이었을 수도 있다. 이언 태터솔은 이러한 행동이 보여주는 "개인 간 애착의 강도가 적어도 그 이전의 것들을 능가한다. 매장된 이에 대한 이러한 태도는 그 어떤 필요와도 무관하게 오직 정서적 이유에서 우러난 것"이라고 주장함으로써 네안데르탈인의 매장에 대한 논쟁을 요약했다.[9] 네안데르탈인의 매장에 대한 논의는 5장에서 다시 할 것이다.

마음이론

타인을 보살핀다는 것은 정서적 관점을 타인과 공유하는 능력, 다시 말해 타인과의 공감 능력을 시사한다. 공감은 타인의 마음속에 들어가서 타인이 무엇을 생각하고 느끼는지를 아는 능력을 요구한다. 심리학자들은 이것을 마음 읽기, 혹은 마음이론theory of mind이라고 부른다. 마음이론은 "타인의 행동이 생각, 감정, 믿음 같은 내면의 상태에서 촉발된다는 이해"다. 단지 타인의 물리적 존재와 의도를 인식하는 것과는 다르다. 이런 능력은 모든 초기 호미닌과 많은 동물들에게서도 찾아볼 수 있다. 개와 늑대가 위협적인 알파 수컷에게 복종할 때처럼 말이다. 이와 달리 마음이론은 실제로 다른 사람의 마음속으로 들어가보는 것이다. 우리는 남이 하는 말을 들을 뿐만 아니라 그들의 얼굴 표정, 시선, 자세, 움직임을 관찰함으로써 타인의 마음을 읽는다. 단어의 정의상, 우선 자아 인식이 발달하지 않고서는 타인에 대한 인식이 발달할 수 없다. 나의 참조점이 되는 나 자신의 생각과 감정을 인식하지 못하면 타인의 생각과 감정도 이해할 수 없기 때문이다. 니컬러스 험프리가 기술한 대로, "우리는 나 자신이 되는 게 어떠한 건지를 알기 때문에 그들처럼 되는 게 어떠한 건지를 상상할" 수 있다.[10]

아동 발달 연구에 따르면, 타인에 대한 인식은 4세 무렵부터 발달하기 시작하여 11세 무렵까지 계속된다. 앞 장에서 서술했듯이 아동의 타인에 대한 인식은 2세 무렵 자아 인식이 출현한 이후에 발달한다. 유니버시티 칼리지 런던의 심리학자 크리스 프리스Chris Frith와 이 분야의 뛰어난 연구자들 중 한 명이 정의한 바에 따르면, 마음이론이란 타인에게도 우리와 같은 마음이 있다고 믿고 "그러한 타인의 마음의 내용물—타인의 지식, 믿음, 욕망—이라는 관점에서 타인의 행동을 이해하는" 것이다.[11]

샐리-앤 테스트Sally-Anne test는 아동에게 마음이론이 존재하는지 여부를 평가하는 데 활용되는 표준 시나리오다. 그림이나 인형을 이용하여 아이에게 다음의 장면을 보여준다. 방안에 샐리와 앤이 있고, 그 옆에 공, 덮개로 덮인 바구니, 뚜껑 닫힌 상자가 있다. 샐리가 공을 바구니 속에 넣어놓고 방을 나간다. 샐리가 나가자 앤이 덮개가 덮인 바구니에 있던 공을 상자 속으로 옮겨놓고 뚜껑을 닫는다. 그런 다음 샐리가 방으로 돌아온다. 여기서 아이에게 이렇게 묻는다. 샐리가 공을 찾기 위해 어디를 들여다볼까? 아이는 공이 상자 속에 있다는 걸 알고 있다. 이 질문에 옳은 답을 내놓으려면, 샐리는 앤이 공을 상자로 옮기는 걸 못 봤으므로 공이 바구니 속에 있다는 잘못된 믿음을 품고 있다는 걸 아이가 이해해야 한다. 이것을 일차 순위 마음이론 first-order theory of mind이라고 한다. 다음 장에서 기술하겠지만, 마음이론 시나리오는 이보다 훨씬 더 복잡해질 수 있다.

4세 이전의 거의 모든 아동은 샐리가 상자를 뒤져볼 것이라고 대답한다. 이 연령대 이전의 아이들은 자신이 아는 것과 남이 아는 것을 구분하지 못한다. 사우스웨스턴 대학 루이지애나의 심리학자 대니얼 포비넬리와 크리스토퍼 프린스Christopher Prince는 이러한 곤란을 다음과 같이 예시했다.

예를 들어 세 살 먹은 여자아이와 테이블을 사이에 두고 마주앉은 뒤, 거북이 그림을 아이의 시점에서는 똑바로 보이고 당신의 시점에서는 거꾸로 보이게끔 놓아보자. 아이는 당신이 거북이를 볼 수 있다는 데 쉽게 수긍할 것이다. 그리고 당신이 눈을 가린다면 아이는 이제 당신이 거북이를 볼 수 없다는 걸 쉽게 인정할 것이다. 하지만 당신의 시점에서 거북이가 다르게, 즉 거꾸로 보인다는 걸 아이에게 이해시키기란, 당신이 아무리 노력하더라도 무척 어려울 것이다. 하지만 그로부터 1년 이내에 이 아이는, 비록 두 사람이 같은 대상에 시각적으로 연결되어(혹은 주목하고) 있더라도 이 대상에 대한 두 사람의 정신적 표상은 상당히 다르다는 걸 이해하고 그 이해를 서슴없이 드러낼 것이다.

4세 무렵부터 아이들은 타인의 마음속에 들어가 보는 능력을 얻기 시작한다. 이제 아이들은, 샐리가 공을 바구니에 넣었고 공이 바구니

안에 있다고 믿기 때문에 샐리가 바구니를 먼저 뒤져볼 것이라고 대답한다. 아이에게 손위 형제자매가 있거나 부모가 아이와 대화할 때 마음 상태를 가리키는 표현을 자주 사용함으로써 인지 기능 발달에 도움을 주는 경우에는 좀 더 이른 연령대에 마음이론을 획득한다.[12]

동물에게도 마음이론이 있을까?

여기서 사람이 아닌 동물도 타인의 생각을 인식하는지에 대한 의문이 제기된다. 일반적으로 대부분의 동물은 그러지 못한다고 여겨진다. 일례로 새끼 토끼는 공중에 뜬 독수리를 보고 숨으려고 하겠지만, 이는 토끼가 독수리의 마음속에 들어가서 독수리가 배고플 것이라고 추측했기 때문이 아니라 본능적인 행동이다.

코끼리들이 다른 코끼리에게 공감한 듯 보이는 행동을 하는 것이 관찰되었지만, 이것이 마음이론을 나타내는 건지는 불분명하다. 한 사례에서는 "수컷 코끼리가 죽어가는 동료를 쓰러질 때마다 일으켜 세우려 애쓰고 마실 물을 가져다주면서 몇 시간 동안 보살피는 것이 관찰되었다". 또 다른 사례에서는 "코끼리 새끼가 물에 빠지자 대장 암컷과 다른 암컷 성체 코끼리들이 호수로 들어가서 새끼를 구조했다. 그들은 새끼 양옆에 서서 엄니와 코로 새끼를 들어올려 안전한

기슭으로 옮겨놓았다".[13]

개코원숭이는 어느 정도의 자아 인식을 지닌 듯 보이지만 마음 이론은 없는 동물의 예다. 그들은 "'나'와 '내가 아닌 것'을 뚜렷히 구분[하고]… 자신을 모계 무리와 강하게 동일시한다". 그들은 자기 무리의 위계 서열을 기억하고 자신과 무리 내 다양한 성원과의 관계를 파악할 수 있다. 또 복잡한 사교 기술과 의사소통 기술을 지녔다. 하지만 이들을 광범위하게 연구한 연구자들에 따르면, 개코원숭이는 다른 개코원숭이가 알거나 느끼는 바를 인식하지 못하는 듯 보인다. "개코원숭이의 마음이론은 다른 동물의 의도에 대한 어렴풋한 직감이라고 기술해야 가장 정확할 것이다…. 아직 우리는 개코원숭이가 다른 개코원숭이를 목표, 동기, 호불호를 지닌 의도적 존재로─암묵적으로라도─여긴다고 결론 내릴 수 없다."[14]

대형 유인원이 타인의 생각을 인식하는지에 대해서는 많은 논란이 있다. 침팬지와 고릴라가 타인을 속일 수 있다는 건 잘 알려져 있다. 제인 구달과 기타 영장류 학자들은 침팬지가 먹이 등을 독차지하기 위해 다른 침팬지를 일부러 속여 넘긴 사례를 여럿 기술했다. 또 침팬지가 곤란에 빠진 듯 보이는 다른 침팬지를 도운 사례들도 기술했다. 침팬지가 공감 비슷한 것을 인상적으로 보여준 한 사례를 들어보자. 시카고 동물원에서 세 살짜리 남자아이가 야외의 고릴라 우리로 추락하여 의식을 잃자 자기 아기를 업고 있던 한 암컷 고릴라가 떨어진 남자아이를 안아들어 우리 출입구까지 데려왔고, 덕분에 동물원 직원이 아이를 받아 안전한 곳으로 옮길 수 있었다.[15]

하지만 이러한 행동이 진정한 마음이론을 보여주는 것일까, 아니면 과거의 경험을 토대로(일례로 내가 "x"를 하면 그가 "y"를 해서 내가 바나나를 많이 받게 될 거라는 식으로) 학습된 행동일까? 이 질문에 대한 논란은 여전하지만, 침팬지와 어쩌면 다른 대형 유인원이 "마음이론적 요소들의 시초", 혹은 "그것의 조짐"을 지녔거나 "마음이론의 결정적 경계에서 맴돌고 있다"는 데까지는 연구자들이 동의하는 듯하다. 한 연구 그룹은 지금까지의 발견을 이렇게 요약했다. "우리는 침팬지가 타인의 심리 상태를 어느 정도 이해할 수 있다고 확실히 주장할 수 있다…. 하지만 이와 동시에 분명한 건, 침팬지가 사람처럼 완전히 발달한 마음이론을 지니지는 않았다는 것이다." 또 다른 연구 그룹은 침팬지가 마음이론을 획득했다고 가정했다가 이를 부인한 뒤 최종적인 결론은 재기발랄하게도 침팬지들에게로 떠넘겼다.

"그래요, 우리는 이런 행동을 엮어서 우리의 목표와 욕망을 충족시키는 데 기여할 새롭고 생산적인 전략을 짤 수 있는 심리 체계를 당신들과 공유하고 있어요. 우리의 감정과 버릇과 반응이 당신들과 아주 비슷한 것도 사실이고요. 심지어 우리는 우리 자신의 행동에 대한 객관적 관점을 부여하는 자아 개념도 가지고 있어요. 하지만 우리에게 마음이론이 있다는 당신들의 생각은 어디서 나온 거죠? 우리도 당신들처럼 자아-타자 내러티브를 구성할 수 있다고, 왜 그렇게 절실히 믿고 싶어하는 거죠? 어쨌든 지난 500만 년간 뇌 크기를 3배로 키워온 건 우리가 아니라 당신네 계통이었어요. 행동을 매개하는 관찰 불가능한 마음 상태가 있다는 개념을 구성한 것도 우리가 아니라 당신네 종이었고요. 그러니까 까마득한 옛날의 행동 패턴을 심리주의적 관념으로 재해석하는 쪽은 우리가 아니라… 당신들이에요. 우리한텐 생전 떠오른 적도 없는 관념이라고요."[16]

마음이론이 손상되었을 때

짐작건대, 다른 사람이 무슨 생각을 하는지를 생각하는 능력—마음이론—은 이 기술을 획득한 모든 호미닌종에게 큰 진화적 이점을 제공했을 것이다. 일례로 식량 획득의 측면에서, 마음이론을 갖춘 사냥꾼은 다른 사냥꾼들이 활용해온 전략에 대해 생각하고 더 큰 성공을 거둘 새로운 방식을 고안해낼 수 있었을 것이다. 마음이론을 갖춘 전사는 적이 앞으로 무엇을 할지를 아마 더 잘 예측했을 것이다. 마음이론을 갖춘 상인은 물건을 파는 쪽이 수용할 수 있는 최저 가격을 더 정확히 알아낼 수 있었을 것이다. 그리고 재생산의 측면에서, 마음이론을 갖춘 남녀는 파트너를 유혹하는 데 성공할 확률이 더 높았을 것이다. 실제로 유혹의 기술—그리고 자기 유전자의 전달—은 상대가 뭘 생각하고 원하는지에 대한 생각에 부분적으로 초점을 맞추고 있다.

현생 호모사피엔스인 우리는 타인의 생각에 대한 인식을 얻기 이전의 호미닌이 어떠했을지 상상하기가 매우 어렵다. 타인이 무엇을 생각하고 알고 믿고 갈망하는지에 대한 생각은 인간이 되기 위해 필수 불가결한 요소이자, 영화, 연극, 그리고 어디서나 볼 수 있는 TV 코미디와 연속극을 비롯한 일상적 가십과 오락의 본질이다. 또한 타인의 생각에 대한 인식이 없으면 공감도 있을 수 없으므로, 타인의 생각과 감정에 대한 인식은 공감의 전제 조건이기도 하다. 《모듈로 이루어진 뇌The Modular Brain》에서 신경학자 리처드 레스탁Richard Restak은 이마앞겉질의 손상이 타인에 대한 인식을 손상시켜서 우리를 "내가 보기에 우리의 가장 진화된 정신 능력—타인과의 공감 능력—이 결여된… 거의 인간 이하의 기능 수준으로" 떨어뜨릴 수 있다고 지적했다.[17]

다른 사람의 생각에 대한 인식이 손상된 몇몇 인간 상태가 존재한다. 이중에서 선두는 자폐증이다. 자폐증 환자는 "다른 사람이 뭘 알거나 기대하는지를 고려해야 하는 상황에서 특히 어려움을" 겪는다고 알려져 있다. 영국의 심리학자 사이먼 배런-코언Simon Baron-Cohen

은 자폐증 환아의 이러한 결함을 "심맹mindblindness"이라고 지칭했다. 자폐증 환아에게 샐리-앤 테스트를 실시한 결과는 이러한 결함의 예를 보여준다. 일반적인 네 살 아이의 85퍼센트는, 샐리가 앤이 공을 옮겨 넣은 상자가 아니라 자기가 공을 넣어둔 바구니를 뒤져볼 것이라고 대답한다. 하지만 자폐증 환아 중에 올바로 대답하는 비율은 20퍼센트에 불과하다. 그들은 샐리의 마음속에 들어가서 샐리가 잘못된 믿음을 품고 있다는 걸 이해하는 데 어려움을 겪는다. 자폐증은 이마앞겉질을 포함한 몇몇 뇌 영역의 손상으로 초래된다고 여겨진다.[18]

타인의 생각에 대한 인식이 손상된 또 하나의 인간 상태는 반사회적인격장애다. 반사회적인격장애를 가진 개인은 공감 능력이 없고, 흔히 범죄 행동을 저지르며, 구치소와 교도소에 수감된 사람의 대다수를 이루고 있다. 이런 개인에 대한 뇌 영상 연구에 따르면, 이런 사람들에게서는 앞띠다발, 섬엽, 아래마루 영역을 포함한 여러 뇌 영역의 이상이 관찰된다. 이마앞겉질이 사고로 손상되었을 때도 타인에 대한 인식이 손상될 수 있다. 1848년 철봉이 이마엽을 관통한 피니어스 게이지Phineas Gage의 예는 주로 인용되는 고전적 사례이다. 사고 이전의 게이지는 "조용하고 예의 바른" 사람이었다고 한다. 그런데 사고 이후의 그는 다른 사람의 감정에 무감하고, "상스럽고, 저속하고, 거칠고, 점잖은 이들은 그가 어울리는 부류를 견딜 수 없을 정도로 천박한" 사람으로 바뀌었다고 한다. 하지만 게이지의 후년에 대한 좀 더 최근의 정보들은 그의 행동이 흔히 묘사되어온 것만큼 극심하게 변하지 않았음을 시사하기도 한다. 과거에 중증 정신질환자에게 행해진 엽절개술과 같은 이마앞겉질의 의도적 손상 또한 "타인의 감정에 대한 인식의 저하"를 초래하곤 했다. 이런 사람들은 "눈치가 없어서 자기가 한 말이 듣는 사람에게 어떤 영향을 미치는지에 대해 알지도 못하고 신경도 안 쓰는 듯" 보이며, "때로는 충격적일 만큼 조심성이 없고 타인에 대한 배려가 없는" 방식으로 행동한다고 묘사되었다.[19]

옛 호모사피엔스의 뇌

돌봄 행동에 기초해볼 때, 네안데르탈인과 아마도 옛 호모사피엔스의 다른 종들이 마음이론을 발달시켰을 가능성은 다분해 보인다. 이것이 사실이라면 그들의 뇌는 그 선조들의 뇌와 어떻게 달랐을까? 그들의 두개골에 대한 연구에 기초할 때, 네안데르탈인의 뇌는 호모에렉투스의 뇌보다 현저히 컸을 뿐만 아니라 그 형태도 달랐음이 분명하다. 특히 영국의 인류학자 크리스토퍼 스트링어Christopher Stringer에 따르면, 네안데르탈인의 뇌는 "뇌두개가 더 높아지고 마루엽이 확대

되었다". 다른 연구자들도 네안데르탈인의 뇌가 "마루 영역의 인상적인 발달"을 보여준다고 인정했다.[20]

최근 인간이 다양한 마음이론 과업을 수행할 때 활성화되는 뇌 영역을 확인하기 위해 자원자들을 대상으로 뇌 영상 연구들이 행해졌다. 피험자에게 다음과 같은 질문을 던지고 그들의 뇌 활동을 평가해보았다. "어떤 사람이 방금 은행을 털고 도망가다가 장갑 한 짝을 떨어뜨렸습니다. 그가 은행 강도라는 것을 모르는 한 경찰이 그가 장갑을 떨어뜨린 걸 보고, 잃어버린 장갑을 주워줄 생각으로 그를 불러 세웠습니다. 그러자 강도는 두 손을 들고 자기가 강도라고 자백했습니다. 질문: 강도는 왜 그랬을까요?"

이런 연구들의 결과는 피험자가 생각하는 것이 다른 사람의 생각이냐, 믿음이냐, 욕망이냐, 감정이냐 등에 따라 다소 차이가 있지만, 전체적인 뇌 활성화 패턴은 도판 3.1에서 확인되듯 놀랄 만큼 일관성을 보인다. 여기에는 관자마루이음부, 그리고 이마엽의 부위들(앞띠다발, 섬엽, 이마극, 안쪽이마겉질)이 포함되어 있다.

관자마루이음부(TPJ, Temporo-parietal junction)는 아래마루소엽(BA 39, 40) 그리고 이에 인접한 뒤위관자 영역(BA 22)으로 이루어져 있다. 해부학적으로 이 두 영역은 놀랄 만큼 유사하여, "대부분의 연구자들은 [관자마루이음부에서] 마루겉질과 관자겉질의 경계를 정하기가 사실상 불가능하다는 데 동의한다". 위관자 영역의 뒤쪽 부분은

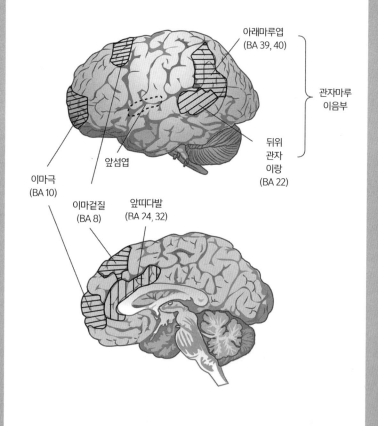

도판 3.1 옛 호모사피엔스: 공감하는 자아

(주로 좌측에 위치한) 베르니케 언어 영역과 광범위한 연합겉질을 포함하기 때문에 특히 흥미롭다. 따라서 뇌의 이 부위는 타인의 말을 해석하며, 인접한 연합겉질에서는 이러한 타인의 말을 그 화자에 대해 알고 있는 다른 사실들 등의 더 폭넓은 맥락에 놓고서 본다. 이것이 타인의 마음을 읽는 일의 본질이다.[21]

지속적으로 발달한 백질로는 진화하는 호미닌이 마음이론을 획득하게끔 촉진했을 것이다. 갈고리다발은 이 발달의 일부였을 것이다. 이것이 섬엽과 이마앞겉질을 위관자 영역과 연결하기 때문이다. 마음이론의 발달에 중요한 또 다른 연결로는, 1장에서 언급한 위세로다발의 네 번째 부분으로 여겨지기도 하는 활꼴다발이었을 것이다. 활꼴다발은 관자엽의 다른 부분들뿐만 아니라 가쪽이마앞 영역과 위관자 영역과 관자마루이음부를 잇는 주된 연결 통로다. 인간과 침팬지의 활꼴다발에 대한 비교 연구 결과, "활꼴다발의 구조와 겉질말단이 인류 진화 과정에서 크게 바뀌었다"고 한다.[22]

뇌 영상 연구들은 마음이론에서 관자마루이음부가 중요하다는 사실을 보여주었다. 일례로 12명의 자원자에게 이야기 속 등장인물들에 대해 생각해보라는 주문을 했을 때, "마음 상태의 귀인歸因에 우측 관자마루이음부(RTPJ, Right TPJ)가 선택적으로 동원되었다…. RTPJ는 마음 상태의 귀인에 매우 특유한 요소"라는 관찰 결과가 나왔다. 또 다른 연구에서는 12명의 자원자에게 가족사진 속의 인물들에 대해 생각해보라고 주문했는데, 이때 우측 TPJ가 "ToM(마음이론, theory of mind) 사건을 상술하는 동안 특별히 관여했다"는 것이 관찰되었다. 이런 연구들을 요약한 논문은 우측 TPJ가 "마음이론에 특수하게 관여한다"고 결론 내렸다. 특히 흥미로운 것은 좌측 아래마루 영역이 자아에 대한 인식과 결부되는 반면, 우측 아래마루 영역은 타인에 대한 인식과 결부된다고 보고한 연구다. 이는 자아와 타인에 대한 인식에서 뇌가 편측화되었을 가능성을 시사한다.[23]

관자마루이음부가 타인의 마음을 읽는 데 결정적인 부위로 보이기는 하지만, 이것은 이마엽 구조를 포함한 네트워크의 일부로서 기능한다. 타인에 대해 생각하는 사람에 대한 뇌 영상 연구들을 통해 앞띠다발, 섬엽, 안쪽이마앞겉질의 활성화가 관찰되었다. 앞 장에서 기술했듯이 앞띠다발과 섬엽은 자아에 대한 사고에 결정적인 뇌 영역이므로, 이들이 타인에 대한 사고에서도 중요한 역할을 한다는 건 놀랄 일이 아니다. 많은 연구자들이 이 두 뇌 영역의 중복되는 기능을 지적한 바 있다. 앞띠다발은 "'마음이론'과 연관된 과업에 결정적인 몇몇 영역 중 하나"로 여겨진다. 그리고 섬엽도 "타인의 감정을 이해하는" 메커니즘에서 "근본적인 역할"을 한다고 여겨진다. 일례로 다른 사람이 다친 듯 보이는 영상을 피험자에게 보여준 연구에서 앞띠다발과 섬엽이 둘 다 활성화되었다.[24]

이마엽에는 뇌의 마음이론 네트워크에 관여하는 다른 구조들도 있다. 이중 하나는 이마극(BA 10)으로, 지각, 정보 처리, 사회적 인지, 감정 처리 등의 기능에 중요하다고 1장에서 언급한 바 있다. 인도네시아에서 발견된 아주 작은 호미닌으로 많은 연구자들이 옛 호모사피엔스의 한 종으로 여기는 호모플로렌시스의 두개골 또한 이마극이 확대되어 있었다는 것을 언급할 필요가 있다. 이는 호모플로렌시스 또한 마음이론을 발달시켰을 가능성을 시사한다. 마음이론 네트워크와 연결된 또 하나의 이마앞 영역은 이마겉질(BA 8)이다.[25]

마음이론에는 또 하나의 흥미로운 신경해부학적 측면이 있다. 1996년, 원숭이의 뇌에 목표지향적 행동을 수행할 때마다 점화될 뿐만 아니라 다른 원숭이가 비슷한 행동을 하는 걸 볼 때도 점화되는 신경세포가 있다는 것이 보고되었다. 이런 신경세포를 거울 신경세포라고 부른다. 뇌 영상 연구들을 통해, 사람도 섬엽과 아래마루 영역을 포함하여 겉질에 널리 분포된 거울 신경세포 네트워크를 지녔을 거라는 주장이 제기되어 왔다. 이 신경세포들은 타인의 행동에 의해 영향을 받기 때문에, "이러한 거울 신경세포 메커니즘은 보다 일반적인 마음 읽기 능력의 일부 혹은 전조일 수 있다"고 추정되어 왔다. 예를 들어 "다른 사람이 갑자기 주먹이나 공에 맞는 장면을 보고 우리가 흠칫하거나, 끔찍한 고문 묘사를 읽으면서 우리가 움찔하는 것은… 거울 신경세포 덕분"이라는 것이다. 거울 신경세포가 마음이론의 신경학적 토대를 이해할 수 있는 흥미로운 모델을 제기하긴 하지만, 아직 어떤 결론을 이끌어내기에는 시기상조다. 원숭이도 이 신경세포를 지녔지만 타인의 생각에 대한 인식을 가진 것으로 보이지는 않기 때문이다.[26]

마음이론과 신에 대한 믿음

몇몇 연구자들은 마음이론의 획득이 신에 대한 믿음에 꼭 필요한 전제 조건임을 인정했다. 예를 들어 퀸스 대학 벨파스트의 심리학자 제시 베링Jesse Bering은《종교 본능The Belief Instinct》에서 마음이론이 어떻게 신에 대한 가정으로 이어지는지를 상세히 다루었다. 그는 우리가 신의 마음을 상상할 수 있으려면 우선 마음이론을 습득해야 한다고 지적했다. 물론 우리는 신도 마음이론을 지녔으며 따라서 우리 인간이 무슨 생각을 하는지 상상할 수 있으리라고 가정한다. 베링이 요약한 바에 따르면 "신은 마음이론에서 탄생했다". 호미닌이 신을 믿기 위해 마음이론을 습득해야 한다는 필요조건은 브리티시컬럼비아 대학의 심리학자 아라 노렌자얀Ara Norenzayan(《거대한 신, 우리는 무엇을 믿는가Big Gods: How Religion Transformed Cooperation and Conflict》)과 옥스퍼드 대학의 생물학자 도미닉 존슨Dominic Johnson(《하나님이 너를 보고 계신다God Is Watching You: How the Fear of God Makes Us Human》)의 최근 저서에서도 강조된

바 있으며, 8장에 그 내용을 간단히 요약해놓았다.[27]

신을 창조하고 신에게 마음이론을 부여함으로써 얻을 수 있는 몇 가지 이점이 있다. 가장 중요한 것은 신이 우리 마음을 읽을 수 있어서 우리가 무슨 생각을 하는지 안다는 믿음이다. 연구에 따르면 여러 종교에서는 신이 "독특한 개개인으로서의 인간들—그들의 '마음과 영혼'—을 속속들이 안다고 상상한다". 베링에 따르면, 이는 "우리 조상들이 마치 어떤 초자연적 관찰자가 자신의 행동을 주시·기록·심판하고 있는 것처럼 느끼고 행동"하게끔 만들어서, 요컨대 우리 조상들을 한 차원 높은 사회 질서로 인도했다. 마음이론을 지닌 신을 창조하는 것의 또 다른 이점은, 이를테면 벼락은 신들의 분노라든지, 질병은 신들의 복수라든지 하는 식으로 아직 미지의 자연현상을 설명하는 데 유용하다는 것이다.[28]

○○○○○

켄터키 대학의 심리학자 윌 저비스Will Gervais도 마음이론의 중요성에 대해 비슷한 이론을 개진했다. 그는 "사람들이 서로의 마음을 표상하고 추론할 수 있게 해주는 바로 그 능력이 초자연적인 마음 또한 표상하고 추론할 수 있게 해준다…. 그러므로 마음 지각mind perception은 종교적 인지의 절대적 기초를 이룬다…. 마음 지각은 신에 대한 믿음의 인지적 토대일 수 있다"고 주장했다. 따라서 저비스는 만일 이것이 사실이라면 타인의 마음을 이해하는 데 어려움을 겪는 사람은 신에 대한 믿음도 약할 것이라고 추론했다. 앞에서 지적했듯이 자폐증 환자는 마음이론이 일부분 손상되었다고―"심맹"으로―여겨진다. 저비스는 "자폐 스펙트럼과 신에 대한 믿음 사이에 근소하지만 믿을 만한 역의 상관관계가 있다"고 보고한 연구들을 인용했다. 자폐증이 있는 청소년을 통제집단과 비교한 한 연구에서 자폐 청소년 중 "신에 대한 믿음을 강하게 지지하는" 비율은 11퍼센트에 불과했다. 이런 결과들은 마음이론과 유신론적 믿음의 연관성을 뒷받침한다.[29]

저비스는 마음이론이 신에 대한 생각과 관계가 있으므로 이 두 사고 과정으로 활성화되는 뇌 영역이 일부분 중복될 것이라고 추론하기도 했다. 메릴랜드 베데스다에 위치한 미국 국립보건원의 디미트리오스 카포지아니스Dimitrios Kapogiannis와 동료들은 일련의 실험들로 이 추론을 테스트해보았다. 그들은 "스스로 밝힌 종교적 독실함의 정도가 다양한" 피험자들을 상대로, 피험자들이 생각하는 하느님의 관여도, 하느님의 분노 정도, 그리고 종교 교리에 대한 질문에 답할 때 활성화되는 뇌 영역을 뇌 영상으로 알아보았다. 그 결과 첫 번째와 세 번째 질문에서 마음이론으로 활성화되는 뇌 영역과의 근소한 중복이 관찰되었고, 연구자들은 "종교적 믿음에는 뇌에서 추상적 의미 처리, 상상, 그리고 의도와 연관된 마음이론과 정서적 마음이론

을 수행한다고 익히 알려진 네트워크가 동원된다"고 결론 내렸다.[30]

　하지만 네안데르탈 호미닌이 신을 믿었을 가능성은 희박하다. 그들은 모종의 마음이론을 습득한 듯 보이지만, 신이 자신에 대해 어떻게 생각하는지를 생각할 수 있게 해주는 이차 순위 마음이론은 아직 습득하지 못했기 때문이다. 또 그들은 자신을 과거와 미래로 온전히 투영하고 과거 경험을 활용하여 미래 계획을 세우는 능력을 습득하지도 못했다. 요컨대 그들은 아직 신을 창조하고 숭배할 만큼 인지적으로 성숙해 있지 않았다. 이 질문은 뒷부분에서 다시 다룰 것이다.

ㅇㅇㅇㅇㅇ

약 20만 년 전 네안데르탈 호미닌은 현생 호모사피엔스보다 더 큰 뇌를 가졌다. 그들은 영리했고, 자아에 대한 인식과 타인에 대한 인식을 둘 다 갖추었던 듯 보인다. 이러한 능력의 결합은 식량 획득, 전쟁, 교역, 재생산에서 네안데르탈인에게 상당한 진화적 이점을 안겨주었을 것이다. 그들은 타인의 행동에 대해 생각하고 예측하는 능력을 가지고 있었기 때문이다.

　하지만 자기 자신의 사고에 대한 성찰 능력, 과거와 현재에 대한 상세한 인식을 이용하여 미래를 계획하는 능력은 아직 부족했던 것으로 보인다.

약 10만 년 전에는 호미닌이 영장류 조상에게서 분리되어 나온 지 이미 590만 년이 흐른 상황이었다. 우리가 영장류에서 분리된 후 현재까지에 이르는 시간의 99퍼센트가 흐른 셈이다. 그 남은 10만 년 동안, 호미닌이 앙코르와트와 샤르트르 성당처럼 신을 숭배하는 기념물을 건조하고 〈맥베스〉와 〈메시아〉를 쓰고 달로 날아갈 확률이 과연 얼마나 되었을까? 바야흐로 놀라운 일이 벌어지려 하고 있었다.

4

초기 호모사피엔스 :

성찰하는 자아

먼지를 보았으면, 바람을 보라. 거품을 보았으면… 대양을 보라. 와
서 보라, 통찰은 네 안에서 쓸모 있는 유일한 것이니, 네 나머지는 비
계와 살코기 조각이라.

— 루미(1207-1273), "죽은 자의 슬픔", 《마스나비Mathnawi》 4권.

10만 년 전, 옛 호모사피엔스의 여러 종이 아프리카, 동남아시아, 중
동, 유럽에 소집단을 이루어 거주하고 있었다. 오스트레일리아와 아
메리카에는 아직 호미닌이 없었던 것으로 보인다. 눈 위의 뼈가 두드
러지게 돌출한 것을 빼면 그들은 놀랄 만큼 현대적인 외모를 가지고
있었다. 만일 그들이 말쑥하게 차려입고 서류 가방을 든다면 오늘날
뉴욕이나 런던에서 지하철을 타도 크게 눈길을 끌지 않을 것이다.

하지만 행동 면에서 그들은 놀라울 정도로 원시적이었고, 지난

100만 년에 걸쳐 살아왔던 선조들과 아주 비슷한 방식으로 살았다. 그들은 불을 통제하고 석기와 무기를 만들고 큰 동물을 사냥하고 먼 거리를 이동했으며, 적어도 초보적인 방식의 음성 의사소통을 활용했다. 옛 호모사피엔스 중의 적어도 한 종—네안데르탈인—은 사실상 현생 인류와 같은 용량의 뇌를 10만 년 동안이나 가지고 있었지만, 그것을 통해 이룬 성과는 그다지 많지 않았다. 모든 옛 호모사피엔스는 호모에렉투스로부터 진화했으므로 자아 인식 능력을 가지고 있었고, 잔잔한 물에 비친 자신의 모습을 알아볼 수 있었을 것이다. 그리고 네안데르탈인은 타인이 무슨 생각을 하는지를 생각하는 능력인 마음이론 또한 발달시킨 듯 보이며, 옛 호모사피엔스의 다른 종들 역시 그랬을 것이다.

하지만 자기 자신에 대해 생각하는 자기 자신을 생각할 수 있거나, 자전적 기억을 통해 자신을 과거의 시간과 미래의 시간에 온전히 놓고 볼 수 있는 호미닌은 아직 없었던 것 같다. 그들이 현대 인간의 상호작용을 보았다면 혼란스러워했을 것이고, 만일 그들에게 신에 대해 묻는다면 그게 무슨 소리인지조차 이해하지 못했을 것이다.

최초의 불꽃

현생 인류를 연상시키는 독특한 행동을 결정적으로 보여주는 최초의 고고학 증거는 약 10만 년 전부터 중동과 아프리카 남단의 동굴과 바위그늘에 살았던 이들에게서 발견할 수 있다. 그중 중동의 호미닌들은 아프리카에서 이주해왔고 당시 네안데르탈인과 같은 지역에 살았던 것으로 보이며, 유전학 연구들은 두 집단의 상호 교류를 시사하고 있다. 아프리카에서 온 이 이주자들이 그 뒤로도 계속 생존했거나 더 멀리 퍼져 나간 증거는 없으므로, 그들은 결국 절멸했거나 아프리카로 되돌아갔다고 짐작된다. 하지만 그들은 10만~11만 5,000년 전의 구멍 뚫린 조개껍데기 목걸이와 적토red ochre 안료를 남겼다. 아마 이것은 인간이 자기 몸을 치장한 최초의 사례일 것이다.[1]

남아프리카공화국의 동굴에서는 연대가 7만~10만 년 전으로 추정되는 좀 더 확실한 증거가 발견되었다. 이 중에는 날 부위를 불에 달군 다음 눌러 떼는 식으로 끝을 "더 얇고 좁고 예리하게" 만든, 고도로 세련된 석기와 무기도 있다. 그들이 석기를 만들기 위해 택한 돌의 일부는 도구와 무기를 제작한 현장으로부터 약 32킬로미터 이상 떨어진 곳에서 채취된 것이었다. 케임브리지 대학의 고고학자인 폴 멜러스Paul Mellars는, 남아프리카공화국에서 발굴된 이 석기와 무기가 그로부터 5만 년 뒤 유럽의 유적에서 만들어진 것만큼 훌륭하다고 주장한다. "갈아서 다듬은 골각기 28점" 역시 인상적인데, 이는 뼈를 도구나 무기로 사용한 최초의 증거다. 네안데르탈인이 사용한 골각기는 이보다 후대에 출현하기 때문이다. 콩고에서도 연대가 적어도 7만 5,000년 전으로 올라가는 골각기가 발견되었다. 남아프리카공화국에서는 올가미로 작은 동물을 잡거나 활과 화살을 써서 사냥했다는 "정황 증거" 또한 역사상 최초로 발견되었다. 약 6만 5,000년 전에는 활과 화살 기술을 활용했다는 게 좀 더 분명하게 나타난다.[2]

남아프리카공화국의 동굴과 바위그늘에 살았던 사람들은 해산물과 인근에서 잡은 사냥감을 비롯하여 다양한 식단을 섭취했다. 또 그들은 상당히 안정된 생활을 영위했다. 다양한 풀과 식물로 엮어 잠자리를 활용했는데, 이 식물 중에는 "이를테면 모기를 쫓는 등의 살충 효과가 있는 화학 성분"이 함유된 것도 있었다. 그들은 이런 식물을 약초로 활용했을 수도 있다.[3]

아주 흥미로운 것은 이들 동굴에서 발견된 7만 7,000년 전의 조개껍데기들로, 표면에 적토가 칠해져 있고 한데 엮어 목걸이나 팔찌를 만들 수 있게끔 인위적으로 구멍이 뚫려 있다. 남아프리카공화국에서 목걸이나 팔찌를 적토로 장식한 것은 이 문화권에서 적토가 차지하는 두드러진 역할과 부합한다. 최근 같은 동굴에서 약 10만 년 전의 "적토 처리 작업장"이 발견되었다. 앞 장에서 설명한 대로, 적토는 가죽을 무두질하거나 피부에 발라서 벌레를 쫓거나 석기에 나무 손잡이를 접착하는 용도로도 사용될 수 있다. 따라서 10만 년 전에 적토가 어떤 용도로 쓰였을지 확실히 말하기란 불가능하지만, 이것을 조개껍데기에 칠했다는 사실은 이것이 적어도 때때로 장식에 쓰였음을 시사한다. 7만 5,000년 전이나 그 이전으로 거슬러 올라가는 구멍 뚫린 조개껍데기가 중동과 남아프리카공화국 외에 모로코와 알제리에서도 발견되었다는 사실은 몸치장이 널리 퍼져 있었음을 보여준다. 서로 다른 도합 다섯 종류의 조개껍데기가 확인되었다. 남아프리카공화국의 조개껍데기 목걸이 중 "[고고학적으로] 독립된 두 지층에서 나온 목걸이들이 서로 다른 패턴을 보이는데, 그것은 이 목걸이들이 각기 다른 시대에 다른 방식으로 엮여 사용되었음을 시사한다". 이는 호미닌의 패션이 진화했음을 보여주는 최초의 증거일 수도 있다.[4]

또 남아프리카공화국 동굴에서 발견된 것 가운데, 긁고 갈아서 표면을 변형한 뒤 날카로운 도구를 가지고 인위적으로 음각을 새긴 적토 조각 15점도 무척 흥미롭다. 이 음각은 다양한 무늬를 이루는 일직선들로 구성되어 있다. 일례로 그중 한 조각은, "빗금 여섯 줄과 여덟 줄이 교차하고 그 중간을 긴 선이 반쯤 가로지르고 있다". 음각이 새겨진 적토 조각 중에는 연대가 약 9만 9,000년 전까지 거슬러 올라가는 것도 있다. 음각된 무늬의 의미를 놓고 이것이 일종의 기록이나 달력일 것이라는 의견부터 예술 작품이라는 의견까지 추측이 분분하다. 아프리카 남부의 다른 지역인 현재의 보츠와나에서는 "뱀 머리와 비슷한 형태로 조형된 6미터 길이의 바위"가 발견되었는데, 그 연대는 약 7만 년 전으로 추정된다. 남아프리카에서 이러한 증거들을 발견한 연구자들은 이런 발견들을 토대로, 이 당시 "적어도 남아프리카에서 호모사피엔스는 현대적으로 행동했다"는 견해를 제시했다.[5]

이 당시 남아프리카의 동굴 거주자들이 체형에 맞춘 옷을 입기 시작했다는 증거도 있다. 호미닌, 특히 유럽과 아시아의 보다 추운 기후에서 살았던 호모에렉투스와 옛 호모사피엔스는 짐작건대 수만 년간 동물 가죽을 보온에 활용해왔을 것이다. 그런데 약 7만 2,000년 전부터 현생 인류가 단순한 동물 가죽 망토보다 더 몸에 잘 맞게 재단된 옷을 (심지어 보다 더운 기후에서도) 입기 시작했다는 흔적이 있다. 직물이나 뼈바늘은 그로부터 4만 년 뒤에나 나타나므로 이 옷은 동물 가죽을 재단하여 만들었을 것이다. 맞춤 의복이 도입되었다는 증거는 사람에 기생하는 이에 대한 유전학적 연구와, 몸니(옷엣니)가 약 7만 2,000년 전 머릿니로부터 갈라져나왔다는 사실에서 나왔다. 옷엣니는 옷에 달라붙는 데 적응한 갈퀴를 지녔고 오로지 옷에만 알을 낳는다. 이 연구에 참여한 연구자들은 "[옷엣니의] 생태적 분화는 인간이 의복을 자주 활용하게 되었을 때 일어났을 것"이라고 말했다.[6]

당시 아프리카에 살았던 호미닌 집단들은 이런 활동만 보인 것이 아니라 멀리 이동하기 시작했다. 물론 그들이 아프리카를 떠난 최초의 호미닌은 아니었다. 호모에렉투스는 그로부터 100만 년도 더 전에 아프리카를 떠났고, 그 후손들은 유럽에서 인도네시아까지 널리 분포했다. 하지만 초기 호모사피엔스의 아프리카 밖 이주는 달랐을 것이다. 과학 저술가 칼 짐머Carl Zimmer는 이를 이렇게 요약했다. "진화의 측면에서 볼 때 눈 깜짝할 사이에 남극을 제외한 모든 주요 대륙이 호모사피엔스의 보금자리가 되었다. 한때 침팬지의 소수 아종에 불과했고 숲에서 추방되었던 그들이 전 세계를 정복한 것이다."[7]

약 10만 년 전에 중동으로 들어간 초기 호모사피엔스뿐만 아니라 다른 초기 호모사피엔스들도 아프리카를 떠났다. 현생 호모사피엔스를 전 세계에 확산시킨 대탈출은 약 6만 년 전에 일어났다고 여겨진다. 하지만 앞에서 설명했듯이, 이런 사건들의 연대가 최근에 수정된 것을 고려하면 그보다 훨씬 전에 탈출이 일어났을 수도 있다. 6만 년 전에 탈출이 일어났다 해도 그들이 왜 그때 아프리카를 떠났는지는 불분명하다. 7만 3,000년 전 인도네시아의 초대형 화산인 토바 화산이 폭발하면서 세계 기후에 수백 년간 영향을 끼쳤다고 여겨지는데, 어쩌면 이것이 원인이었을 수도 있다. 당시 아프리카를 떠난 호모사피엔스의 수는 1,000명에서 수천 명 사이로 다양하게 추정된다. 아마 그들은 현재의 에티오피아에서 홍해 입구를 거쳐 예멘으로 건너갔을 것이다. 당시는 해수면이 훨씬 낮았으므로 홍해 입구의 폭이 몇 킬로미터에 불과했다. 그 이후에도 이주가 뒤따랐다고 널리 여겨지지만, 그들의 수와 이주 시기는 확실치 않다.[8]

현대 호모사피엔스의 남성 Y 염색체와 여성 미토콘드리아 DNA의 유전적 변이를 추적하여 지도에 그려보면 초기 호모사피엔스의 전 세계적 대여정을 재구성할 수 있다. 한 집단은 해안선을 따라 현재의 오만, 이란, 파키스탄, 인도를 거쳐 말레이반도로 내려가서, 미얀마(버마), 태국, 말레이시아를 거쳐 당시 육지로 이어져 있던 인도네시아로 들어갔다. 지금은 당시보다 해수면이 훨씬 높아졌으므로 그들이 해안선을 따라 이주한 증거는 아마 물속에 잠겨 있을 것이다. 이 경로를 따라 이동하던 초기 호모사피엔스는 호모에렉투스로부터 이어져 내려온 옛 호모사피엔스 집단과 조우했다. 이제는 호모사피엔스가 이 집단들과 교배했다는 게 분명히 알려져 있다. 앞에서 설명했듯이, 오늘날의 동남아시아인 중 일부는 네안데르탈인의 DNA를, 또 다른 일부는 데니소바인의 DNA를 소량 보유하고 있기 때문이다.[9]

초기 호모사피엔스는 적어도 약 5만 년 전 인도네시아에 다다랐다. 그들이 1년에 약 3킬로미터의 속도로 이동했다고 치면 아프리카에서부터 약 1만 3,000킬로미터의 여정을 주파하는 데 4,000년 정도 걸렸을 것이다. 하지만 호모에렉투스와 달리 초기 호모사피엔스의 여정은 인도네시아에서 중단되지 않았다. 그들은 통나무와 갈대를 엮는 식으로 배를 만들어서 약 64킬로미터 폭의 바다를 건넜고, 당시 파푸아뉴기니 및 태즈메이니아와 연결되어 있던 오스트레일리아에 상륙했다. 호미닌이 수만 년간 임시 보트를 활용하여 강과 좁은 해협을 건너기는 했지만 보다 넓은 바다를 건넌 것은 이때가 최초였고, 이는 초기 호모사피엔스의 계획 능력을 시사한다. 이 항해에는 상당수의 사람들이 참여한 것으로 보인다. 오늘날 오스트레일리아인의 유전적 특징을 기반으로 한 컴퓨터 시뮬레이션은 "현재 이 지역 애버리지니 주민의 선조가 된 이주민 집단의 규모가 배 한두 척으로 이동할 수 있는 수준을 넘어섰음을 시사한다". 오스트레일리아에는 5만 년 전, 파푸아뉴기니에는 4만 9,000년 전~4만 3,000년 전, 멜라네시아의 섬인 뉴아일랜드에는 약 3만 년 전 이전에 호모사피엔스가 정착했다는 증거들이 있다.[10]

초기 호모사피엔스의 일부 집단들이 동쪽으로 가고 있던 바로 그 시기에, 다른 집단들은 북쪽을 향하여 러시아로 이동한 뒤 유럽을 거쳐 서쪽으로 가거나 혹은 시베리아를 거쳐 동쪽으로 갔다. 서시베리아에서 나온 호모사피엔스의 뼈는 연대가 4만 5,000년 전으로 추정되었다. 모스크바 남쪽에 위치한 돈강의 한 유적에서도 연대가 4만 5,000년 전~4만 2,000년 전으로 추정되는 주거지 터가 출토되었다. 이 유적에서는 세련된 석기뿐만 아니라 뼈찌르개, 음각이 새겨진 상아 조각, 개인 장신구로 쓰였다고 짐작되는 구멍 뚫린 조개껍데기도 나왔다. 또한 초기 호모사피엔스가 4만~4만 5,000년 전 루마니아, 이탈리아, 영국에 다다른 증거들도 발견된다.[11]

초기 호모사피엔스가 지구상으로 퍼져나간 속도는 매우 놀랍다. 하지만 그들이 다른 호미닌 집단을 대체한 속도는 더더욱 인상적이다. 짐머가 지적했듯이 "호모사피엔스가 호모에렉투스…의 영토에 도래하자 다른 인류들은 소멸했다". 심지어 20만 년간 존재했고 많은 기술을 지닌 네안데르탈인도 약 4만 년 전에는 소멸했고, 최후까지 남은 소수는 유럽 대륙 밖 지브롤터섬까지 밀려난 것으로 보인다. 우리는 여러 연구들을 통해 호모사피엔스 인구가 확실히 새로운 이웃의 적수가 못 되었던 네안데르탈인보다 훨씬 빠르게 증가했다는 것을 알고 있다. 짐머가 요약한 대로, 호모사피엔스의 번식 성공은 "영리한 개체들이 더 영리한 동반자를 부단히 선택하면서 급상승한 압력"의 일환이었다.[12]

자신을 성찰하는 자아

세련된 도구, 구멍 뚫린 조개껍데기, 몸에 맞춘 의복, 적토에 새긴 음각, 동물과 비슷하게 조형한 바위, 배를 이용한 바다 항해—확실히 새로운 종류의 호미닌이 출현했다. 이 호미닌의 행동은 그 선조들의 행동과 너무 판이해서 우리는 이 집단을 "슬기로운 사람"이라는 뜻의 호모사피엔스라고 일컫는다. 그리고 이들이 일종의 인지적 대도약을 이루었을 거라고 가정한다. 그 도약은 어떤 것이었을까?

조개껍데기 장신구를 걸치고 몸을 치장하고 몸에 맞춘 의복을 입은 것, 이 모두는 초기 호모사피엔스가 남이 자신을 어떻게 생각하는지 인식하게 되었다는 것을 시사한다. 몸치장은 자신의 가족 관계, 사회 계급, 소속 집단, 혹은 성적 접근 가능성을 광고하는 수단일 수 있으며, 보는 이에게 어떤 메시지를 보내기 위한 것이다. 우리가 알고 있는 모든 문화의 호모사피엔스는 몸치장을 활용해왔으며, 구찌와 카르티에 같은 브랜드의 위신으로 알 수 있듯이 대개 엄청난 시간과 자원의 투자를 수반한다. 몸치장의 핵심에는 다른 호모사피엔스가 자신을 어떻게 생각하는지에 대한 호모사피엔스의 생각이 놓여 있다. 바로 이것이 자신을 성찰하는 자아introspective self다.

아동 발달이 이 인지적 진보에 대한 단서를 제공해주지 않을까? 앞에서 보았듯이 두 살 무렵의 아이들은 거울 인식으로 가늠할 수 있는 자아 인식이 발달하며, 호미닌은 약 180만 년 전부터 이와 비슷한 자아 인식을 획득하기 시작했을 가능성이 있다. 샐리-앤 테스트로 알 수 있듯 네 살 무렵의 아이에게서 타인의 생각에 대한 인식이 발달하기 시작하며, 적어도 호미닌 중 일부는 약 20만 년 전부터 이와 비슷한 능력을 획득하기 시작했을 가능성이 있다. 여섯 살 무렵의 아이들이 획득하기 시작하는 그다음의 중요한 인지 기능을 흔히 이차 순위 마음이론second-order theory of mind이라고 부른다.

이차 순위 마음이론이란 무엇일까? 샐리-앤 테스트에서 앤은 샐리가 방을 나간 뒤 공을 바구니에서 상자로 옮겨놓았다. 샐리는 자신이 공을 옮기지 않았으므로 공이 바구니 안에 있다고 믿었고, 앤은 샐리가 공이 바구니 안에 있다고 생각한다고 믿었다. 이것이 타인의 생각에 대한 인식인 일차 순위 마음이론이다.

하지만 앤이 공을 바구니에서 상자로 옮겨 넣는 장면을 샐리가 (앤이 모르게) 창문으로 엿보고 있었다면 상황은 달라진다. 샐리-앤 테스트에서 아이는, "앤은 샐리가 공을 찾기 위해 어디를 뒤져볼 거라고 생각할까?"라는 질문을 받는다. 이는 한 사람이 다른 사람의 생각에 대해 어떻게 생각할지를 생각하는 이차 순위 마음이론이다. 이 경우에 아이는, 앤은 자기가 공을 상자에 넣을 때 샐리가 창문으로 엿보고 있었다는 걸 모르기 때문에 샐리가 공이 바구니에 있는 줄 알 거라고 생각한다는 걸 이해해야 한다. 대부분의 아이들은 여섯 살이 되어야 이 인지 기능을 획득하기 시작한다.[13]

아이들을 상대로 더 고차적인 마음이론을 테스트하는 것도 가능하다. 예를 들어 앞서의 시나리오에서, 앤이 공을 바구니에서 상자로 옮길 때 샐리가 창문으로 엿보고 있는 걸 앤이 (샐리가 모르게) 눈

치쳤다면 상황은 어떻게 될까? 그렇다면 앤은, 자기가 공을 상자로 옮기는 걸 샐리가 봤으니 샐리는 공이 상자에 있다고 생각한다고 생각할 것이다. 하지만 샐리는 자기가 창문을 들여다보는 걸 앤이 눈치 챘다는 사실을 모르기 때문에, 앤이 자기가 공이 바구니 속에 있다고 생각하리라 믿을 것이라고 생각할 것이다. 이런 식으로 한 인물이 다른 인물에게 주는 잘못된 정보를 추가해서 마음이론 시나리오를 한층 더 복잡하게 만들 수도 있다.

이 분야의 연구자들에 따르면, 일차 순위 마음이론은 한 사람이 다른 사람의 생각에 대해 생각하는 단순한 인간 상호작용을 기술하지만 "이것만으로는 사회적 상호작용을 완전히 파악할 수 없다". 대부분의 사회적 담화는 "사람들이 다른 사람들의 생각에 대해 어떻게 생각하는지(이차 순위 믿음), 심지어는 사람들이 자신의 생각에 대한 타인들의 생각에 대해 어떻게 생각하는지 등등(고차 순위 믿음)을 고려해야만 제대로 이해할 수 있는 마음의 상호작용"을 수반한다. 이것이 대부분의 복잡한 사회적 상호작용의 핵심이다.[14]

이차 순위 마음이론을 획득하려면 자신을 대상으로서 바라볼 수 있어야 한다. 이는 단순히 거울을 보고 자기를 인식하는 게 아니라, 내가 다른 사람들에게 어떻게 보일지, 그들이 나를 어떻게 볼지, 그들이 나를 어떻게 볼지에 대해 내가 어떻게 생각하는지를 생각할 수 있는 것이다. 여기에는 자기 자신에 대해 생각하는 자신을 생각하는 능력도 포함된다. 이것이 요컨대 자신을 성찰하는 자아다. 초기 호모사피엔스가 자신을 치장하고 체형에 맞춘 옷을 입었다는 사실은 그들이 자기 자신에 대해, 그리고 자신이 타인에게 어떻게 보일지에 대해 생각했다는 것을 시사한다. 그러니까 호미닌 역사상 처음으로 남성은 자기가 걸친 곰가죽이 혹시 자기한테 안 어울리는지를 생각해보고 여성은 조개껍데기 목걸이를 걸쳐서 자기 외모가 나아질지를 생각해보게 되었을 거라는 말이다. 만약 그랬다면 이는 소비 경제의 탄생인 셈이었다.

자기성찰적 자아의 진화는 특히 사회적 상호작용에서, 그리고 타인의 행동을 예측할 수 있다는 점에서 초기 호모사피엔스에게 다른 호미닌보다 더 큰 인지적 우위를 안겨주었을 것이다. 이는 사냥 같은 집단 활동을 크게 촉진했을 것이고, 이 인지 기능을 지니지 못한 다른 호미닌과의 전투에서 호모사피엔스가 상당히 유리한 고지를 점하게 만들었을 것이다. 니컬러스 험프리는 이를 내면의 눈을 갖게 된 것으로 규정했다. "역사의 어느 시점에서 새로운 종류의 감각 기관이, 즉 외부 세계가 아닌 뇌 그 자체를 들여다볼 수 있는 내면의 눈이 진화했다고 상상해보라… 일종의 마법과도 같은 번역을 통해, 그는 자기 뇌의 상태를 의식적인 마음의 상태로 들여다볼 수 있게 되었다." 영국의 사회학자 지그문트 바우먼Zygmunt Bauman은 이를 다음과 같이 기술했다. "다른 동물과 달리, 우리는 그저 아는 데서 그치지 않는다. 우리는 우리가 안다는 것을 안다. 우리는 인식한다는 걸 인식하며, 의식을 '가졌음'을, 의식적이라는 걸 의식한다. 우리의 지식 그 자체가 지식의 대상이다. 우리는 우리가 자기 손과 발을 보는 것, 자기 몸의 일부가 아니라 그 주위를 둘러싼 '사물'을 보는 것과 '같은 방식으로' 자기 생각을 응시할 수 있다." 인간의 이러한 능력은 놀라우리만큼 사색적이다. 마치 마주보는 거울처럼, 우리는 자신에 대해 사색하고, 우리에 대해 생각하는 타인에 대해 사색하고, 우리에 대해 생각하는 타인에 대해 생각하는 우리 자신에 대해 사색하고… 이런 식으로 무한히 사색할 수 있다.[15]

일부 학자들은 자기성찰적 자아로의 진화를 사람 인지 발달의 결정적 순간으로 규정했다. 록펠러 대학의 유전학자 테오도시우스 도브잔스키Theodosius Dobzhansky는 사람만이 "자기를 객관화하고, 자기로부터 거리를 두고, 말하자면 자신이 어떤 존재인지를 고찰하는 능력을 지녔다"고 지적했다. 이 능력은 "진화적 신기성novelty이자… 인간 종의 근본적인, 어쩌면 가장 근본적인 특성 중 하나"이다. 노벨상 수상자인 존 에클스 경은 자기성찰 능력의 발달이 "우리 각각을 자의식을 지닌 독특한 존재로 만들어준, 우리 경험 세계에서 가장 이례적인 사건"이라고 말했다. 프랑스의 고생물학자이자 예수회 사제인 피에르 테야르 드 샤르댕Pierre Teihard de Chardin은 이것을 "호모사피엔스의 인간화이자, 자기 자신을 향한, 대상으로서의 자기 자신을 파악하는 의식이며… 단지 아는 것을 넘어서 자기 자신을 아는 것"이라고 기술했다. "우리는 새벽의 여명에 붉게 물든 저 선을 놓치지 말고 주시해야 한다. 지평선 밑에서 수만 년간 솟아오른 불꽃이 정확하게 국지화된 한 지점에서 폭발한다. 사고의 탄생이다." 기독교 신학에서는 자기성찰적 자아의 출현을 〈창세기〉의 아담과 이브 이야기로 상징한다. 그들은 에덴동산에서 금지된 나무의 열매를 먹은 뒤 최초로 자기 자신을 인식하고 자신들이 벌거벗었음을 깨닫게 된다.[16]

자기성찰적 자아는 인간만이 지닌 독특한 것으로 보인다. 때때로 우리는 고양이와 개가 스스로를 어떻게 생각하는지 궁금해하지만, 그들은 여기에 필요한 인지적 요소를 지니지 않았기 때문에 스스로에 대해 생각하지 않는다. 심지어 거울에 비친 자신을 알아볼 수 있는 침팬지도 자신을 치장하는 모습이 관찰된 적은 없다. 또 침팬지는 사람이 자기를 어떻게 생각하는지 신경 쓰지 않는 게 확실하다. 어린아이를 동물원에 데려가본 사람이라면, 그리고 구경꾼은 안중에도 없이 짝짓기 중인 침팬지들을 보고 "쟤들 지금 뭐하고 있어요?"라는 아이의 피할 수 없는 질문에 어떻게 대답해야 할지 몰라 쩔쩔매본 사람이라면, 누구나 이 사실을 증명할 수 있을 것이다.

자기성찰적 자아와 언어

자기성찰적 자아의 진화는 현대적 언어의 발달과 관련되어 있을까? 언어의 기원은 과학에서 가장 논쟁이 치열한 주제 중 하나다. 이 논쟁은 언어 자체의 정의에서부터 시작된다. 언어는 단순한 의사소통이 아니다. 꿀벌, 개, 고래, 원숭이, 기타 많은 동물들도 흔히 복잡한 소리와 행동을 동원하여 의사소통을 하기 때문이다. 포획된 침팬지와 보노보는 그림 키보드와 수화로 의사소통하는 법을 배웠다. 그들은 2,000개가 넘는 단어를 습득했고 몇 단어를 조합하는 능력을 보여주었다. 또 침팬지 같은 대형 유인원은 사람과 똑같진 않지만 비슷한 후두와 코인두를 지녔고, 앵무새가 그러하듯 사람 말의 몇몇 소리를 어렵게나마 낼 수 있다고 한다. 이것이 언어일까? 일부 언어학자들이 주장하듯 언어가 단어와 문법에 지나지 않는다면, 침팬지와 보노보도 초보적인 형태의 언어를 가졌다고 말할 수 있다. 하지만 대부분의 언어학자들은 언어가 말하는 기술 이상의 것이라고 여긴다.

대형 유인원과 원숭이처럼 초기 호미닌도 다양한 소리, 얼굴 표정, 수신호를 이용해서 의사소통했음이 거의 확실하다. 실제로 호모 에렉투스가 모종의 효율적인 의사소통 기술 없이 지구 반 바퀴를 돌아 이동했으리라고 상상하기란 불가능하다. 집단 사냥에 필요한 협력 행동도 의사소통 기술을 필요로 하지만, 들개, 늑대, 사자, 개코원숭이, 침팬지를 비롯한 많은 동물들은 고도의 언어 능력을 발달시키지 않고도 협력해서 사냥한다. 일부 연구자들은 언어가 호미닌의 진화 과정에서 일찍 나타났고, 심지어 진화의 주된 요인이었을 거라고 주장하기도 했다. 이들 가운데 주목해야 할 연구자로는 영국의 인류학자 레슬리 아이엘로Leslie Aiello와 로빈 던바를 들 수 있다. 그들은 "우리 초기 조상들이 대규모 집단을 필요로 했다는 것이 언어의 진화…를 추동한 힘이었다"고 주장했다. 서로의 털을 손질해주는 행동은 많은 영장류 사이에서 사회적 유대를 맺는 중요한 수단이다. 이 이론에 따르면, 영장류 집단의 크기가 커지면서, 한 영장류가 점점 늘어나는 집단 성원 모두의 털 손질을 해주는 일이 어려워졌다. 그래서 언어가 털 손질의 대체 수단으로 발달했다. "대화가 기본적으로 일종의 사회적 털 손질이라면, 언어는 우리가 몇몇 사람들과 동시에 털 손질을 할 수 있게 만들어준다." 이 이론이 맞다면, 던바의 표현대로 "말(그리고 그로 인한 언어)은 약 50만 년 전 호모사피엔스의 출현으로 인해 최소한 어떤 형태로나마 자리 잡았을 것이다".[17]

이와 관련하여 데릭 비커턴 역시 언어가 일찍 발달했다는 주장을 내놓았다. 그는 호모에렉투스가 "원시언어protolanguage"를 말했으며, 진정한 언어는 약 20만 년 전 옛 호모사피엔스가 진화했을 때 (언어 장애를 가진 한 영국인 가계에서 확인된 FOXP2 유전자와 같은) 한 단일한 유전자에 일어난 돌연변이의 산물이라는 의견을 제시했다. 보스턴 대학의 인류학자 테런스 디컨Terrence Deacon은 언어의 시작 연대를 그보다도 더 올려 잡으며, 언어 발달과 사람 뇌의 진화 둘 다 상징적 사고의 획득에 대한 반응이었다고 주장한다. 아마 이런 이론가들은, "언어가 사람 뇌의 진화에서 주요한 역할을 수행했을 가능성이 높다는 결론을 피하기란 힘들다"는 미시건 대학의 인류학자 토머스 쇠네만Thomas Schoenemann의 말에 동의할 것이다.[18]

이 논쟁의 반대편에는 뇌 진화가 먼저고 언어는 그 다음이지 그 반대가 아니라고 믿는 이들이 있다. 매사추세츠 공대의 심리학자이자 언어학자인 스티븐 핑커Steven Pinker는 언어를 "자연계의 경이 중 하나로… 정확히 구조화된 무한한 사고를 날숨의 조절을 통해 머리에서 머리로 발송하는 비범한 능력"이라고 기술했다. 이런 언어 개념에는 화자뿐만 아니라 청자에 대한 고려, 추상적 개념의 전달 가능성도 포함된다. 따라서 언어의 이러한 정의는 자아 인식과 타인의 생각에 대한 인지를 최소한의 전제 조건으로 가정한다. 또한 이런 관점에서 보면 언어의 발달은 자기성찰적 자아의 발달과 일치할 것이다. 영국의 신경과학자 리처드 패싱엄Richard Passingham은 자기성찰과 언어, 즉 "자기 자신의 생각을 듣는 일"과 "우리의 내면생활이 실시간 논평으로 이루어져 있다"는 사실의 유사성을 지적한 이들 중 한 명이다. 특히 그는 "자기 자신의 생각에 대한 반성 능력을 언어와" 결부시켰다. 다른 연구자들도 그와 마찬가지로 이차 순위 마음이론을

"언어적 규약의 형성"과 연결시켰다.[19]

따라서 자기성찰적 자아와 우리가 아는 언어가 함께 발달했을 가능성이 있어 보인다. 사이먼 배런-코언이 지적했듯, 언어는 "전선으로 이어진 두 팩스 기계가 하는 것 같은 단순한 정보 전달이 아니다. 언어는 민감하고 계획을 세우며 상대의 마음을 예측하는 사회적 동물이 번갈아 주고받는 행동이다". 웨이크포레스트 대학의 심리학자 마크 리어리Mark Leary 역시 "언어는 상징적 사고뿐만 아니라 자기 자신의 의사소통에 대한 인식과 수신자인 타인에 대한 인식을 필요로 한다"고 주장했다.[20]

언어 발달을 인간의 인지 발달, 특히 자기성찰적 자아의 획득과 결부시킬 경우 영장류의 언어와 인간의 언어는 더 극명하게 대비된다. UC산타크루즈 대학의 언어학자 제프리 풀럼Geoffrey Pullum은 그 차이를 이렇게 요약했다. "내가 알기로, 비인간이 무슨 의견을 표명하거나 질문을 제기한 사례는 단 한 번도 없었다. 동물들이 그저 직접적인 감정 상태나 욕구만을 표현하는 게 아니라 세상에 대해 한마디할 수 있다면 정말 대단할 것이다. 하지만 동물들은 그러지 않는다." 물론 동물이 그러지 않는 이유는 자신과 타인에 대해 생각하는 데 필요한 인지적 네트워크가 부재하기 때문이다. 스티븐 핑커는 "마음 깊은 곳에서 침팬지는 '이해하지' 못한다"고 말하며 이 점을 분명히 했다. 로체스터 대학의 해부학자인 조지 워싱턴 카버George Washington

Carver는 이를 간명하게 요약했다. "유인원이 말하지 않는 유일한 이유는 할 말이 없기 때문이다."[21]

인간의 언어가 이마엽 및 마루엽과 나란히 발달하여 진화적으로 비교적 늦게 획득된 것임을 뒷받침하는 해부학적 증거도 있다. 원숭이와 대형 유인원의 뇌에는 복잡한 음성을 내는 데 쓰이는 언어 영역이 사람의 경우처럼 최근 진화한 뇌 겉질에 있지 않고, 계통발생적으로 더 오래된 뇌 영역인 가장자리계통(변연계)과 뇌줄기에 있다. 인간은 이 오래된 언어 영역을 이를테면 망치에 손가락을 찧고 나직이 욕설을 내뱉는다든지 울거나 웃을 때 사용한다.

이와 달리, 사람의 말은 겉질에서 비교적 최근에 발달한 두 뇌 영역에 의해 통제된다. 그 첫 번째는 이마엽에 위치한 브로카 영역이다. 이곳은 말하기를 통제하며, 해부학상으로는 입, 혀, 후두 근육을 통제하는 뇌 부위에 바로 인접해 있다. 두 번째 언어 영역은 앞 장에서 언급한 베르니케 영역으로, 관자마루이음부와 인접한 위관자엽에 자리잡고 있다. 이곳은 말의 이해를 통제하며, 해부학상으로 듣기와 연관된 뇌 부위의 일부다. 따라서 자아 인식, 타인의 생각에 대한 인식, 자기 자신의 생각에 대해 생각하는 능력의 발달과 연관된 뇌 영역은 언어 발달에 관련된 뇌 영역과 겹치는 것으로 보인다.[22]

끝으로, 인간의 언어가 진화적으로 비교적 늦게 획득된 것임을 뒷받침하는 언어학적 증거도 있다. 뉴질랜드의 심리학자인 퀜틴 앳

킨슨Quentin Atkinson은 전 세계 504개 언어의 음성적 복잡도를 분석하여 어떤 언어가 더 복잡하고(더 일찍 발달했고) 어떤 언어가 덜 복잡한지(더 최근에 발달했는지)를 알아보았다. 앳킨슨은 가장 오래된 언어들이 아프리카 중부와 남부에 있으며, 기타 언어들은 호모사피엔스가 아프리카 밖으로 이동하여 퍼져나간 패턴을 충실히 따른다고 보고했다. 따라서 인간이 현대적 언어를 말하는 능력과 자기 자신에 대해 생각하는 자기 자신을 생각하는 능력의 진화는 나란히 이루어진 것으로 보인다.[23]

따라서 언어는 인류 진화의 원인이라기보다는 촉매였을 확률이 더 높아 보인다. 자기 자신에 대해 말할 수 없다면 자기 자신에 대해 생각하는 능력이 무슨 소용이겠는가? 남의 뒷공론을 할 수 없다면 남의 생각에 대해 생각하는 능력이 무슨 소용이겠는가? 당사자나 제삼자에게 그걸 이야기할 수 없다면 남이 나에 대해 무슨 생각을 하는지를 생각하는 능력이 무슨 소용이겠는가? 자기성찰적 자아의 획득은 언어 발달에 엄청난 자극제가 되었을 것이다. 로빈 던바는 "기차와 구내식당에서 사람들이 하는 말을 엿들어본 결과, 그들이 나누는 대화의 3분의 2는 항상 다른 사람에 관한 것임을 발견"함으로써 이 점을 잘 보여주었다.[24]

자기성찰적 자아와 언어의 동시 발달은 진화적 관점에서 상승효과를 일으켰을 것이다. 그 둘은 개개인의 유전적 적합도를 개선하는 데 독립적으로 기여했겠지만, 자신을 성찰하고 그 생각을 말할 수 있는 사람들은 복잡한 행동을 논의할 수 있었을 것이고, 따라서 자기 유전자를 더 성공적으로 전달했을 것이다. 그러니까 초기 호모사피엔스는 할 말이 많았던 최초의 호미닌이었다. 그리고 스티븐 미슨이 지적했듯, "초기 인류는 일단 말문이 트이자 그칠 줄을 몰랐다".[25]

자기성찰적 자아와 신

자기성찰적 자아의 획득은 호미닌의 인지 발달에서 결정적 사건이었다. 테야르 드 샤르댕이 지적했듯, 이는 "단지 아는 것을 넘어서 자기 자신을 아는 것, 단지 아는 것을 넘어서 자기가 안다는 사실을 아는 것"이다.[26] 약 두 살에 해당하는 발달 단계에서 우리는 자기 자신에 대해 생각하는 능력을 획득했다. 약 네 살에 해당하는 발달 단계에서는 다른 사람의 생각에 대해 생각하는 능력을 획득했다. 이제, 약 여섯 살에 해당하는 발달 단계에서 우리는 다른 사람이 나에 대해 무슨 생각을 하는지를 생각하는 능력인 이차 순위 마음이론을 획득했다.

언뜻 생각하면 이 인지 능력은 초기 호모사피엔스가 신을 생각해내고 나아가 숭배할 수 있게끔 해주었을 것 같다. 마음이론을 획득함으로써 옛 호모사피엔스는 신들도 생각이 있음을 인식할 수 있는 능력을 획득했다. 그리고 이차 순위 마음이론(자기성찰)을 획득함으로써, 신들이 우리에 대해 생각할 수도 있다는 사실, 그리고 신들이 무슨 생각을 할지, 신들이 우리에 대해 하는 생각을 우리가 어떻게 생각하는지를 생각할 수 있는 능력을 획득했다. 요컨대 초기 호모사피엔스는 오늘날의 현생 호모사피엔스처럼 신들과 대화할 수 있는 인지 능력을 획득했다.

하지만 잠깐 기다려보자. 10만 년 전 신들은 어디서 튀어나온 것일까? 확실히 초기 호모사피엔스는 그들이 서로에 대해 어떻게 생각하는지, 그들을 뒤에서 욕하는 제3의 호모사피엔스에 대해 어떻게 생각하는지, 왜 그 사람과 더 이상 말을 섞지 않는지 등에 대해 다른 초기 호모사피엔스와 오늘날과 똑같은 방식으로 끝없이 수다를 떨 수 있었다. 하지만 신이 없다면 신에 대한 대화나 신과의 대화를 나눌 수 없다.

신의 기원에 대한 한 가지 이론에 따르면, 인간은 무생물인 사물이나 사건을 의인화하는―인간적 주체성을 부여하는―성향이 있다. 그래서 우리는 천둥과 번개, 홍수와 가뭄, 일출과 달의 차고 이움을 모두 어떤 초자연적이거나 신적인 힘에 의한 것으로 가정한다. 이런 패턴 추구 이론은 신과 종교의 기원에 대한 많은 이론을 낳았고, 이에 대해서는 8장에서 논의할 것이다. 어쩌면 10만 년 전의 초기 호모사피엔스는 천둥소리를 듣거나 벼락이 치는 것을 보고 하늘에 자신을 지켜보는 신들이 있는 게 틀림없다고 판단했을지도 모른다.

초기 호모사피엔스는 타인의 생각에 대한 인식뿐만 아니라 타인이 무슨 생각을 하는지에 대해 생각하는 능력을 가지고 있었으므로, 신이 이렇게 창조되었다는 시나리오는 이론적으로 가능하다. 하지만 이는 다양한 이유로 가능성이 낮아 보인다. 첫째, 천둥과 벼락을 설명하는 데 왜 굳이 신이나 기타 눈에 보이지 않는 영의 개념이 필요하단 말인가? 초기 호모사피엔스에게 더 익숙한 현상, 이를테면 하늘에 사는 큰 동물이나 보이지 않는 세계의 나무들이 쓰러졌다는 설명으로도 가능했을 것이다. 둘째, 이 시기에는 종교적 의미를 띠었을 수 있는 종교적 상징, 조상影像, 기타 유물이 발견되지 않았다. 반면 신들의 존재가 알려지게 된 훨씬 후대에는 이런 유물들이 아주 흔해졌다. 셋째, 반복되는 자연현상의 중요성을 이해하려면 과거와 현재를 미래에 대한 생각으로 온전히 통합하는 인지 능력이 필요하다. 다음 장에서 기술하겠지만, 초기 호모사피엔스는 이 능력을 아직 획득하지 못했던 것으로 보인다. 넷째, 자연현상을 이해해야 할 필요성 그 자체가 과연 신들을 창조하기에 충분한 자극제가 되었을지에 의문을 가질 수 있다. 마침내 신들이 출현했을 때 일부 신봉자들은 피라미드와 사원을 지었고, 오랜 시간을 들여 신들에게 기도했고, 순결을 지키기 위해 성적 쾌락을 포기했고, 자신의 신들을 방어하기 위한 전쟁에 목숨을 바쳤다. 패턴 추구 이론은 이런 개인적 희생을 이끌어낼 만큼 강력해 보이지 않는다. 이런 온갖 이유들 때문에, 10만 년 전의 초기 호모사피엔스에게 신이 존재했다는 것은 의심스럽다.

초기 호모사피엔스의 뇌

초기 호모사피엔스가 보인 인상적인 행동들을 고려할 때, 혹자는 그들의 뇌 발달에서도 그만큼 인상적인 변화를 찾을 수 있을 거라 기대할 것이다. 하지만 뇌는 적어도 10만 년 전에는 이미 평균 1,350입방센티미터에 도달해 있었으므로 더 커질 수 없었다. 만일 그랬다면 갓난아기의 머리가 뼈로 둘러싸인 여성 산도의 출구를 통과할 수 없었을 것이다. 그러므로 초기 호모사피엔스를 낳은 뇌의 변화는 뇌 크기의 확대가 아닌 내부적 변화였다. 바로 이것이 언어학자 데릭 비커턴이 제기한 다음의 질문에 대한 대답이다. "우리 종이 어떻게 존재하게 되었는지 제대로 설명하려면 다음의 의문을 해명해야 한다. 뇌가 최소한 현재의 크기로 성장하기까지 호미니드[호미닌]의 생활양식은 의미 있는 방식으로의 변화를 거의 보이지 않았는데, 이후 뇌의 추가 성장이 없는 상태에서 우리 종의 특징인 창조성이 경이적으로 폭발한 것이다. 이것이 어떻게 가능했을까?"[27]

자기성찰적 자아와 관련된 뇌 영역에 대해서는 최근 뇌 영상 기술을 이용하여 충분한 연구가 이루어졌다. 보통 이런 연구에서는 "피험자들에게 특질 형용사나 문장을 제시하고 그 특질이나 문장이 자기 자신에게 적용되는지를 묻는다". 동시에 그들의 뇌를 PET(양전 자방출단층촬영)나 기능적 MRI 기계로 스캔한다. 1999~2009년까지 행해진 이러한 연구 20개를 메타 분석한 결과, 도판 4.1에서 볼 수 있듯 자기성찰적 사고에 의해 활성화되는 주요 뇌 부위군 네 곳이 확인되었다.[28]

한 부위군은 앞띠다발(BA 24, 32)과 섬엽으로, 자아 인식과 타인의 사고에 대한 인식에 의해서도 활성화되는 영역이다. 그러니 이 영역들이 자기성찰적 사고에 의해서도 활성화된다는 건 놀랄 일이 아닐 것이다. 자기성찰적 사고에 의해 활성화되는 두 번째 뇌 부위군에는 이마극(BA 10), 가쪽이마앞겉질(BA 9, 46), 눈확이마겉질(BA 47)의 부위들이 포함된다. 이는 "자아 인식, 의식, 또는 자기반성"이 "이마엽이 지닌 가장 고도의 심리적 자질"이라는 언급과도 일치한다. 마찬가지로, "사회적 인지" 연구에 대한 한 리뷰는 사회적 인지를 "자기반성, 대인 지각, 타인의 생각에 대한 추론"을 포함하는 것으로 정의하면서, 광범위하게 정의된 안쪽이마앞 영역이 사회적 인지에서 "고유한 역할"을 한다고 결론 내리기도 했다.[29]

자기성찰적 사고로 활성화되는 세 번째 뇌 영역은 앞띠다발 뒤쪽의 중심선에 자리한 뒤띠다발이다. 이곳은 이마앞겉질의 많은 부

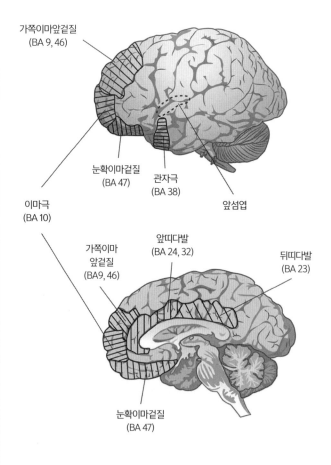

가쪽이마앞겉질
(BA 9, 46)

눈확이마겉질
(BA 47)

관자극
(BA 38)

앞섬엽

이마극
(BA 10)

가쪽이마
앞겉질
(BA9, 46)

앞띠다발
(BA 24, 32)

뒤띠다발
(BA 23)

눈확이마겉질
(BA 47)

도판 4.1 초기 호모사피엔스: 자기성찰적 자아

위들뿐만 아니라 관자마루이음부와도 견고하게 연결되어 있다. 뒤띠다발은 "피험자가 어떤 단어나 진술이 자신에게 해당되는 기술인지 아닌지를 지적해야 할 때" 활성화된다고 한다. 자기성찰적 사고로 활성화되는 마지막 뇌 영역은 관자극(BA 38)이라고 하는 관자엽의 가장 앞쪽 부위다. 이곳은 좀 더 오래된 뇌 영역으로, 충분히 알려져 있지는 않지만 다른 사람의 생각에 대해 생각할 때 모종의 역할을 한다고 알려져 있다. 특히 "다른 행위자의 감정, 의도, 믿음에 대한 분석이 요구되는 과업"에 의해 활성화되는 것이 뇌 영상 연구에서 관찰되었다.[30]

자기성찰적 사고와 관련된 뇌 영역의 발달과 동시에 백질로—특히 위세로다발, 갈고리다발, 활꼴다발—도 계속해서 발달한 것으로 보인다. 앞에서 기술했듯이 이 경로들은 앞쪽으로는 앞띠다발, 섬엽, 이마앞겉질을, 뒤쪽으로는 마루엽과 관자엽의 부위들을 연결한다. 우리는 백질로가 성숙하면서 이 영역들이 점진적으로 상호 연결되고, 그리하여 처음에는 일차 순위 마음이론 사고가, 그다음에는 이차 순위 마음이론 사고가, 그다음에는 점점 더 복잡한 마음이론의 평가가, 그다음에는 자기 자신에 대해 생각하는 자기 자신에 대해 생각하는 자기 자신을 생각하는… 식으로 끝없이 소급하여 생각하는 능력이 가능해지는 과정을 쉽게 상상할 수 있다.

실제로, 인류가 진화해온 전체 기간에 비하면 짧은 순간에 불과한 지난 10만 년 사이에 인간 행동이 어떻게 해서 이렇게 급격히 바뀌었는가는 인류 진화의 가장 큰 수수께끼 가운데 하나다. 이 질문의 주된 해답은 백질로의 발달에서, 그리고 분리된 뇌 영역들이 점점 더 상호 연결되면서 가능해진 인지 기능과 행동의 발달에서 발견될 가능성이 높아 보인다.

ooooo

그러니까 초기 호모사피엔스가 아프리카에서 퍼져나왔다고 여겨지는 약 6만 년 전, 그들은 지능, 자아 인식, 타인의 사고에 대한 인식, 그리고 가장 두드러지게는 자기 자신에 대해 생각하는 자기 자신을 생각하는 능력을 갖고 있었던 듯 보인다. 그들은 기존의 다른 모든 호미닌을 대체하고 지구의 주인이 되는 데 필요한 인지 기능을 갖추고 있었다. 하지만 진정 현대적인 호모사피엔스가 되는 데 필요한 한 가지 추가적 인지 기능은 아직 갖추지 못했던 것으로 보인다. 이제 그것을 다룰 차례다.

5

현생 호모사피엔스:

시간 속의 자아

현재의 시간과 과거의 시간은

둘 다 미래의 시간에 존재할 것이며

미래의 시간은 과거의 시간에 포함된다.

—T. S. 엘리엇, 〈네 개의 사중주〉, 1952

약 6만 년 전, 아니 그 이전부터 아프리카에 존재했을 호모사피엔스
는 영리하며 자기를 인식하고 성찰하는 놀라운 생물이었다. 이후 수
천 년간 그들은 동쪽으로는 오스트레일리아와 파푸아뉴기니, 서쪽으
로는 유럽까지 널리 퍼져나가며 더 오래된 호미닌들과 교배했고 궁
극적으로는 그들을 대체했다.

하지만 이들이 아무리 놀라워도 우리가 우리 아들딸을 기꺼이

결혼시킬 정도는 아니었다. 호미닌으로서 인상적이기는 했어도, 그들은 진정한 현생 호모사피엔스가 되고 신을 숭배하는 데 필요한 한 가지 결정적 인지 기능을 아직 갖추지 못하고 있었다. 이 기능의 발달에 필요한 중요한 뇌 변화는, 이 호모사피엔스들이 아프리카를 떠날 당시에 이미 시작되었을 가능성이 높아 보인다. 그래서 이 인지 기능은 그들이 최종적으로 어디에 정착했는지에 상관없이 이후 수천 년에 걸쳐 계속 진화했다. 평행진화를 보여주는 또 하나의 명백한 사례다.

ooooo

우리가 현생 호모사피엔스와 결부시키는 몇 가지 새로운 행동들이 약 4만 년 전부터 출현하기 시작했다. 물론 4만 년 전이라고 못 박은 시기는 중요한 출발점일 따름이다. 진화는 연속적인 과정이며, 호미닌의 뇌는 끊임없는 변화를 겪고 있었다. 또한 아주 먼 과거에 발생한 사건의 연대 추정은, 심지어 지난 4만 년 이내의 것이라 해도 최소 10퍼센트의 오차가 있다는 것을 유념해야 한다. 그러니까 3만 7,000년 전으로 추정된 어떤 것이 4만 년 전으로 추정된 어떤 것보다 실제로는 더 일찍 일어났을 수도 있다.

그럼에도 호모사피엔스가 아프리카를 떠난 이후, 떠난 이들과 남은 이들 모두의 행동이 상당한 변화를 겪었다는 뚜렷한 증거가 있다. 일례로 도구와 무기 발달에서 진전이 있었다. 약 4만 9,000년 전부터, 초기 호모사피엔스와 그 선조들이 사용했던 "기술 및 도구 유형이 서서히 버려지기" 시작한 듯 보인다. 남아프리카의 초기 호모사피엔스도 일찍이 7만 7,000년~10만 년 전부터 가끔씩 골각기를 사용하긴 했지만 "골각기 공작bone industry"이 출현한 것은 이때부터였다. 사상 최초로 동물 뼈, 순록 뿔, 매머드 상아가 도구와 무기 제작의 원재료로 널리 사용되었다. 알래스카 대학의 생물학자 데일 거스리Dale Guthrie에 따르면 "뼈, 뿔, 상아는 합성물질로… 나무보다 단단하고 내구성이 좋으면서 돌보다 가볍고 잘 깨지지 않는다". 뒤이어 "창촉, 끌, 쐐기, 주걱, 송곳, 드릴, 바늘, 화살대를 곧게 펴는 용도로 쓰인 구멍 뚫린 사슴 뿔, 그리고 나중에는 작살과 투창기" 등 한층 더 넓은 범위의 도구와 무기들이 출현했다.[1]

일례로 바늘이 생기면서 옷을 바느질할 수 있게 되었다. 약 3만 5,000년 전에 조지아공화국의 한 동굴에서 바느질을 했다는 증거가 있다. 염소 털에서 뽑은 털섬유와 아마에서 채취한 식물 섬유 가운데 일부를 염색하여 옷뿐만 아니라 밧줄, 그물, 바구니를 만드는 데도 사용한 듯 보인다. 바느질한 옷은 곧 닥칠 빙하기에 특히 유용했을 것이다. 브라이언 페이건이 지적했듯이, "사상 최초로 여성들이 성인과 노인은 물론 갓난아기, 아동, 청소년의 치수에 맞게 재단한 의복

을 만들 수 있게 되었다. 또한 그들은 온갖 종류의 옷을 재봉할 수 있었다".[2]

이 당시 쓰인 또 다른 도구는 램프였다. 불의 통제적 사용은 적어도 50만 년 전부터 알려져 있었지만, 램프의 사용은 새로운 차원의 것이었다. 뒤에서 다시 논의하겠지만, 선화와 채색화가 그려진 프랑스와 스페인의 동굴에서 많은 램프들이 발견되었다. 대부분의 램프는 자연적으로 우묵하게 파인 돌로 동물 기름을 채울 수 있었고, 지의류, 이끼, 침엽수나 노간주나무 가지 등이 심지로 사용되었다. 발견된 몇몇 램프에는 음각이 새겨져 있고, 심지어 손잡이가 달린 것도 한 개 있다.[3]

도구 이외에 새롭게 개선된 무기들도 약 4만 년 전부터 발달하기 시작했다. 아틀라틀atlatl이라고 하는 투창기는 약 3만 년 전에 출현했는데 창을 더 빨리, 멀리, 정확하게 유도할 수 있었다. 아틀라틀을 가진 사냥꾼은 안전하게 멀찍이 떨어진 거리에서 창을 던질 수 있었으므로, 특히 위험한 동물을 사냥할 때 효율적이었다.

활과 화살은 그 이전에도 수천 년에 걸쳐 이따금씩 사용되었지만, 적어도 2만 년 전부터는 널리 사용되기 시작했다. 이 또한 사냥꾼이 사냥감으로부터 안전한 거리에 있을 수 있게 해주었고, 하늘을 나는 새를 잡을 수 있게 해주었다. 아틀라틀과 활과 화살 등의 무기를 갖춘 현생 호모사피엔스는 과거에는 접근할 수 없었던 동물을—남아프리카에서는 위험한 아프리카물소를, 스페인에서는 좀처럼 잡기 힘든 아이벡스*를— 사냥하기 시작했다. 낚싯바늘과 그물 또한 더 깊은 물에서 물고기를 잡을 수 있게 해주었다. 일례로 인도네시아에서 발견된 4만 년 전의 참치와 상어 뼈는 당시에 원양 어로가 행해졌다는 증거이다.[4]

새로운 도구와 무기의 활용뿐만 아니라 이것들이 도입되고 개선된 속도 역시 인상적이다. 이는 "창조하고 고안하는 인간 능력의 이례적인 확대"를 보여주는 것이라고 할 수 있다. 《마음의 역사 Prehistory of The Mind》에서 스티븐 미슨은 이 시대를 "구석기시대의 군비 경쟁"에 빗대었다.

> 중요한 점은 후기 구석기시대[4만 5,000년 전~1만 1,000년 전]가 시작되면서 새로운 도구가 도입되었다는 것뿐만이 아니라, 이 도구들이 지속적으로 수정되고 변화했다는 것이다. 후기 구석기시대 내내 이루어진 혁신과 실험의 결과, 우리는 지배적인 환경 조건에 적합하고 이전 세대의 지식을 토대로 한 새로운 수렵 무기들이 꾸준히 쏟아져나온 과정을 볼 수 있다.

---

* 알프스와 아페닌 산맥에 서식하는 야생 염소.

이런 기술적 혁신과 실험의 속도는, 간혹 변화가 일어나더라도 무척 더뎠던 그전의 수십만 년과 극명한 대조를 이룬다.[5]

약 4만 년 전부터 널리 퍼지게 된 또 다른 물건은 기억 장치인 듯하다. 일련의 선과 점을 음각한 뼛조각도 그중 하나로, 앞 장에서 기술한―남아프리카에서 발견된 9만 년 전 이전의―적토 음각 조각과 유사하다. 독학한 고고학자로 하버드 피바디 박물관에서 일한 알렉산더 마샥Alexander Marshack은 이렇게 음각된 뼛조각을 가지고 방대한 연구를 수행했다. 그는 파인 자국을 현미경으로 조사하여 이 조각의 용도를 추측해보았다. 그중 가장 유명한 뼛조각은 프랑스에서 발견된 것으로 연대가 약 3만 년 전으로 추정되는데, 처음에 마샥은 이것이 두 주기에 걸친 달의 위상 변화를 나타낸다고 해석했다. 마샥은 뼈에 음각을 새긴 사람이 "차고 이지러지는 달의 이미지를 머리에 담고 있었을 뿐만 아니라, 시간 그 자체의 연속성과 주기성을 추상적 이미지로 창조해냈다"고 주장했다. 존 에클스 경은 이 뼛조각 사진을 자신의 책《뇌의 진화: 자아의 창조Evolution of the Brain: Creation of the Self》의 표지에 실었다. 마샥은 이 뼈들을 "기록 장치notational devices"라고 일컬으며, 1972년 발표한 자신의 책《문명의 뿌리The Roots of Civilization》에서 이것이 "시간의 제약을 받고 시간에 제약을 가하는 진화한 인간 능력, 시간과 공간 속의 과정이라는 관점에서 순차적으로 사고하는 인지 능력"을 나타낸다고 주장했다. 최근 들어 일부 전문가들은 마샥이 무늬를 새긴 뼛조각의 의미를 과도하게 해석했다고 비판했다. 하지만 이 뼈들이 반드시 달의 주기를 기록한 것은 아니더라도 일종의 "외부 기억 장치"에 해당한다는 데에는 대부분이 동의한다.[6]

현생 호모사피엔스는 새로운 도구, 무기, 기억 장치를 활용했을 뿐만 아니라, 약 4만 년 전부터 점점 더 다양하고 세련된 형태의 장신구를 선보였다. 뉴욕 대학의 고고학자 랜들 화이트Randall White는 이를 "후기 구석기시대 초에 신체 장식용품의 폭발이 일어났다"고 기술하며, "유럽에서 신체 장신구 제작 기술이 갑작스럽게 나타났다. 그 기술 자체도 처음부터 복잡하고 완전히 발달해 있었다"고 말했다. 그보다 옛날에 남아프리카에서 발견된 목걸이와 팔찌는 조개껍데기만으로 만들어져 있었던 반면, 새로운 형태의 장신구는 동물 이빨, 동물 뼈, 사슴 뿔, 상아, 달팽이 껍데기, 새의 발톱, 타조 알껍데기, 그리고 색색의 돌을 이용하여 목걸이와 팔찌는 물론 반지, 핀, 그리고 목걸이에 매다는 장식인 펜던트까지 만들었다. 일례로 한 목걸이는 "거의 150개의 구멍 뚫린 사슴 뿔, 뼈, 돌 구슬과 5개의 펜던트"를 꿰어 만든 것으로, "그중 일부에는 무늬가 새겨지고 장식이 되어 있었다". 프랑스 도르도뉴 지방의 일부 유적에는 구슬과 펜던트를 제작하는 "공장"이 있었고, 여기에서 "개인 장식용품의 제작이 그 자체로 산업을 이루었다"고 여겨진다.[7]

이 시기에 신체를 장식한 증거는 유럽과 중동에 지리적으로 널리 퍼져 있으며 프랑스, 스페인, 체코공화국, 불가리아, 레바논, 터키 등지에서 발견되었다. 터키에서는 4만 3,000년 전에 달팽이 껍데기와 새의 발톱으로 만든 목걸이가 나왔다. 모로코, 알제리, 케냐, 탄자니아, 남아프리카공화국을 비롯한 아프리카에서도 신체 장식의 증거들이 발견되었다. 아프리카에서 특히 많이 쓰인 것은 타조 알껍데기였다. 해당 지역에서 입수하기 쉬운 재료가 무엇인지에 따라 각 지역마다 독특한 스타일을 갖게 된 듯하다. 광택이 나는 흰색이나 밝은 빛깔의 조개껍데기처럼 흔치 않은 재료들은 가치가 컸다.[8]

장신구에 사용된 재료들은 이 시기에 광범위한 교역망이 발달했음을 시사하기도 한다. 프랑스에서는 160킬로미터 이상 떨어진 곳에서 생산된 조개껍데기로 목걸이를 만들기도 했다. 일부 고고학자들은 장신구에 쓰이는 원재료의 교환이 집단 간 동맹의 발전에 중요한 역할을 했을 수 있다는 견해를 제시했다. "현재의 이론들은 구슬을 주고받는 연결 고리를 따라 광범위한 결혼, 친선, 교환 네트워크가 생겨났다는 의견을 제시한다." 또한 이러한 선물은 "지명이나 친족 용어 등이 그렇듯, 기억을 돕는 장치로서 기능"하기도 한다. 그러니까 붉은사슴 이빨에 무늬를 새겨 만든 목걸이는, 혈연관계는 아니지만 지난 가을에 붉은사슴 사냥을 함께한 다른 집단과의 친선의 표시일 수도 있는 것이다.[9]

부장품을 껴묻은 의도된 매장

현생 호모사피엔스가 보인 행동 가운데 가장 획기적으로 새로운 것은 시신을 의도적으로 매장하면서 부장품을 껴묻은 것이다. 호미닌의 죽음은 600만 년 동안 있어왔지만, 그 대부분의 기간에는 사망한 호미닌의 시신이 썩거나 청소동물들에게 뜯어 먹히도록 땅 위에 방치했을 뿐 무슨 조치가 행해진 증거가 없었다. 의도적 매장이 이루어진 최초의 결정적 증거는 9~10만 년 전의 것이다. 이스라엘의 동굴 밑바닥에 비교적 손상이 적은 유골 11구가 묻혀 있었는데, 아마 서남아시아로 이주해온 초기 호모사피엔스들의 유골로 추정된다. 7만 5,000년 전~3만 5,000년 전에는 네안데르탈인에 의한 의도적 매장이 여러 건 행해졌다. 3장에서 지적했듯이 이런 의도된 매장은 마음이론을 획득한 네안데르탈인의 돌봄 행동을 나타내는 것일 수도 있고, 단지 포식자의 눈에 띄지 않게끔 시신을 처리하는 한 방법이었을 수도 있다.[10]

그리고 약 2만 8,000년 전부터는 일상용품이나 귀중품을 망자와 함께 묻은—이런 물건을 부장품이라고 한다—놀라운 무덤들이 줄줄이 만들어졌다. 이런 식의 무덤 가운데 지금까지 가장 오래된 것으로 알려진 무덤은 모스크바에서 북동쪽으로 약 193킬로미터 떨어진 숭기르에서 발견되었다. 한 남성과 두 아이가 "깜짝 놀랄 만큼 풍부한 재물"과 함께 매장되어 있었는데, 이 재물은 사후 세계에서 망자에게 도움을 주려는 의도로 껴묻은 것이 거의 확실했다. 세 유골이 입은 옷은 총 1만 3,000개가 넘는 상아 구슬로 장식되어 있었는데, 최근의 연구에 따르면 이 구슬 한 개를 깎는 데 한 시간이 걸렸을 것으로 추정된다. 남자는 두 팔에 상아 팔찌 25개를 끼고 목에는 붉은 펜던트를 걸었다. 남자아이는 여우 이빨 25개로 장식한 허리띠를 매고 동물 모양의 상아 펜던트를 목에 걸었다. 소년 옆에는 상아로 조각한 매머드와 상아 원반이 놓여 있었다. 여자아이의 시신도 정교하게 격자 세공된 상아 원반 세 개, 상아로 된 작은 창 몇 개, 순록 뿔로 된 몽둥이 두 개와 함께 묻혔는데, 몽둥이 하나에는 점선이 새겨져 있었다. 두 아이 옆에는 매머드 상아로 된 약 1.8미터 길이의 기다란 창 두 개가 놓여 있었다. 이것은 충분한 식량, 의복, 주거를 확보하는 데 많은 시간과 에너지가 들었을 북쪽의 기후에서 그냥 땅속에 묻기에는 이례적인 재물이었다.[11]

연대가 2만 7,000년 전으로 추정되는 이와 비슷한 무덤이 숭기르에서 남서쪽으로 약 1,930킬로미터 떨어진 체코공화국에서도 발견되었다. 한 유적에는 18구의 유골이 매머드 뼈와 석회석 판으로 덮인 채 함께 매장되어 있었다. 또 다른 유적인 돌니 베스토니체Dolní Věstonice 에는 젊은 여성 한 명과 젊은 남성 두 명이 함께 매장되었는데, 여성은 두 남성 사이에 누워 있었다. 이 유골들이 놓인 자세는 연구자들 사이에 뜨거운 논란을 일으켰다. 여성의 머리는 한 남자 쪽으로 돌려져 있는데 정작 이 남성은 반대쪽을 보고 있으며, 또 다른 남성은 두 손을 여성의 사타구니 부위에 댄 채 여성 쪽을 보고 있었기 때문이다. 남성들의 머리는 구멍을 낸 북극여우 이빨, 늑대 이빨, 매머드 상아로 된 펜던트에 둘러싸여 있었다. 무덤 안에서는 다량의 적토와 연체동물 껍데기도 나왔다. 돌니 베스토니체 유적은 매머드 사냥꾼들이 나무와 매머드 뼈로 만든 집에서 거주하며 적어도 2,000년간 점유했던 곳이다. 이 집들 중 하나를 짓는 데는 매머드 뼈 23톤이 소요되었다. 이 유적에서는 세계 최초의 토기라 할 수 있는 700점 이상의 토우土偶, 2만 6,000년 전의 비너스상, 남근 모양으로 깎은 상아 몽둥이, 그리고 바구니처럼 보이는 것의 잔해가 발견되었다.[12]

역시 연대가 2만 7,000년 전으로 추정되는 또 하나의 특이한 무덤은 오스트리아에서 발굴되었다. 쌍둥이로 추정되는 두 갓난아기의 시신을 적토를 발라 상아 구슬로 장식하여 무덤에 안치한 뒤, 그 위에 커다란 매머드 어깨뼈를 상아로 떠받쳐서 덮어놓았다. 그러니까 이 어깨뼈는 무덤을 채운 흙이 시신에 닿지 않게끔 막아주고 있는 셈이다. 마찬가지로 이탈리아에서 나온 두 아이의 무덤도 비슷한 연대의 것으로 추정된다. 그들은 1,000개가 넘는 구멍 뚫린 달팽이 껍데기와 함께 매장되었는데, 이 달팽이 껍데기는 "골반과 허벅지 주위에 배치된 것을 볼 때 아마도 로인클로스loincloth 장식용으로 쓰인 것"

같다. 역시 이탈리아의 그리말디동굴에서 발굴되었고 더 오래전의 것일 가능성이 있는 합장 무덤에는 나이 든 여성과 청소년이 "머리 부위가 석조물로 보호된 채" 묻혀 있었다. 청소년의 머리 주위에는 달팽이 껍데기가 네 줄로 감겨 있고, 여성은 껍데기로 된 팔찌 두 개를 끼었다. 2만 4,000년 전 시베리아 말타에서는 "상아로 된 관"을 머리에 쓰고 "구슬 목걸이와 새 모양 펜던트"를 걸친 어린 소년이 판석 밑에 매장되어 있었다.[13]

지금까지 기술한 것과 같은, 이 시기의 것으로 알려진 무덤의 전체 개수는 비교적 적은데, 여기에는 이유가 있다. 이러한 무덤은 대부분 동굴이 아니라 노지에 조성되어 있어, 어디를 파보아야 할지 알아내기가 힘들기 때문이다. 알려진 무덤 중 몇몇은 건설 공사 도중에 우연히 발견되었다. 게다가 가장 오래된 무덤 중 다수는 중부 유럽이나 동유럽에서 발견되었는데, 이곳에서 수행된 고고학 연구는 프랑스와 스페인에 비해 훨씬 적다.[14]

이들은 부장품이 묻힌 최초의 무덤으로 알려져 있지만 여기에 이의를 제기한 학자들도 있다. 오스트레일리아의 4만 년 된 호모사피엔스 무덤은 약 193킬로미터 떨어진 곳에서 운반되어온 적토 안료로 덮여 있었다. 아마도 이보다 더 오래되었을 남아프리카공화국의 무덤에는 한 갓난아기가 약 56킬로미터 밖에서 운반되어온 "구멍 뚫린 청자고둥 껍데기"와 함께 매장되었는데, 이 껍데기는 "아마 장신구나 부적이었을"것으로 짐작된다. 일부 학자들은 더 오래된 네안데르탈인의 몇몇 무덤에도 부장품이 있다고 주장했다. 이 논쟁의 상당 부분은 부장품의 정의를 둘러싸고 벌어졌다. 논쟁의 한편에는 "적토, 돌이나 뼈로 된 도구, 가공하지 않은 동물 뼈 등"도 부장품에 포함시켜야 한다고 주장하는 이들이 있다. 이 입장을 옹호하는 이들은 이스라엘의 동굴 무덤에서 발견된 동물 뼈와 사슴뿔을 의도적으로 넣은 부장품의 증거로 제시한다. 한 연구에 따르면 7만 5,000년 전 ~3만 5,000년 전에 행해진 의도적 인간 매장의 3분의 1에 부장품이 포함되어 있다고 한다.

이 논쟁의 반대편에는, 이런 매장이 행해진 동굴 바닥에는 아마도 석기, 뼈, 이따금 적토가 흩어져 있었을 것이며 따라서 무덤을 메울 때 그중 일부가 섞여 들어갔다 해도 놀랄 일이 아니라고 주장하는 이들이 있다. 이언 태터솔이 지적하듯, 무덤에 포함된 뼈와 사슴뿔은 부장품만큼 "그리 인상적이지 않다". 이렇게 비판하는 이들은 조개껍데기, 구슬, 그릇, 기타 후대의 무덤에 부장품으로 흔히 포함되는 물건들이 4만 년 전 이전의 무덤에서는 전혀 발견되지 않는다는 것을 지적한다.[15]

특히 이라크 샤니다르동굴에서 나온 5만 년 전의 네안데르탈인 무덤들을 둘러싸고 치열한 논쟁이 벌어졌다. 이중 두 무덤에서 대량의 꽃가루가 나왔는데, "발굴한 이들의 눈에는 봄철에 피는 꽃을 깔고 그 위에 고인을 누인 것처럼 보였다". 이 무덤은 네안데르탈인이 시신을 매장했을 뿐만 아니라 내세에 대한 믿음을 암시하는 의례적 행동을 했다는 증거로서 오랫동안 인용되었다. 하지만 저드jird라는 이 지역 토종 설치류가 굴 속에 서식하며 씨앗과 꽃을 흔히 이곳에 저장한다는 사실이 최근 밝혀졌다.《인류 문화의 여명The Dawn of Human Culture》에서 리처드 클라인과 블레이크 에드거Blake Edgar가 지적했듯이, "저드가 그랬다는 설명은 인간이 그랬다는 설명보다 덜 흥미롭지만, 샤니다르동굴의 다른 무덤들을 비롯한 다른 네안데르탈인의 무덤에서 의례를 전혀 찾아볼 수 없다는 사실과 부합한다". 내세에 대한 믿음과 부장품과의 관계는 뒤에서 좀 더 상세히 논의할 것이다.[16]

예술의 등장

현생 호모사피엔스가 약 4만 년 전부터 보이기 시작한 새로운 행동들 가운데 가장 뜨거운 관심을 모은 것은 예술의 등장이다. 연구자들에 따르면 예술, 특히 시각예술의 등장이 현대 인류의 관심을 끄는 이유는 이것이 "인간성의 정수, 우리를 동물이나 인류 이전의 조상과 구분해주는 무언가의 기원(혹은 기원 중 하나)"을 시사하기 때문이다. 시각예술은 "우리가 아는 인간 사회가 태동하고 있던 시기에" 창조되었다. 문자는 그 후 몇천 년 뒤에나 발명되었으므로, 이런 예술적 창조물이 우리가 지닌 이 시대의 기록에 그나마 가장 근접한 것이라고 할 수 있다.[17]

일부 고고학자들은 현생 호모사피엔스가 정말로 예술품을 창조한 최초의 호미닌이었는지에 의문을 제기했다. 앞에서 지적했듯이, 일부 네안데르탈인 전문가들은 네안데르탈인도 구멍 뚫린 이빨과 뼈를 펜던트로 사용했고, 상아로 조각상을 만들었고, 심지어 플린트flint(부싯돌) 조각을 마스크와 비슷한 형태로 변형했다고 주장했다. 하지만 이것들의 진위는 논란거리였다. 폴 멜러스는 그중 일부가 진짜라 하더라도 "그런 물건이 드물게, 외따로 고립되어 존재한다는 사실로 볼 때… 그런 식의 상징적 표현이 네안데르탈인의 행동에서 실제적이고 중요한 요소였다고 보기란 힘들다"고 언급했다. 이와 대조적이게도 현생 호모사피엔스의 시각예술품은 "단순한 낙서에서 진정한 걸작에 이르기까지 모든 수준에서 펼쳐진 예술 창조의 난장"이었다고 여겨진다.[18]

이 시대에 창조된 시각예술의 풍부함과 다양성은 인상적이다. 가장 유명한 것은 동굴 채색 벽화지만, 이 시기의 예술가들은 판화, 점토 모형, 조각, 소상小像, 그리고 온갖 종류의 장식된 물건들도 만들었다. 미술품이 발견된 300곳 이상의 동굴 가운데 대다수는 프랑스와 스페인에 몰려 있다. 라스코 한 곳에만 1,963점의 그림과 판화가 있는데, 그중 반수는 동물을 묘사한 것이고 나머지는 기하학적 형태들이다. 2만 2,000년 전 프랑스의 총인구가 불과 2,000~3,000명이었고 유럽 총인구는 약 1만 명이었다는 추산을 감안할 때 이러한 미술품의 풍부함은 주목할 만하다.[19]

지금까지 발견된 이 시기의 예술 가운데 최초의 것은 인도네시아 술라웨시섬의 레앙 팀푸셍동굴에 찍힌 손바닥 자국과 스페인 엘 카스티요동굴의 기하학적 형태들로, 둘 다 4만 년 전의 것으로 추정된다. 발견된 주요 동굴벽화 가운데 가장 오래되었다고 알려진 쇼베동굴의 놀라운 벽화들 중 가장 오래된 것의 연대는 3만 6,000년 전, 그리고 술라웨시의 동굴에 그려진 돼지 비슷한 동물의 그림은 적어도 3만 5,400년 전의 것으로 추정된다. 동굴벽화의 시대는 2만 년 넘게 계속되었고, 그중 후기의 것으로는 스페인 북부의 알타미라동굴(1만 4,000년 전), 프랑스 남서부의 니오동굴(1만 3,000년 전)을 들 수 있다. 지금까지 발견된 것 가운데 최후의 동굴벽화는 시칠리아섬의 레반초와 아다우라 동굴에 있으며, 둘 다 1만 1,000년 전의 것으로 추정된다. 유럽의 동굴벽화 전통은 그 이후 유럽이 온난해지고 농업혁명이 진행되면서 소멸하기 시작한 듯하다.[20]

최초의 동굴벽화가 그려지고 있을 무렵, 최초의 조각품으로 알려진 것 또한 만들어지고 있었다. 독일 남부 슈바벤알프스의 여러 동굴에서 사자, 매머드, 들소, 사자 머리가 달린 남자의 상아 조각상과 여성 신체를 묘사한 소상이 발견되었는데, 연대는 모두 3만 5,000년 전~4만 년 전으로 추정되었다. 펜던트로 사용된 듯 보이는 마지막 품목은 이후 1만 년 동안 제작되어 중부 유럽에서 널리 발견되며 흔히 '비너스상'이라고 불리는 여성 소상의 전신이다. 오스트리아의 빌렌도르프동굴에서 발견된 가장 유명한 비너스상은 팔찌를 끼고 정교한 머리 모양을 했으며, 적토가 칠해져 있다. 가슴, 엉덩이, 음문이 심하게 과장되었다는 공통된 특징 때문에 연구자들은 이 상이 다산이나 풍요와 결부되어 있다고 가정한다. 인류학자 로빈 던바는 이런 상들을 "미쉐린 타이어 레이디"라고 불렀고, 고고학자 폴 멜러스는 그들을 "구석기 포르노"로 정의 내리기도 했다. 여성상 외에 상아로 깎은 많은 동물상들도 이 무렵 제작된 것으로 추정된다. 선호된 소재는 매머드와 사자였지만 말, 곰, 들소도 조각되었다. 독수리와 백조의 날개뼈로 만든 피리도 발견되었다. 이중 가장 오래된 것은 4만 2,000년 전에 제작된 것으로 추정되는 최초의 악기다.[21]

오랫동안, 유럽의 동굴 미술은 초기의 단순한 형태에서 후기의 복잡한 형태로 진보했다고 여겨졌다. 하지만 1994년 쇼베동굴에서 그로부터 거의 2만 년 뒤의 알타미라 동굴벽화만큼 정교한 그림들이 발견되면서 이 이론이 틀렸다는 게 밝혀졌다. 분명한 점은 이 시대에 시각예술 제작이 늘어났고, 현생 호모사피엔스가 터 잡은 곳이라면 어디서나 제작되었다는 것이다. 약 1만 5,000년 전 유럽에서 "사람들은 자연을 모방한 음각, 섬세한 야생동물 조각, 정교한 도식적 패턴으로 작살, 창끝, 투창기, 기타 물건들을 장식했다". 남아프리카공화국에서는 타조 알껍데기 물병에 기하학적 무늬를 새겨 넣었다. 나미비아에서는 고양잇과 동물, 코뿔소, 기린 비슷한 동물을 석판에 그렸다. 오스트레일리아, 브라질, 인도에서는 기하학적 무늬와 동물 그림으로 석굴을 장식했다. 중국에서는 추상적인 무늬를 사슴뿔에 새겨 넣었다.[22]

ooooo

이런 시각예술품은 우리가 이 중요한 시대로부터 유일하게 얻을 수 있는 "문서written" 기록이므로, 이를 좀 더 상세히 검토할 가치가 있다. 동굴미술에는 동물, 사람의 손자국, 기하학적 형태라는 세 개의 주된 테마가 있다. 그 가운데 동물이 매우 눈에 띄는데, 절대다수는 사냥꾼에게 쫓기는 동물들이다. 동굴벽화 981점을 분석한 결과, 말이 28퍼센트, 들소 21퍼센트, 아이벡스 9퍼센트, 매머드 8퍼센트, 오록스 6퍼센트, 사슴 6퍼센트, 순록 4퍼센트, 사자, 곰, 코뿔소가 각각 2퍼센트, 기타 12퍼센트였다. 예를 들어 쇼베동굴에는 사자, 매머드, 코뿔소가 가장 많았고, 코스케동굴에는 말과 아이벡스가 가장 많았다. 이에 반해 하이에나, 토끼, 설치류, 뱀, 새, 물고기, 곤충 같은 다른 동물들의 묘사는 없는 것이나 다름없다. 또 풍경도 전혀 묘사되지 않으며, 오로지 동물에만 초점이 맞추어져 있다.[23]

또 이 시대의 예술가들이 동물을 최대한 사실적으로 묘사하려 했다는 점도 주목할 가치가 있다. 한 미술 비평가가 지적했듯이, "예술가들은 자연주의적이고 생생한 동물의 이미지를 재현하려는 열망을 가졌던 듯하며, 그림에 드러난 동물의 형태, 자세, 털, 표정에 대한 지식은 동물과 그들의 습관에 대한 예리한 관찰을 시사한다". 일례로 프랑스 페슈 메를동굴에 있는 2만 5,000년 전의 점박이 말 그림을 본 사람들 가운데 일부는 이것이 상징이거나 상상의 산물이라고 생각했다. 하지만 고대 말 뼈의 DNA에 대한 연구로 당시 이런 점박이 말이 정말 존재했음이 확인되었고, 이 보고서의 저자들은 이런 "동물을 묘사한 선사시대 그림들이 그 동물의 실제 외관에 긴밀히 뿌리박고 있다"고 결론 내렸다. 또 다른 예는 말들이 걷고 있는 그림이다. 실제로 말들은 왼쪽 뒷발, 왼쪽 앞발, 오른쪽 뒷발, 오른쪽 앞발의 순서로 내디디며 걷는다고 한다. 고대 동굴 화가들의 말 묘사와 최근 200년간 화가들의 말 묘사를 비교한 연구에 따르면, 동굴 화가들이 최근의 화가들보다 걷는 순서를 바르게 묘사한 경우가 더 많았다고 한다. 연구자들은 "동굴 화가들이 동물의 운동을 지배하는 법칙을 근대의 많은 화가들보다 더 잘 이해했다"고 결론 내렸다.[24]

그중 많은 화가들의 예술적 성취도는 인상적이다. 동굴 벽면의 자연적 윤곽을 벽화의 일부로 결합시킨 경우도 있다. 일례로 쇼베동굴에는 코뿔소의 뿔이 바위벽의 곡면을 따라 그려져 있다. 한 그림에서는 코뿔소 두 마리가 싸우고 있고, 다른 그림에서는 사자 무리가 먹이를 향해 몰래 접근하고 있으며, 약 9미터 너비의 세 번째 그림에는 말 네 마리, 들소 네 마리, 코뿔소 세 마리가 그려져 있다. 쇼베로부터 2만 년 뒤인 1만 4,000년 전의 알타미라동굴 천장은 "검은색으로 윤곽선과 음영을 넣은 들소 21마리의 장대한 그림"으로 뒤덮여 있다. "반들반들한 크림색 석회석 위에 새겨진 붉은 몸체들이 쭈그려 앉고, 드러눕고, 갈기를 털고, 천장을 가로질러 돌진하고, 고개를 돌리고, 꼬리를 휘날린다. 움푹 파인 눈들은 석탄처럼 검다." 쇼베동굴에서처럼 알타미라의 화가들도 바위의 자연적 윤곽을 활용했다. 뒤를 돌아보는 한 들소의 머리는 바위 돌출부에 그려져 마치 입체처럼 보인다. 우리는 이 화가들이 대상을 대단히 존중―심지어 경배―했고 이런 그림으로 동물을 신격화한 듯한 인상을 받는다. 이와 관련하여 동굴 입구에서 축제가 벌어졌다는 증거도 있다. 알타미라동굴은 구석기 미술의 시스티나성당이라 불리며, 이곳을 찾은 피카소는 "우리는 아무것도 새로 발명해내지 못했군!" 하고 탄성을 올렸다고 한다.[25]

동굴벽화에 동물 그림이 풍부한 것과는 반대로 사람 그림은 상대적으로 드물다. 그나마 있는 것들도 막대기 수준으로 조잡하게 그려졌다. 사람 그림이 사냥 장면의 일부로 그려진 경우도 있다. 일례로 라스코동굴에 그려진 915마리의 동물 가운데 사람은 한 명뿐이다. 라스코 벽화에 대한 한 분석에 따르면, "사람이 들소에게 부상을 입힌 듯 보인다. 내장이 쏟아져나온 들소가 사람을 뿔로 받아 쓰러뜨렸다". 조각상과 소상(작은 휴대용 조각상) 중에서는 사람 형상─특히 앞에서 기술한 비너스상─을 좀 더 많이 찾아볼 수 있다.[26]

이 시기 동굴미술에서 찾아볼 수 있는 또 하나의 유형은 사람과 동물을 합성한 인수 동형적anthropozoomorph 형상이다. 한 연구자는 "일부는 사람이고 일부는 동물이거나 적어도 동물처럼 변장한 사람의" 그림이 50개 이상 있다고 주장했지만, 이런 그림의 상당수는 매우 모호하다. 그중 가장 유명하고 아마도 가장 널리 복제된 동굴미술의 예는 프랑스 트루아-프레르동굴의 인간-동물 합성 형상일 것이다. 한 연구자는 1만 5,000년 전의 것으로 추정되는 이 상에 "레 트루아-프레르의 주술사"라는 별명을 붙였다. 또 다른 유명한 예는 사자 머리를 한 남자의 상아 조각상으로, 연대는 약 4만 년 전이고 앞에서 언급한 독일 남서부의 동굴에서 발견되었다. 이런 형상들이 어떤 의미를 띠었을지에 대해서는 뒤에서 다시 논의할 것이다.[27]

동굴미술에서 사람의 형상은 비교적 드물게 나타나지만, 사람의 손자국은 (특히 초기 동굴벽화에서) 매우 흔하다. 연대가 3만 6,000

년 전으로 추정되는 쇼베동굴의 벽화에는 수백 개의 손자국이 찍혀 있으며, 개중 가장 많은 수를 차지하는 손바닥 자국들은 이제 흐릿해져서 붉은 점처럼 보인다. 개중에는 안료를 칠한 손을 벽에 찍거나, 벽에 손을 대고 그 위에 적토를 분사하여 "네거티브" 윤곽을 따서 만든 온전한 손자국들도 있다. 프랑스 남서부의 가르가스동굴에는 연대가 2만 7,000년 전으로 추정되는 손자국이 200개가 넘는다. 이런 동굴의 손자국은 최소 30곳 이상의 유럽 동굴과 남아프리카공화국, 인도네시아, 오스트레일리아, 파푸아뉴기니, 아르헨티나, 미국의 암각화 유적에서 발견된 후대의 손자국들과 유사하다.[28]

동물 그림과 사람 손자국 외에, 동굴미술에서 흔히 찾아볼 수 있는 세 번째 범주의 그림은 기하학적 형상이다. 기하학적 형상은 지극히 많으며 이 시기의 거의 모든 동굴과 암각화 유적에서 발견된다. 이들은 작은 점과 선에서부터 원과 소용돌이, 곤봉 모양, 지붕 모양에 이르기까지 다양하다. 이런 형상은 흔히 동물을 묘사한 그림에 포함되어 있지만 따로 독립되어 있는 경우도 있다. 동물 그림 위에 기하학적 형태를 겹쳐놓거나, 마치 창이나 화살을 재현한 것처럼 곧은 선을 배치한 경우도 있다. 이런 기하학적 형상은 흔히 "기호"나 "상징"으로 지칭되지만 무엇을 상징하는지는 알려지지 않았다. 이것들은 "동굴미술에서 가장 신비스러운 형상"으로 불린다.[29]

진일보한 새로운 형태의 도구와 무기, 기억 장치, 장신구의 다양화와 보편화, 부장품을 껴묻은 사람 시신의 의도적 매장, 악기, 동굴벽화, 조각품과 소상, 온갖 종류의 장식된 물건들―이 모두는 600만 년의 호미닌 역사를 통틀어 일찍이 본 적이 없는 인간 창의성의 분출이었다. 랜들 화이트가 요약한 대로, "3~4만 년 전의 유럽에서 물질적 형태의 표현이 폭발적으로 등장했다". 이 발달 과정을 연대표에 표시하면(표 5.1 참조), 이중 다수가 지리적으로 동떨어진 세계 곳곳에서 거의 동시에 발생했음을 볼 수 있다. 일부 연구자들은 이 시기를 "인류 혁명human revolution"이라고 일컫는다.[30]

그런데 이것이 정말로 "인류 혁명"이었을까? 2000년에 인류학자인 샐리 맥브리어티Sally McBrearty와 앨리슨 브룩스Alison Brooks는 〈혁명이 아니었던 혁명The Revolution That Wasn't〉이라는 제목의 영향력 있는 논문을 발표했다. 그들은 골각기의 활용, 신체 장신구의 활용, 사람 시신의 매장, 교역 네트워크 등 약 4만 년 전에 일어났다고 기술되는 발달 가운데 상당수는 사실 그로부터 4~6만 년 이전에도 찾아볼 수 있다고 주장했다. 그들의 주장에 따르면 이것은 20만 년 전 이전에 주로 아프리카에서 발생한 "현대적 행동의 점진적 축적이자 증대 과정"이었다.[31]

연대(년 전)	도구와 무기	신체 장신구	부장품 무덤	예술
45,000		◦ 구멍 뚫은 동물 뼈(불가리아)		◦ 뼈 피리. 알려진 최초의 악기(독일)
40,000	◦ 원양 어류를 위한 낚시바늘과 그물(인도네시아) ◦ 최초의 램프(프랑스)	◦ 조개껍데기 목걸이(터키, 레바논) ◦ 타조 알껍데기 목걸이(동아프리카)	◦ 오스트레일리아인 남아프리카에서 매장이 행해졌을 가능성이 있음	◦ 사자, 사자 머리를 한 남자, 여자의 상아 조각상(독일) ◦ 스페인 동굴의 기하학적 형상과 인도네시아 동굴의 손자국
35,000	◦ 곡식 도구와 무기가 보편화됨 ◦ 알려진 최초의 바느질용 바늘(조지아)	◦ 조개껍데기와 빠르로 만든 구슬(체코공화국)		◦ 프랑스 쇼베동굴과 인도네시아에 레앙 팀푸생동굴의 동물 그림
	◦ 음식을 새긴 기억 장치(프랑스) ◦ 밧줄, 바구니	◦ 조개껍데기 목걸이(그리스)		◦ 임각화(나미비아)
30,000	◦ 투창기(프랑스)	◦ 상아와 돌로 구슬을 제작하는 "공장"(프랑스)은 구슬이 광범위한 교역망에 걸쳐 사용되었음을 시사함	◦ 승기로: 최초의 확실한 부장품 무덤(러시아) ◦ 돌니 베스토니체(체코공화국) ◦ 그리말디동굴(이탈리아)	◦ 임각화(오스트레일리아) ◦ 돌니 베스토니체의 비너스: 최초의 토우(체코공화국) ◦ 발렌도르프의 비너스(오스트리아) ◦ 가르가스 동굴벽화(프랑스)

연대(년 전)			
25,000	◦ 상아, 동물 뼈, 조개껍데기, 사슴 뿔, 동물 이빨, 생선 뼈, 다양한 유형의 돌로 만든 펜던트, 팔찌, 목걸이, 머리띠, 머리장식.		◦ 페슈 메를 동굴벽화(프랑스)
20,000	◦ 음각한 손잡이가 달린 돌 램프 (프랑스) ◦ 활과 화살 기술이 보편화됨 ◦ 창틀, 창이나 화살대를 곧게 펴는 도구, 끌, 쐐기, 송곳, 드릴, 투창기의 사용이 보편화됨. 이종 다수는 음악을 새겨서 장식함	◦ 말타(시베리아) ◦ 부장품 무덤이 점점 더 일반화됨	
15,000			◦ 라스코 동굴벽화(프랑스) ◦ 석판에 그린 동물 그림(나미비아) ◦ 타조 알껍데기에 새긴 음각 무늬(남아프리카) ◦ 알타미라 동굴벽화(스페인) ◦ 바위그늘의 무늬 및 그림 벽화 (인도, 브라질)

표 5.1 4만 5,000년 전부터 1만 3,000년 전까지의 전까지의 연대표

약 4만 년 전에 시작된 발달을 그로부터 수만 년 전에도 드물게나마 볼 수 있었다는 맥브리어티와 브룩스의 주장은 옳다. 하지만 나는 이 변화를 인류 혁명으로 보지 않는 건 옳지 않다고 믿는다. 앞 장에서 지적했듯이 약 10만 년 전에 인지적 대변화—자기성찰의 획득—가 일어났고, 이 인지적 변화는 이 시기에 보이는 새로운 행동들을 상당 부분 설명해준다. 이것이 맞다면, 약 4만 년 전에 또 다른 인지적 대변화가 일어났다는 것일까? 그렇다면 그것은 무엇일까?

미래의 제어: 자전적 기억의 진화

약 네 살 무렵의 아동에게서는 자전적 기억autobiographical memory 또는 일화 기억episodic memory이라고 하는 것의 첫 단계가 발달한다. 네 살 이전의 아이는 "상대적으로 단축된 시간의 세계"에서 산다고 여겨진다. "아이에게 두드러지는 것은 현재다. 어린아이의 삶은 과거로도 미래로도 그리 멀리 뻗어나가지 않는다." 대니얼 포비넬리와 그 동료들이 수행한 실험은 이 점을 잘 보여주었다. 그들은 어린아이들이 몇 살 때 "자신을 분명히 시간적 차원을 지닌 자아로 인식하게 되는지" 실험했다. 그들은 아이들의 시간 감각을 평가하기 위해 2~5세 아이들의 이마에 큰 스티커를 몰래 붙인 다음, 연구자가 아이에게 스티커를 붙이는 영상을 몇 분 뒤에 보여주었다. 2~3세 아이 가운데 영상을 보고 자기 이마 위의 스티커를 떼어낸 아이는 거의 없었지만, 4세 아이들은 대부분 그렇게 했다. 포비넬리와 동료들은 이렇게 결론 지었다. "어린아이들과 좀 더 나이가 있는 아이들이 자아에 대해 이해하는 정도는 다르다. 특히 어린아이들은 과거에 자신이 참여한(따라서 자신이 기억하는) 사건이 자신에게 일어났다는 것을 선뜻 인정하지 않는다…. [영상에서] 묘사된 사건을 [아이가] 떠올리더라도 그것은 자전적 기억으로 암호화되지 않으며, 따라서 아이들은 그 일이 자신에게 일어났다는 걸 이해하지 못한다." 아이가 좀 더 나이가 들면 "과거 자신의 일화들을 고유하고 복제될 수 없는 자아로 한데 엮을" 수 있게 된다. 심리학자이자 철학자인 윌리엄 제임스의 표현을 빌리면, 그 결과로 과거와 현재의 경험을 미래로 투영할 수 있는 "자아들의 중단 없는 흐름"이 생겨난다.[32]

아동에 대한 연구의 또 한 가지 시사점은, 예술을 이해하려면 기본적 인지 기능이 발달해야 하며 여기에는 그림이나 사진을 자신이 과거에 보았던 것과 비교할 수 있는 능력이 포함된다는 것이다. 이런 연구들은 두 살 이전의 아이들이 그림의 성질을 이해하지 못한다는 것을 보여주었다. 일례로 이 나이대의 아이들은 그림 속의 공을 집으려고 한다. 세 살이 되어도 일부 아이들은 아이스크림 사진이 차가울 거라고, 장미 사진에서 향기가 날 거라고 믿는다. 아이들의 그림 이해에 대한 연구의 선구자인 일리노이 대학의 심리학자 주디 들로치 Judy DeLoache에 따르면, 네 살 이전의 "많은 아이들은 팝콘이 담긴 그릇의 사진을 거꾸로 들면 팝콘이 쏟아질 거라고 생각한다". 이는 약 4만 년 전에 일어나기 시작한 예술의 폭발이 그 시기에 일어난 인지 발달에 의존했을 가능성을 시사한다.[33]

자전적 기억은 장기 기억의 두 가지 유형 중 하나다. 작업 기억이라고도 하는 단기 기억은 "추론, 이해, 학습, 순서에 따른 행동 등의 인지적 과업 수행에 필요한 정보를 머릿속에 담아두고 처리하는" 역할을 한다. 단기 기억은 우리가 처음 보는 번호로 전화를 걸 때 번호를 잠시 외우기 위해 사용하는 기억이다. 이에 반해 장기 기억은 수십 년간 저장될 수도 있는 기억 "흔적들"로 이루어져 있다. 장기 기억의 한 유형을 의미 기억semantic memory이라고 한다. 이것은 이를테면 프랑스의 수도와 같은 사실들을 저장한 장기 기억이다. 두 번째 유형의 장기 기억은 자전적 형태를 띤다. 의미 기억과 달리 자전적 기억은 과거의 사건들을 감각적·정서적으로 다시 체험하는 것이다. 둘의 차이는 이렇게 기술할 수 있다. "내가 다닌 고등학교의 이름과 위치를 말할 수 있는 것은 의미 기억 덕분이지만, 내가 그 학교에 등교했던 첫날의 감정과 사건들을 다시금 경험할 수 있는 것은 일화[자전적] 기억 덕분이다."《잃어버린 시간을 찾아서Remembrance of Things Past》에서 마르셀 프루스트Marcel Proust는 문학사상 가장 탁월한 자전적 기억의 사례 중 하나를 제시했다.

어느 겨울날, 어머니는 집에 돌아온 내가 추위하는 걸 보고 평소 내가 마시지 않던 차를 권했다. 나는 케이크 조각이 녹아든 차 한 숟갈을 입술로 가져갔다. 따뜻한 액체와 그 안의 케이크 조각이 입천장에 닿는 순간 떨림이 몸 전체로 퍼져나갔고, 나는 지금 일어나고 있는 특별한 변화에 가만히 집중했다. 감미로운, 그러나 개별적이고 고립된, 그 기원을 알 수 없는 쾌락이 내 감각을 덮쳤다…. 그리고 불현듯 기억이 되돌아온다. 그 맛은 콩브레에서 일요일 아침이면… 레오니 아주머니가 홍차나 보리수차에 적셔서 건네주던 마들렌 조각의 맛이었다…. 하지만 먼 과거로부터 아무것도 남지 않았을 때에도… 냄새와 맛은 마치 영혼처럼, 우리를 일깨울 준비를 갖춘 채, 다른 모든 것의 잔해 속에서, 자신의 순간이 오기를 기다리고 염원하며 오랜 시간 머무른다. 거의 느낄 수 없이 미세한 한 방울의 그 정수로, 거대한 추억의 구조물을 흔들림 없이 떠받친다.[34]

연구자들은 주로 자전적 기억의 과거 차원에 집중해왔지만, 미래의 차원 역시 존재한다. 일례로 나의 의미 기억은 내가 예약한 별 네 개짜리 레스토랑의 주소를 알려주지만, 내 자전적 기억의 미래에 해당하는 것은 내가 그곳에서 경험하길 기대하는 시각적·미각적 쾌락을 예상하게 해준다. 이것을 "사건의 선체험pre-experiencing an event"이라고 한다. 아동의 자전적 기억 발달에 대한 연구에 따르면, 과거와 미래의 차원은 동시에 발달하며 인지적으로 통합되어 있다. 이 둘은 함께 시간적 자아temporal self를 형성함으로써, 우리가 과거를 이용하여 미래를 지배할 수 있게 해준다. 존 에클스 경에 따르면 이러한 과거와 미래의 연결은 "과거 경험의 기억으로 이득을 보면서 미래를 계획하는 비범한 인간 능력"을 보여준다. 에클스는 "우리는 과거-현재-미래 패러다임의 시대에 살고 있다. 인간이 '지금'의 시간을 의식적으로 인식하는 경험에는 과거 사건의 기억뿐만 아니라 미래 사건의 예측도 포함된다"고 덧붙였다. 심지어 "미래를 시뮬레이션하기 위해 과거의 정보를 제공하는 것이… 일화[자전적] 기억의 주된 역할"일지 모른다는 주장도 제기되었다.[35]

몇몇 작가들은 자전적 기억의 과거뿐만 아니라 미래 차원에도 주목했다. T. S. 엘리엇의 〈네 개의 사중주〉의 도입부는 이 점을 간명하게 묘사하고 있다.

현재의 시간과 과거의 시간은

둘 다 미래의 시간에 존재할 것이며

미래의 시간은 과거의 시간에 포함된다.

루이스 캐럴의《거울 나라의 앨리스Through the Looking Glass》에서 하얀 여왕은 앨리스에게 "기억은 양방향으로 작동한다"고 가르친다.

"제 기억력은 한쪽으로만 작동할 거예요." 앨리스가 말했다. "아직 일어나지 않은 일은 기억할 수 없거든요."

"뒤로만 작동하는 형편없는 기억력이군." 여왕이 말했다. "여왕님은 어떤 일을 제일 잘 기억하시는데요?" 앨리스는 용기를 내어 물어보았다.

"그야 다다음주에 일어날 일들이지." 여왕은 대수롭지 않다는 투로 대답했다.[36]

알츠하이머병 환자는 의미 기억과 자전적 과거 기억을 둘 다 소실할 수 있다. 이런 환자들은 미래를 상상하는 능력 또한 잃는다. 뇌에 다른 이상이 있는 환자 가운데 의미 기억은 보존되었는데 자전적 기억을 잃은 사례들이 이따금 보고되었다. 한 환자는 장거리 전화를 거는 법 같은 "사실에 대한 기억은 여전히 가지고" 있었지만, "자기 삶에 일어난 사건은 하나도 떠올리지 못했다". 그에게 미래에 대해 묻자 그는 머릿속이 그야말로 "텅 비었다"고 대답했다. "아무것도 없는 방 안에 있는데 의자를 찾아달라는 부탁을 받은 것 같다." 심장마비 후유증으로 뇌 손상이 온 또 다른 환자는, 과거의 공적 사건들에 대한 의미 기억은 갖고 있었지만 "심장마비가 오기 전에 자기가 했거나 경험한 일을 하나도 의식적으로 떠올리지 못했다". 그래서 "그는 자기가 일했던 회사의 이름은 알았지만… 그 회사에서 자기가 했던 일이나 회사에서 일어난 일은 하나도 떠올리지 못했다". 또한 그는 미래에 대한 위협으로 지구 온난화를 꼽았지만 "미래에 자신이 무엇을 경험하게 될지를 상상하는 데는 심각한 곤란을 겪었다". 이 연구를 수행한 이들은 자전적 기억이 "정신적 시간여행을 통해 과거에 경험했던 개인적 사건들을 다시 체험할 수 있게 해주며", 그래서 "자신의 미래 경험을 상상할 토대"를 제공해준다고 결론 내렸다.[37]

인간이 아닌 동물들도 자전적 기억을 지녔을까? 많은 동물들이 먹이를 저장하거나 서식지를 이동하며 미래를 대비하지만, 본능에 의한 무의식적 행동으로 여겨진다. 일부 연구자들은 침팬지가 미래에 쓰기 위해 도구를 보관한다고 알려져 있으므로 과거를 활용하여 미래를 계획하는 능력을 보유한 것이라고 주장했다. 미리 돌을 모아 무더기로 쌓아놨다가 아침에 동물원이 개장하면 관람객들에게 던지는 스웨덴 동물원의 침팬지 산티노도 있다. 어떤 연구자들은 덤불어치가 먹이를 저장할 뿐만 아니라 저장한 먹이를 다른 새들이 언제 훔쳐갈지 예측하므로 자전적 기억을 지녔다고 주장한다. 아주 최근에 일부 연구자들은 쥐가 미로 찾기를 할 때 해마가 활성화된다는 사실을 근거로 쥐에게 자전적 기억이 존재한다고 주장하기도 했다. 이런 행동이 진정한 자전적 기억에 해당하는지에 대한 논쟁은 여전히 진행 중이지만, 대다수 연구자들은 증거가 불충분하다고 본다.[38]

ooooo

현생 호모사피엔스는 자전적 기억을 획득함으로써, 이런 인지 기능을 지니지 못했던 것으로 보이는 네안데르탈인과 잔존해 있던 기타 옛 호모사피엔스에 비해 상당한 진화적 우위를 차지했을 것이다. 이로써 인간은 다양한 과거 사건들을 유연하게 고려하여 미래 행동을 계획할 수 있게 되었다. 그 예로, 의미 기억만을 지닌 7만 5,000년 전의 사냥꾼이 의미 기억과 자전적 기억을 둘 다 갖춘 2만 5,000년 전의 사냥꾼과 어떻게 달랐을지 생각해보자. 7만 5,000년 전의 사냥꾼은 이렇게 계획했을 것이다. "저 산으로 해가 넘어갈 때 순록이 계곡을 내려와서 강을 건넜었어. 그때 두 놈을 잡았으니까 내년에 또 사냥해야겠다."

이에 반해, 2만 5,000년 전의 사냥꾼은 이렇게 계획했을 것이다.

저 산의 큰 나무 옆으로 해가 넘어갈 즈음 순록이 계곡을 내려와서 강을 건넜었어. 그때 누님이 아이를 낳다 죽은 게 기억나. 그땐 순록을 열두 마리밖에 못 잡았어. 우리와 같이 사냥한 매형네 씨족이 어린 남자애들을 데리고 왔는데 너무 시끄럽게 굴고 말을 안 들었기 때문이야. 그러니까 오는 가을에는 그쪽 식구들 말고 우리 어머니네 씨족과 같이 사냥해야겠어. 그리고 남자들이 시간 낭비하지 않고 순록을 죽이는 데만 전념할 수 있도록 여자들을 하류의 강굽이로 보내, 다쳐서 떠내려오는 순록들을 그곳에서 건져 올리라고 해야겠어. 혹시 매형이 언짢아할지도 모르니, 매형이 지난번에 마음에 들어한 여우 이빨 펜던트를 줘서 관계를 다져둬야지. 주의 깊게 사냥 계획을 짜고 모두에게 제 몫을 맡기면 30마리 이상도 잡을 수 있을 거야. 그럼 겨우내 두고두고 먹을 수 있겠지.

자전적 기억의 이점을 예시한 이 가상의 시나리오는, 이 시기의 수렵이 "한 마리 혹은 소규모 동물 무리의 사냥에서 대규모로 무리 지은 순록과 붉은 사슴의 살육으로 옮겨간" 사실과 부합한다. 그들은 "연중 이동 경로의 결정적 길목을 지키고 있다가, 동물들이 좁은 계곡에 갇혀 있거나 강을 건널 때를 노려 공격하곤 했다". 현생 인류는 아마 동물들의 이동이 일어날 확률이 높은 시기를 정확히 기억해두고, 동물 무리가 어디서 가장 취약할지를 예측하는 다양한 시나리오를 그려볼 수 있었을 것이다. 그래서 연어가 회유하는 봄철이나 사슴이 이동하는 철이면 현생 호모사피엔스는 자전적 기억을 활용하여 식량을 최대한으로 확보할 수 있었을 것이다.[39]

이 시기의 후반인 약 1만 8,000년 전~1만 1,000년 전에 대규모의 인간 집단이 협력하여 동물을 대량으로 살육했다고 볼 수 있는 근거들이 더 있다. 수렵채집민이 소집단별로 제각기 사냥했던 것에 반해, 점차 미리 약속한 시기에 모여서 협동 사냥을 하게 된 것이다. 남아프리카공화국의 고고학자인 데이비드 루이스-윌리엄스David Lewis-Williams는 이렇게 기술했다. "후기 구석기시대에 대규모 취락이 존재했다는 데에도 주목해야 한다…. 이 취락들은 아마 집합 장소였을 것이다. 공동체가 나머지 계절에는 소규모 군집으로 쪼개져 있다 연중 정해진 시기에 약속한 집합 장소로 모여드는 것이다." 프랑스와 스페인의 알타미라동굴 주변 지역 등에서 이런 집합 장소들이 확인되었고, 정주지처럼 보이는 곳에 대규모 인원이 거주했음을 시사하는 구조물이 발견되었다.[40]

자전적 기억과 언어의 결합 또한 이런 협동 사냥을 촉진했을 것이다. 오스트레일리아의 심리학자 토머스 서든도프Thomas Suddendorf와 그의 동료들은 이렇게 지적했다. "언어의 진화 자체가 정신적 시간여행의 진화와 긴밀히 결부되어 있다…. 언어는 개개인의 일화와 계획을 공유할 수 있게 해주며, 실현 가능한 미래를 계획하고 건설하는 능력을 증진시킨다." 서든도프는 "정신적 시간여행이 인류 진화의 원동력이었다"고까지 주장했다.[41]

종교적 사고의 출현 1: 죽음의 의미

영국의 인류학자 에드워드 B. 타일러Edward B. Tylor는 1871년에 발표한 《원시 문화Primitive Culture》에서 종교적 사고의 출현을 진화적 관점에서 기술했다. 타일러는 찰스 다윈, 그리고 다윈이 1859년에 출간한 《종의 기원》의 영향을 크게 받았다. 현생 호모사피엔스가 그 이전의 호미닌과 영장류로부터 진화했다는 다윈의 이론대로, 타일러는 자신이 멕시코에서 연구한 것과 같은 "저차원" 혹은 "원시" 문화로부터 "고차원적" 문화가 진화했다는 가설을 세웠다. 타일러는 다윈과 서신을 교환했고, 다윈의 문화적 발견들을 자기 책에 인용했다. 타일러는 "원시인"들이 죽음과 꿈에 대한 이해를 토대로 최초의 종교석 개념을 발달시켰다고 믿었다. 이러한 이해는 자전적 기억의 획득에 의해 가능해졌을 것이다.[42]

약 4만 년 전까지의 호미닌은 다른 호미닌의 죽음을 600만 년 넘게 지켜봐왔다. 그들은 타인에게 일어나는 일로서의 죽음에 매우 친숙했다. 그들은 자기 집단의 사람들이—아이들이 병으로, 여성들이 출산 중에, 남성들이 사냥 중에 사고로, 노인들이 굶어서—죽는 것을 지켜보았다. 식량을 채집하거나 사슴 떼를 쫓다가 이따금 다른 호미닌의 시체와 마주치기도 했다. 죽음의 생물학적 현실이 검시관과 장의사의 일로만 국한된 오늘날과 달리 10만 년 전 이전까지는 시신의 간헐적인 매장조차 행해지지 않았기 때문에, 초기 호미닌들은 다양한 부패 단계에 놓인 시체를 목격했다.

이 초기 호미닌들은 무엇을 보았을까? 사람이 죽으면 몇 시간 내에 피가 고인 피부 부위에는 시반이 생기고 나머지 부위는 잿빛이 된다. 며칠 동안 사후경직으로 근육이 딱딱하게 굳었다가 부패가 시작된다. 최초로 부패하는 장기인 뇌는 아미노산과 지질로 분해되며, 회색의 점액이 되어 시신의 귀, 코, 입으로 흘러나온다.

신체 나머지 부위의 부패는 보통 셋째 날부터 시작되어 안팎으로 진행된다. 그 전까지 신체 면역계에 의해 억제되어 있던 수천 수백만 마리의 장내 세균이 창자와 기타 장기를 분해하며, 그 과정에서 가스를 배출하여 몸이—특히 위, 남성 생식기, 입술, 혀가—부풀어 오르는데, 그로 인해 혀가 입 밖으로 삐져나오기도 한다. 몸 바깥에서는 눈, 입, 생식기 주변에 구더기가 꼬여 피하지방을 분해하기 시작한다.

1주일이 경과할 무렵, 잔뜩 부풀어오른 체내 장기들이 파열된다. 피부가 녹색이 되고 곳곳이 떨어져나간다. 이때쯤에는 몸 전체에서 흔하게 볼 수 있는 구더기 무리 외에, 근육조직을 선호하는 딱정벌레들이 합세한다. 2주일이 경과할 무렵의 시신은 "사실상 용해된다. 허물어지고 푹 꺼져서 결국에는 땅으로 스며든다". 시체 썩는 냄새는 멀리서도 맡을 수 있으며, "과일 썩는 냄새와 고기 썩는 냄새의 중간 정도로… 강렬하고 역하다". 이 냄새는 "자극적이고 잊을 수 없다"고들 한다. 시체가 백골이 되기까지는 기온이 얼마나 따뜻한가에 따라 2주 내지 4주가 걸린다. 뼈도 분해되지만 완전히 분해되는 데는 몇 년이 걸릴 수 있다. 그동안 골격과 두개골은 그 자리에 남아서 살아 있는 이들에게 죽음을 참혹하게 일깨운다.

영국의 의사이자 철학자인 레이먼드 탤리스는 이 시기를 이렇게 묘사했다.

한편 당신의 두개골은, 지금 당신이 구더기에 대해 떠올리는 생각을 품어주듯 그 구더기들 또한 품어준다. 지금 당신에게 느껴지는 두개골의 말 없는 단단함은 바로 그런 메시지를 전달하고 있다. 당신의 머리는 누구의 편도 아니며, 하물며 당신 편은 더더욱 아니다. 당신의 머리는 언젠가 자신을 둥지로 삼을 새의 울음에 무심하듯 당신의 슬픔, 두려움, 기쁨에도 무심하며, 당신에게 소중한 사람의 상을 맺게 해주는 빛을 환대하듯 당신의 눈구멍 틈새로 스르르 기어들어오는 뱀 또한 환대한다. 당신의 썩은 머리를 갉아먹고 그 위에서 폴짝거리며 자라는 생물체들은 당신의 생각이 얼마나 특별했는지, 독창적이었는지, 음란했는지 따위를 추호도 궁금해하지 않을 것이다.[43]

이 모두는 시체가 청소동물에게 뜯기지 않은 상황을 가정한 것인데, 과거에는 그런 상황이 오히려 예외적이었을 것이다. 하이에나 같은 청소동물들은 큰 근육과 특히 좋아하는 골수가 담긴 긴뼈가 있는 팔다리 부위를 골라 먹는다.

초기 호미닌들은 시신의 부패를 목격했던 만큼 죽음이라는 현실을 뼈저리게 알았을 것이다. 그리고 친한 사람들이 죽었을 때는 많은 동물들도 그렇듯 슬픔과 비통을 느꼈을 것이다. 슬픔과 공감의 감정은 일부 네안데르탈인이 돌봄의 표시로 혹은 포식자로부터 시신을 보호하기 위해 망자를 매장한 이유 또한 설명할 수 있다. 죽음은 날이 가면 해가 지고 여름이 가면 더운 날씨가 끝나는 것과 똑같은 현실이었을 것이다. 죽음은 다른 사람들에게 일어나는 일이었다. 이 일이 내게도 일어나리라는 것을 이해하려면, 과거로부터 축적된 경험을 활용하여 자신을 미래에 온전히―이론적으로나 정서적으로나―투사할 수 있어야 한다. 요컨대 자전적 기억을 획득해야 한다.

자전적 기억을 서서히 발달시키면서 현생 호모사피엔스는 자신의 죽음에 대해 크게 인식하기 시작했다. 그들은 자신의 생각을 성찰할 수 있었으므로 무한, 영원, 삶의 의미 같은 완전히 새로운 개념들이 탄생했다. 일단 이런 개념이 내재되자, 그들은 동료 인간의 부패한 시신을 지나칠 때마다 뜻밖의 의문에 시달리지 않을 수 없게 되다. 내가 알던 이 사람에게 무슨 일이 벌어진 걸까? 그는 어디로 갔을까? 내게도 이런 일이 벌어질까? 나도 이 사람처럼 썩어서 땅속으로 스며들게 될까? 햄릿이 카이사르를 두고 한 말처럼, "모르지, 위대한 황제 카이사르도 죽어서 진흙이 되어/ 구멍을 때우는 바람막이 노릇이나 하고 있을지".

호모사피엔스가 이런 질문으로부터 자유로워질 날은 이제 다시 오지 않을 것이다. 테오도시우스 도브잔스키의 말을 빌리면, "자신이 죽을 것임을 알지 못한 조상으로부터 자신이 죽을 것임을 아는 존재가 나왔다".[44] 그러니 자전적 기억의 획득은 상당한 진화적 이점을 안겨준 동시에 육중한 맷돌도 같이 끌고 들어온 셈이다. 현생 호모사피엔스는 자신에 대해 성찰하는 동시에 자신을 미래에 투사할 수 있었으므로, 역사상 최초로 자신의 다가올 죽음을 온전히 인식하게 되었다. 그래서 현생 호모사피엔스는 죽음의 함의와 의미를 온전히 이해한 최초의 호미닌이 되었다. 영국의 고고학자 마이크 파커 피어슨Mike Parker Pearson에 따르면 이러한 인식은 "우리 존재와 자의식의 바로 핵심에 자리한, 인간됨을 정의하는 근본적 특징"이다. 신학자 폴 틸리히Paul Tillich의 표현대로, "죽음에 대한 불안은 가장 기본적이고 가장 보편적이며 피할 수 없는 불안이다". 죽음에 대한 공포는 세계 최초로 기록된 이야기로 7장에서 논의할《길가메시 서사시The Epic of Gilgamesh》의 테마였고, 현재의 문학에도 변함없이 배어들어 있다. 프랑스의 시인 샤를 보들레르Charles Baudelaire는 이렇게 묘사했다.

아무도 '돌이킬 수 없는 것'을 이겨낼 수 없나니 —

우리의 영혼, 애처로운 성채를

흰개미처럼 밑에서 갉아먹어

마침내 그 탑을 무너뜨리니

아무도 '돌이킬 수 없는 것'을 이겨낼 수 없나니!

블라디미르 나보코프Vladimir Nabokov에 따르면 "요람은 심연 위에서 흔들리며, 상식은 우리의 존재가 두 영원한 어둠 사이 잠깐 갈라진 틈새로 스며든 빛줄기에 불과하다고 말한다". T. S. 엘리엇은 이를 "한 줌 티끌 속의 공포를 네게 보여주리라"라는 한 행으로 포착했다.[45]

○○○○○

에드워드 타일러Edward Tylor의 이론에 따르면, 죽음에 대한 이해에 직면한 "원시인"은 삶에서 죽음으로 이행할 때 뭔가가 빠져나간다고 추론했다. 타일러는 그 뭔가가 영혼 또는 정신이라고 말했다. 그리고 이렇게 말했다. "영혼의 개념이 인간 개인의 운동, 활동, 변화를 설명한다면 그것이 더 광범위한 자연계에도 적용되지 말라는 법이 있을까?" 타일러는 영혼이나 정신에 대한 믿음이 종교적 사고의 본질이라 믿고, '영혼'이라는 뜻의 라틴어 '아니마anima'를 따서 자신의 이론을 '애니미즘'이라고 불렀다. 그는 종교를 단순히 "영적인 것에 대한 믿음"이라고 정의하기까지 했다.[46]

죽음에 대한 이해가 인류 진화에서 비교적 늦게 획득한 능력이라는 단서는 아동 발달에서 찾아볼 수 있다. 6세 미만의 아이들 대부분은 죽음에 대해 이해하지 못한다. 블라디미르 나보코프는 자신의 유년기에 대한 생생한 회고록에서 이렇게 회상했다. "내 기억에는 안전함, 안녕, 따스한 여름의 감각이 배어 있다. 그 강건한 현실감이 현재의 유령을 만든다. 거울은 밝음으로 넘실거리고, 호박벌이 방안으로 들어와 천장에 부딪쳤다. 모든 것이 응당 있어야 할 곳에 있고, 아무것도 영영 변하지 않으며, 누구도 영영 죽지 않는다." 어린아이들은 잠처럼 죽음도 되돌릴 수 있으며 죽은 사람이 되돌아올 거라고 믿는다. 어린아이 378명을 대상으로 한 연구에서 많은 아이들은 죽은 사람들도 변함없이 먹고 마시며 생각과 감정을 경험한다고 믿었다. 죽음에 대한 아이들의 관념은 6~9세 사이에 보다 의인화되고 무서워진다. 죽음은 해골과 비슷하게 묘사되지만, 아직은 영원하지 않고 개인적이지도 않다.[47]

죽음에 대한 성숙한 이해는 9세나 그 이후부터 비로소 발달하기 시작하며, 다음 네 가지 개념을 수반한다. 죽음은 보편적이다. 되돌릴 수 없다. 모든 신체 기능이 정지한다. 물리적 원인으로 초래된다. 일례로 한 열 살 난 여자아이는 죽음을 "꽃이 시드는 것처럼… 몸이 떠나가는 것"이라고 묘사했다. 하지만 심지어 일부 청소년들도, 그들의 위험천만한 행동으로 미루어볼 때 죽음을 제대로 이해하는 것 같지 않다. 죽음에 대한 성숙한 이해는 사람 뇌의 인지 발달과 진화에서 마지막 단계에 속하는 듯하다.[48]

현생 호모사피엔스를 제외한 다른 어떤 동물도 죽음을 온전히 이해하는 것 같지 않다는 점은 매우 흥미로운데, 이는 자전적 기억의 발달이 그러한 이해의 필수 요건임을 시사한다. 주인이 죽었을 때 개가 그러하듯이 죽음을 애도한다는 증거를 보여주는 동물들도 있다. 코끼리도 죽은 가족의 시신을 코로 쓸어준다든지 심지어 시신 위에 흙을 끼얹는 등 애도의 표시를 보이는 것이 관찰되었다. 하지만 타인의 죽음을 슬퍼하는 일은 나 역시 죽을 것임을 이해하는 일과는 다르다.[49]

심지어 인간과 가장 가까운 영장류인 침팬지에게서도 그들이 죽음을 이해한다는 신호는 찾아볼 수 없다. 제인 구달Jane Goodall은 탄자니아에서 침팬지 66마리의 죽음을 기록했고 그중 24마리의 시체를 목격했다. 대부분의 경우 침팬지들은 죽은 동료를 그냥 무시하고 썩게 방치했다. 나무에서 떨어진 한 수컷 성체가 목이 부러져 죽었을 때는 "집단 성원들이 심한 흥분과 불안을 드러내며 시체 주위에서 공격하는 시늉을 하고 돌을 던져댔다". 성체들이 갓난 침팬지를 죽여서 잡아먹은 경우도 세 건 있었다. 죽은 동족을 먹는 행동은 고릴라, 개코원숭이, 기타 영장류에서도 관찰된 바 있다. 죽음에 대한 이해가 인간 특유의 것으로 보이기 때문에, "죽음에 대한 지식은 도구 제작이나 뇌, 언어보다 인간적 양상과 동물적 존재를 훨씬 더 결정적으로 가르는 차이"라는 견해가 제시되기도 했다.⁵⁰

ooooo

예로부터 많은 관찰자들은 죽음에 대한 인식을 종교적 사고의 원동력으로 보았다. 고대 로마의 가이우스 페트로니우스Gaius Petronius는, "세상에 최초로 신들을 창조한 것은 바로 두려움이었다"고 말했다. 훨씬 후대의 영국 철학자 토머스 홉스Thomas Hobbes는 《리바이어던Leviathan》에서, 종교가 "오로지 인간에게서만" 발견되며 "종교의 맹아"가 "다른 생물에서는 찾아볼 수 없는… 모종의 고유한 자질"로 이루어져 있음이 틀림없다고 지적했다. 홉스에 따르면 이 "고유한 자질"은 "자기 앞을 너무 멀리 내다보고 미래에 올 시간을 전전긍긍하느라 온종일 죽음의 공포에 심장이 갉아 먹히는" 인간의 능력으로, "신들은 인간의 두려움에 의해 처음 창조되었다". 따라서 약 4만 년 전부터 출현하기 시작한 현생 호미닌은 그 이전에 살았던 모든 호미닌들과 현저히 달랐다. 에리히 프롬Erich Fromm의 말을 빌리면 그는 "우주의 변칙이자 괴물"이며, "자연의 일부로서 자연의 물리법칙에 종속되며 그 법칙을 바꾸지 못하지만 그럼에도 자연을 초월한다". 자신을 성찰하고 시간을 의식하는 우리의 자아는 그 자체로 엄청난 진화적 우위를 부여했지만, 죽음에 대한 인식은 그 불가피한 부산물이었다. 온전한 인간이 되는 일과 죽음을 인식하는 일은 같은 것이다. 윌리엄 버틀러 예이츠William Butler Yeats의 표현을 빌리면 "그는 뼛속까지 죽음을 안다 — /인간이 죽음을 창조했다".[51]

죽음에 대한 인식이 4만 년 전 종교적 사고를 최초로 추동했다고 해서 곧 죽음에 대한 공포가 현생 호모사피엔스의 사고를 지배했다는 말은 아니다. 하지만 그러한 입장을 제시하는 사회심리학자들도 있다. 이 생각은 죽음에 대한 공포가 "인간 활동의 원동력"이며 인간 활동이 "주로 죽음의 숙명을 피하기 위해, 죽음이 인간의 최종적 운명임을 어떻게든 부인함으로써 그것을 극복하기 위해 고안된 활동"이라는 어니스트 베커Ernest Becker의 1972년도 가설에 토대를 둔다. 보다 최근에 쓰인 글에서 인용하자면, "모든 인간 활동은 죽음에 대한 불안으로 둘러싸여 있으며, 이러한 피할 수 없고 처치 곤란한 존재론적 조건을 해결하려는 우리의 집합적·개인적 노력으로 채색되어 있다."[52]

이 이론을 개발한 사회심리학자들은 이를 "공포관리이론Terror Management Theory"이라고 부르며, 우리가 자긍심과 문화적 세계관을 죽음에 대한 불안의 완충재로 활용한다고 주장한다. 이 이론의 지지자들은 사람들에게 자신의 죽음(즉 "죽음의 현저성mortality salience")을 상기시키고 이것이 그들의 사고에 끼치는 영향을 측정함으로써 이 이론을 과학적으로 검증할 수 있다고 주장했다. 이러한 227건의 실험을 요약한 논문은 공포관리이론을 뒷받침하는 증거가 "확고하며, 다양한 범위에 걸친 MS[죽음 현저성] 조작에서 보통 혹은 그 이상의 효과를 보인다"고 주장했다.[53]

공포관리이론을 비판하는 연구자들도 있다. 그들은 사람의 자긍심과 문화적 세계관이 죽음에 대한 불안 말고도 많은 변수에 의해 형성된다고 주장한다. 또 그들은 "죽음의 현저성" 실험이 죽음에 대한 불안을 제대로 평가하는 방법이라는 가정도 비판한다. 가장 중요한 부분은, 사실상 집단 전체가 내세의 존재를 수용하는 문화적 세계관에 근거한 현대의 공포관리이론이 과연 4만 년 전에 살았고 자신의 죽음을 최초로 인식하게 된 현생 호모사피엔스에게도 해당되는지 여부가 의심스럽다는 것이다.

종교적 사고의 출현 2: 꿈의 의미

모든 인간은 영혼이나 정신을 지니고 있으며 그들이 죽을 때 육체에서 영혼이 떠난다는 믿음은 에드워드 타일러가 종교적 사고의 기원을 설명한 이론의 첫 번째 부분에 불과하다. 그의 이론의 두 번째 부분은

"내세에도 영혼이 계속 존재한다는 믿음"이었다. 타일러는 "원시인들은 꿈에 대한 경험을 근거로 이 결론에 도달했다"고 주장했다.[54]

우리는 꿈에 대해 얼마나 알고 있을까? 우리는 꿈이 급속안구운동rapid-eye-movement(렘REM) 수면과 결부되어 있으며 모든 포유류에서 렘수면 단계가 나타난다는 것을 알고 있다. 개, 고양이, 원숭이, 코끼리는 꿈을 꾼다고 알려져 있는데, 모든 포유류가 그러할 것으로 짐작된다. 렘수면과 꿈이 나타나는 이유는 아직 밝혀지지 않았지만, 이를 설명하는 이론으로는 기억 저장과 연관된 기능, 문제 해결, 위험 시뮬레이션 이론 등이 있다. 일부 연구자들은 렘수면과 꿈이 진화 과정에서 발생한 부수적 현상이며 머나먼 옛날에 어떤 유용한 역할을 했을 것이라는 이론을 제시하기도 했다.

하지만 호미닌이 수백만 년간 꿈을 꿔왔다면, 왜 4만 년 전 무렵부터 꿈이 더 중요해진 것일까? 그 이유는 호미닌이 인지적으로 성숙하기 전까지는 자신의 꿈에 의미를 부여하지 못했기 때문이다. 구체적으로 그들은 자아에 대한 인식, 타인에 대한 인식, 자기성찰, 그리고 꿈의 경험을 자신의 과거 경험과 미래 희망의 맥락에 놓고 보는 능력을 획득해야 했다.

인류학자 A. 어빙 할로웰A. Irving Hallowell은 오지브와 인디언Ojibwa Indians의 꿈 해석과 관련하여 인지적 성숙의 필요성을 언급했다. "초기 호미니드들도 꿈을 꾸었겠지만, 호미니드의 뇌가 확대되어야만 가능한 심리적 잠재성의 충분한 발현 없이는 꿈의 내용이나 상상 과정의 산물을 타인들과 소통하기가 불가능했을 것이다."⁵⁵ 에드워드 타일러는 "원시인"의 꿈 경험이, 죽을 때 영혼이나 정신이 육체를 떠나 모종의 영계나 저승에서 계속 살아간다는 생각으로 이어졌다는 이론을 제시했다. 그는 내세 관념의 발달에 특히 중요한 것으로 두 종류의 꿈을 들었다. 첫째는 "외부에서 온 인간들의 영혼이 잠든 사람을 방문하는" 꿈이다. 타일러는 "꿈에서 조상 혼령들의 방문을 받는" 남아프리카 줄루족과 "꿈을 죽은 친구들의 영혼이 방문한 것으로 해석하는" 서아프리카 기니인들의 예를 들었다. 타일러가 기술한 또 다른 종류의 꿈은 잠든 사람의 영혼이 육체를 벗어나 저승을 비롯한 다른 장소들을 방문하는 꿈이다. 타일러는 꿈꾸는 영혼이 "육체를 떠났다가 되돌아올 수 있는, 심지어 명계를 여행하며 그곳의 친구들과 대화를 나눌 수 있는" 뉴질랜드 마오리족의 예를 들었다. 그들의 꿈에서 볼 수 있는 이런 증거들을 감안할 때, "육체의 죽음 이후에도 내세에서 개개인의 영혼이 독립적으로 존재"한다는 결론은 "야만인의 관점에서 충분히 합리적"이라고 타일러는 주장했다.⁵⁶

종교적 사고의 형성에서 꿈이 갖는 중요성은 널리 주목받아왔다. 일례로 보스턴 대학의 신경학자인 패트릭 맥나마라는 "전통적인 사람들의 종교적 사고와 실천의 주된 자원으로서 꿈이 갖는 중요성"을 예로 들었다.

조상인 인물과 조상이 아닌 초자연적 행위자가 둘 다 꿈에 나오고 일상에서 숭배의 대상이 된다. 꿈에 나타나는 영적 존재는 꿈꾸는 사람에게 긍정적으로 대할 수도 있고 부정적으로 대할 수도 있다. 즉 악한 초자연적 존재와 선한 초자연적 존재가 둘 다 꿈에 나타난다…. 그러므로 꿈의 등장인물들은 초자연적 존재의 인지적 원천으로 여겨질 만한 잠정적 근거가 있다. 전통 사회의 사람들은 꿈에 나오는 인물들을 그런 식으로 대하며, 조상 집단들도 그렇게 대했을 가능성이 높다.

그러므로 "꿈의 경험이 시대를 불문하고 전 세계 모든 사람들의 종교적 믿음, 실천, 경험과 밀접하게 엮여 있다는 데는 의심의 여지가 없다".[57]

현대 인류학자들의 민족지 기술에서 꿈에 대한 관념들을 검토한 결과는 맥나마라의 결론을 뒷받침한다. 예일 대학 인간관계지역파일(Human Relations Area Files, HRAF)에 기술된 296개 문화 가운데 71개는 경제적으로 수렵, 채집, 어로에 생계를 거의 혹은 상당히 의존하는 문화로 분류된다. 이 문화들에 대해 입수 가능한 민족지 기술을 살펴보면, 이중 둘을 제외한 모든 문화에서 꿈의 중요성이 언급된다. 꿈이 미래를 예측한다고 언급될 때도 있고, 죽은 친척이 잠든 사람을 찾아오거나 잠든 사람이 명계를 찾아가는 꿈이 언급될 때도 있다. 일례로 캐나다 서부의 누트카 인디언Nootkan Indians은 "사람들이 망자를 꿈에서 자주 보고 이는 망자의 삶이 어떠한가를 알려주는 좋은 증거로 간주된다". 그리고 볼리비아의 마타코 인디언Mataco Indians들은 "꿈에서 죽은 친척을 보는 일이 매우 흔하다. 잠든 이의 영혼이 명계로 내려가서 그들을 만나는 것이다." 나는 HRAF 파일에 기록된 내용에서 전 세계 수렵채집 문화의 꿈에 대한 기술 25건을 선별하여 부록 B에 실었다.[58]

사람들이 상상하는 영계나 명계의 성격은 문화마다 천차만별이다. 일례로 아메리카 포니족Pawnee 원주민은 "죽은 사람의 영혼이 하늘로 올라가서 별이 된다"고 믿었다. 시베리아 야쿠트족Yakut의 영혼은 "하늘로 여행해서 무성하게 녹음이 우거진 천국에 들어간다"고 한다. 브라질 야노마마족Yanomama의 죽은 영혼도 하늘로 올라가는데, 이곳은 "사냥이 더 잘되고, 음식이 더 맛있고, 사람들의 영혼이 젊고 아름답다는 점만 빼면 지상과 비슷하다". 오스트레일리아 원주민의 영혼은 "구름 위에 떠 있고 캥거루 등의 사냥감이 풍부한 아름다운 나라"로 간다고 한다. 드물게 내세가 지하에 자리잡은 문화들도 있다. 일례로 사모아에서는 내세의 입구로 들어가려면 활화산을 통과해야 했고, 시베리아 축치족Chuckchee의 망자들은 "순록 떼가 어마어마하게 있는" 지하에 살았다.[59]

그러니까 약 4만 년 전, 사람의 육체가 죽은 뒤에도 사람의 영혼은 계속해서 산다는 생각이 서서히 자리잡기 시작했다. 이런 생각의 발전은 수천 년에 걸쳐, 뇌가 자기성찰적·시간적 자아를 진화시키고 현생 호모사피엔스가 자신의 다가올 죽음을 점점 더 불안해하면서 일어났다. 이는 우리가 "죽는다"고 말하지 않고 "세상을 떠난다"고 말하듯 죽음을 단지 의미론적으로 부인하는 것이 아니었다. 죽음이 우리 존재의 끝이라는 사실을 근본적으로, 개념적으로 부인하는 일이었다. 우리는 구더기와 포옹하고 티끌과 약혼하는 대신에 내세를 발견했다. 그곳에서 우리는 저세상의 넋이나 영혼이라는 다른 형태로 계속해서 존재하거나, 아니면 다른 육신이나 형태로 환생할 수 있었다. 인간은 최초로 불멸하게 되었다.

다시 인류 진화로

현생 호모사피엔스가 과거를 보다 능숙하게 활용하여 미래를 계획할 수 있게 만든 자전적 기억의 진화는, 약 4만 년 전부터 시작된 인류 진화의 상당 부분을 설명할 수 있을 것이다. 인류가 자신의 과거 경험을 미래의 욕구 충족을 위한 계획에 통합시킴에 따라 도구와 무기가 급속히 개선되었을 것이다. 또 이 시기에 기억 장치가 널리 활용된 것은, 지난 가을에 잡은 순록의 마릿수와 같은 과거 사건을 기록하고 다음 달 보름과 같은 미래 사건을 계획하는 데 관심이 높아졌음을 반영한다.

자전적 기억의 발달을 감안할 때 우리는 이 시기에 시각예술이 분출한 것을 어떻게 해석해야 할까? 하지만 예술을 해석할 때는 우리의 이론이 어디까지나 현재까지 살아남아 발굴된 예술들만을 근거로 세워진 것임을 명심해야 한다. 구석기시대 예술 전문가인 장 클로트Jean Clottes의 지적대로, "벽화가 그려지거나 새겨진 동굴들 가운데 우리에게 알려진 건 극히 일부임이 확실하다".[60]

앞에서 지적했듯이 이 시기 미술의 주된 테마는 동물, 특히 사냥꾼에게 쫓기는 동물이다. 이런 동물들은 이들의 생존의 토대였다. 일례로 야생마와 순록은 "인간 식단의 근간"이었다. 따라서 아주 간결하게 설명하자면 이 미술가들은 과거에 보았거나 미래에 보고픈 것을 묘사했을 것이다. 이 설명은 "이런 동물 그림의 15퍼센트가 창이나 화살을 맞은 동물을 묘사한 것"이며, 따라서 사냥 장면을 시사한다는 사실로 뒷받침된다. 또한 몇몇 동굴에서 아이들의 발자국이 발견된 것으로 볼 때 이런 그림은 아이들에게 동물과 사냥법을 가르치는 데 활용되었을 수도 있다.[61]

동굴 속의 손자국은 어떨까? 이것은 어쩌면 구석기시대의 그래 피티에 해당하는, "나 왔다 갔음"을 알리는 흔한 낙서의 한 방식일 수도 있다. 이런 그래피티는 그 사람이 과거에 어디 있었다는 기록이 자 미래의 관찰자들에게 보내는 메시지이기도 하다. 이는 현생 호모 사피엔스가 스스로를 미래에 투사하는 능력을 새로 얻은 사실과도 부합한다. 프랑스 남서부의 니오동굴에는 약 1만 3,000년 전의 벽화 가 있지만, (1660년 이 동굴에 자기 이름을 써놓고 간 "루벤 드 라 비알"이 라는 사람처럼) 보다 후대의 방문객들이 남긴 낙서도 있다. 과연 이것 은 그 옛날의 손자국과 다른 의도로 만들어진 것일까?[62]

일부 미술은 새로이 발달한 종교적 사고, 특히 영혼에 대한 믿음 을 반영하는 것일 가능성도 있다. 동물이 많이 표현되어 있는 걸 감 안하면 그중 일부는 동물의 영혼을 나타낸 것일 수도 있다. 일부 문 화에서는 동물이 인간의 조상이라고 믿는다. 이런 동물을 토템이라 고 부르며, 오스트레일리아 원주민과 아메리카 북서부 해안 인디언 들 사이에서 가장 인상적인 형태로 나타난다. 동굴벽화를 토템으로 해석하는 이들은 특정 동굴에 특정 동물이 우세한 경향과 반인반수 형상을 그 증거로 지적한다. 또 쇼베동굴에 곰 두개골이 여럿 모아져 있고 그중 하나가 눈에 띄게 바위 위에 놓여 있다는 사실 또한 지적 한다. 한 학자는 그 모습을 이렇게 요약했다. "모르긴 몰라도 이 방은 우리가 알 길 없는 어떤 의례를 통해 숭배되었던 동굴곰의 사당이었을 것이다."[63]

벽화 동굴에 동물이나 그 밖의 영이 존재했다면, 이는 미지의 것을 설명하는 데도 활용될 수 있었을 것이다. 이해할 수 없는 사건에 대해 설명을 제시하는 것은 지금껏 기술된 거의 모든 종교 체계의 기능이다. 그러니까 올해 순록이 강 건널목에 늦게 도착한 이유, 곰이 길 가던 청년의 앞을 가로질러 지나간 다음 날 그가 갑자기 앓아누운 이유 등을 설명하기 위해 동물의 영혼을 끌어들였을 수도 있다.

동굴벽화를 좀 더 복잡한 종교적 산물로 설명하는 견해들도 있다. 1998년, 선사시대 미술의 세계적 권위자로 여겨지는 프랑스의 선사학자 장 클로트와 남아프리카공화국의 고고학자 데이비드 루이스-윌리엄스는《선사시대의 샤먼들The Shamans of Prehistory》이라는 책을 발표했다. 그리고 2003년 캐나다의 고고학자 브라이언 헤이든 Brian Hayden은 이 테마를 확장하여《샤먼, 주술사, 성인Shamans, Sorcerers, and Saints》을 발표했다. 원래 '샤먼'은 황홀경에 들어가서 병을 치료하는 시베리아 퉁구스 부족Tungusian tribes의 토착 치료술사를 가리키는 특수한 명칭이다. 그 후 이 말은 미래를 예견하거나 날씨를 통제하는 점술사, 마법을 걸 수 있는 주술사, 이승과 저승의 매개 역할을 하는 사제 비슷한 사람을 가리키는 등 훨씬 넓은 의미로 쓰여왔다. 벽화 동굴에 대한 논의에 언급되는 '샤먼'은 사제 비슷한 기능에 초점을 맞춘 것으로 보인다.[64]

샤머니즘으로 동굴벽화를 해석하는 이론은, 동굴벽화가 그려진 시기에 사제 비슷한 샤먼이 존재했고, 이런 벽화의 상당수가 그들의 황홀경에서 나온 산물이었다고 전제한다. 또 동굴 자체가 망자들의 저승으로 내려가는 통로여서 동굴 속을 걸어가는 이들은 "저승 세계에 완전히 포위되었다"고 이야기한다. 동굴 벽의 손자국들은 저승과 접촉하려는 시도로, 기하학적 형상들은 샤먼이 황홀경 속에서 본 시각적 환각을 재현한 것으로 해석한다. 동굴 내의 특정 공간들은 비밀결사의 회합 장소 등 다양한 영적 기능을 담당했으며, 반인반수 형상은 샤먼을 표상한 것이라고 한다. 프랑스의 가톨릭 신부로 평생 동굴벽화를 연구한 앙리 브뢰유Henri Breuil는 그중 가장 유명한 그림에 처음엔 "트루아 프레르의 주술사"라는 이름을 붙였다가 나중에는 "트루아 프레르의 신"이라고 불렀다.[65]

하지만 벽화 동굴에 신들이 존재했을까? 서문에서 논의했듯이, 때때로 '신gods'이라는 말은 일체의 초자연적 존재와 동물의 영혼까지 포함한 뜻으로 아주 폭넓게 쓰여왔다. 이렇게 폭넓은 정의를 사용한다면 벽화 동굴에는 아마 신이 있었을 것이다. 하지만 좀 더 흔히 쓰이는 뜻에 맞게, 인간의 삶과 본성에 모종의 특별한 힘을 행사하며 남성성 또는 여성성을 띤 불멸의 신성한 존재로 신을 좁게 정의한다면, 벽화 동굴에 신이 존재했을 가능성은 낮아 보인다.

종교는 어떨까? 벽화 동굴에 종교가 존재했을까? 서문에서 지적한 대로, 이에 대한 답 또한 종교의 수많은 정의 가운데 무엇을 택하느냐에 달려 있다. 에드워드 타일러는 종교를 "영적 존재에 대한 믿음"으로 폭넓게 정의했으므로, 이에 따르면 벽화 동굴에서 영혼, 동물, 기타 등등과 관련하여 이루어진 모든 활동이 종교로 인정될 수 있다. 마찬가지로 프랑스 사회학자 에밀 뒤르켐Emil Durkheim의 폭넓은 정의를 적용하면 토템 숭배는 종교로서의 자격이 있다. 뒤르켐에 따르면 "종교는 성스러운 것과 관련된 믿음과 실천의 통일된 체계"이기 때문이다. 실제로 뒤르켐은 토템 숭배를 종교의 "가장 단순하고 원초적인 형태"로 보았으며, 오스트레일리아 원주민의 토템 숭배에 대해 연구하고 집필했다. 한편 윌리엄 제임스가 제시한 대로, 종교가 "개개인이 무엇을 신성하게 여기든 간에 그 신성한 것과 관련 지어 자기 자신을 이해할 때… 그 개개인의 감정, 행동, 경험"이라고, 그리고 여기서의 '신성한'은 "신과 같은"이라는 뜻이라고 보다 좁게 정의한다면, 벽화 동굴에서의 영적 활동이 종교의 자격을 갖출 가능성은 낮아질 것이다.[66]

동굴벽화의 의미에 대한 해석이 이처럼 광범위하다는 것을 감안할 때, 이중 무엇이 옳은 해석일까? 사실 단 하나의 옳은 해석이 존재할 것 같지는 않다. 동굴 미술은 2만 년 이상의 기간에 걸쳐 있다. 예수 탄생부터 현재까지의 10배나 되는 시간이다. 심지어 개별 동굴의 벽화도 많은 경우 여러 세기—쇼베동굴은 약 8,000년, 코스케동굴은 6,000년, 심지어 대부분의 벽화들이 엇비슷한 라스코동굴도 최장 1,000년—에 걸쳐 그려졌다. 이러한 기간을 감안할 때, 동굴 내 특정 벽화의 정확한 구도를 마치 한 명의 인테리어 디자이너가 한꺼번에 배치한 것처럼 해석해내려는 시도는 무용해 보인다.[67]

최소한 동굴벽화는 화가가 과거에 보았거나 미래에 보고픈 것을 묘사한 듯 보인다. 동물, 특히 화살이나 창에 맞은 동물은 사냥의 성공을 주술적으로 보장하려는 시도일 수 있다. 인류학자들도 현대 수렵채집민 집단의 "사냥 주술"을 보고한 바 있다. 동굴벽화에 대한 이러한 해석은 지난 세기에 큰 인기를 끌었다.[68]

묘사된 동물들을 토템, 즉 인간의 조상령이라고 믿었을 수도 있다. 특히 이 시기 후반에는 그랬을 가능성이 높다. 심지어 마지막 무렵의 동굴벽화에 그려진 일부 동물 그림들은, 약 1만 1,500년 전부터 새겨지기 시작한 괴베클리 테페의 동물 부조들과 시기가 겹친다. 다음 장에서 논의하겠지만, 이 무렵은 인류가 조상숭배를 했다는 증거가 보다 분명하게 나타나는 시기다.

하지만 벽화 동굴이 샤머니즘이나 좀 더 복잡한 종교 활동의 증거라고 보기에는 의문의 여지가 있다. 반인반수 형상을 "신"으로 지칭하거나, 공통된 종교적 믿음에 기반한 비밀결사의 존재를 상정하는 것은 섣부른 추측인 듯하다. 물론 그랬을 수도 있지만, 기존의 증거들이 이를 뒷받침하는 것 같지는 않다. 고고학자인 데일 거스리는 동굴벽화에 대한 이런 과도한 종교적 추측이 그 시대 사람들을 폄하하는 것이라며 비판하기도 했다. "이 주술-종교 패러다임은… 이 옛 사람들을 신비한 일에만 관심을 쏟는 미신적인 얼간이들로 왜곡했다. 하지만 구석기시대 미술에서 나온 증거들은 사뭇 다른 이야기를 들려준다. 그것은 복잡한 지상의 세세한 부분들과 긴밀한 관계를 맺으며 살아갔던 사람들의 모습이다. 물론 종교적 이미지들도 있겠지만, 그건 더 큰 경험의 모자이크 중 일부일 뿐이다."[69]

○○○○○

자전적 기억의 발달을 감안할 때, 귀중품을 무덤에 껴묻는 관습이 그 시기에 널리 보편화된 것을 어떻게 보아야 할까? 한 세기도 더 전에 에드워드 타일러가 지적한 대로, 무덤에 물건을 넣는 이유는 여러 가지가 있을 수 있다. 고인이 좋아한 소지품을 같이 묻어주기도 하고, 고인에 대한 애정의 표시로서 물건을 껴묻기도 하고, 고인의 영혼이 자기 물건을 찾으러 집으로 되돌아오지 않게끔 그 물건을 무덤에 넣기도 한다.[70]

하지만 고인의 소지품을 무덤에 껴묻는 가장 흔한 이유는, 고인이 저승에 가서도 그 물건을 쓸 수 있게 해주기 위해서다. 이언 태터솔이 말한 대로, "시신을 부장품과 함께 매장하는 것은… 내세에 대한 믿음을 암시한다. 그 물건은 내세에 망자에게 유용할 것이므로 거기 묻혀 있는 것이다". 스티븐 미슨 역시 "죽음이 '비물질적 형태로의 이행'이라는 관념이 없는 상태에서 숭기르에서처럼 매장 의례에 큰 투자가 이루어졌으리라고는 믿기 힘들다"고 주장했다. 부장품에 대한 이러한 해석은, 저승에 가서 고인을 섬길 사람들을 죽여서 순장 시켰던 일부 집단의 관습과도 부합한다. 타일러는《원시 문화》에서 선교사가 도착하기 이전에 이런 관습이 행해진 많은 사례를 열거했다. 일례로 "카리브인은… 추장의 무덤 위에서 저세상에 따라가 그를 섬길 노예들을 희생시켰고, 같은 목적으로 개와 무기도 함께 묻었다". 따라서 부장품은 자전적 기억의 영향, 그리고 이와 관련하여 육체가 죽은 뒤에도 저세상에서 삶이 계속된다는 믿음의 영향을 가장 극적으로 보여주는 사례 가운데 하나다.[71]

현생 호모사피엔스의 뇌

현생 호모사피엔스가 완전히 성숙한 자전적 기억을 서서히 획득하고 있던 약 4만 년 전, 그들의 뇌에는 무슨 일이 일어나고 있었을까? 새롭게 확대된 뇌 영역들은 새로운 기능을 획득하고 보다 오래된 뇌 영역들은 재프로그래밍되는 한편, 이 영역들을 잇는 백질로들이 개선되고 있었다. 현생 호모사피엔스의 시간적 자아와 뇌는 함께 진화하고 있었다.

자전적 기억과 관련된 뇌 영역을 확인하기 위한 연구는 상당히 많이 수행되었다. 이 연구를 위해 피험자들에게 특정한 종류의 기억에 집중할 것을 주문하고 뇌 영상을 찍었다. 이런 19건의 연구를 분석한 한 논문을 보면, 도판 5.2에 표시된 것처럼 고도로 활성화되는 여러 뇌 영역을 확인할 수 있다. 여기서 확인된 몇몇 영역들은 타인에 대해 생각할 때(마음이론) 활성화되는 (3장에서 기술한) 영역들과 동일했다. 이중에는 앞띠다발(BA 24, 32), 아래마루소엽의 일부(BA 39), 여기에 인접한 뒤위관자 영역(BA 22) 등이 있다. 일례로 한 연구는 "자기참조적 정보를 인출할 때 아래마루겉질이 특히 활성화되었다"고 보고했다.[72]

이마앞겉질, 특히 이마극(BA 10)과 눈확이마겉질(BA 47)도 자전적 기억 과제에 의해 활성화된다. 거의 모든 자전적 기억을 상실한 이마관자엽치매 환자의 뇌에 대한 연구에 따르면, 눈확이마겉질의 심각한 손상이 관찰되었다. 젊은 성인을 대상으로 등교 첫날이나 첫키스 때의 기억을 자세히 떠올려보라고 주문한 연구에 따르면, "안쪽이마앞겉질이 최근의 자전적 기억 인출에 특히 관여했다"고 한다. 이마엽의 기능에 대한 보고에서도 마찬가지로 "이마엽, 특히 이마극이 자아 인식과 정신적 시간여행 등의 고유한 인간 능력에 관련되

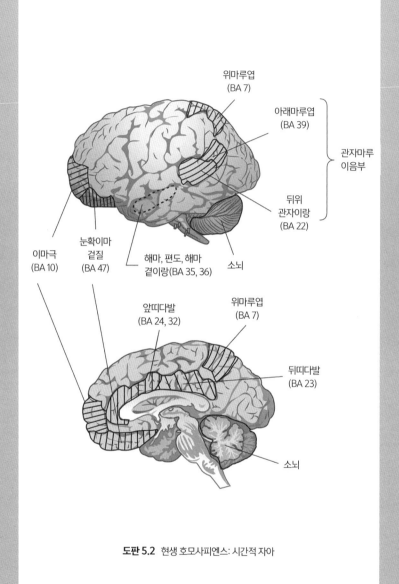

위마루엽
(BA 7)

아래마루엽
(BA 39)

관자마루
이음부

뒤위
관자이랑
(BA 22)

소뇌

해마, 편도, 해마
곁이랑(BA 35, 36)

눈확이마
겉질
(BA 47)

이마극
(BA 10)

앞띠다발
(BA 24, 32)

위마루엽
(BA 7)

뒤띠다발
(BA 23)

소뇌

도판 5.2 현생 호모사피엔스: 시간적 자아

어 있다"는 결론을 내렸다. 이는 이마앞겉질이 손상된 환자가 과거에 대한 사고에 문제를 겪는 빈도만큼이나 미래에 대한 사고에서도 장애를 겪는다는 사실과 부합한다. 한 연구 그룹이 요약한 대로, "이마엽 손상 환자는 현재의 구체적인 상황에만 반응하고 미래를 생각하거나 계획하지 못한다…. 사례가 보고된 환자 중 다수는 오로지 현재만을 사는 것처럼 보인다. 과거의 영향 및 미래의 판단과의 연관이 현저히 저해된 듯하다".[73]

자전적 기억 과제에 의해 활성화되는 기타 뇌 영역들 중 앞에서 논의한 인지 과제에 의해 활성화되는 영역과 겹치는 부분은 극히 일부에 불과하다. 자전적 기억과 연관된 기타 영역들 중에 으뜸은 해마(BA 번호 없음)와 해마곁이랑(BA 35, 36)이다. 이들은 진화적인 측면에서 가장 오래된 뇌 영역에 속하므로, 이 영역이 진화적인 측면에서 가장 새로운 인간 인지 기능 중 하나인 자전적 기억에 관여한다는 발견은 다소 놀랍다. 해마는 기억 저장에 결정적인 부위이므로, 이는 진화적인 측면에서 새로운 뇌 기능이 오래된 뇌 영역을 자기 목적에 맞게 끌어다 쓴 예라고 할 수 있다. 이와 비슷하게 진화적인 측면에서 보다 오래된 편도 또한 자전적 기억에 관여하는데, 이런 기억에는 흔히 감정이 실려 있고 감정은 편도의 기능이기 때문이다. 해마와 편도 둘 다 자전적 기억의 결정적인 요소다.[74]

자전적 기억의 발달에서 해마, 편도, 해마곁이랑이 갖는 중요성은 백질로의 발달을 통해서도 알 수 있다. 띠다발은 해마, 편도, 해마 곁이랑을 자전적 기억에 관여하는 이마엽 및 마루엽 조직으로 연결하는 주된 경로다. 갈고리다발도 자전적 기억과 관련된 여러 뇌 영역들을 연결하는 데 중요한 역할을 한다. 그러므로 띠다발과 갈고리다발이 사람에게서 가장 최근에 발달한 두 백질로로 여겨진다는 것은 매우 흥미롭다. 이는 우리의 자전적 기억이 최근에 발달한 것과 부합한다.[75]

자전적 기억 과제에 의해 활성화되는 그 외의 뇌 영역으로는 뒤띠다발(BA 23, 31), 이와 인접한 위마루 영역(쐐기앞소엽, BA 7), 소뇌 등이 있다. 뒤띠다발은 4장에서 언급했듯이 자기성찰에서 중요한 역할을 한다. 쐐기앞소엽은 1장에서 언급했듯이 다양한 인지, 감각, 시각 기능을 수행한다. 소뇌가 자전적 기억에 관여한다는 발견은 다소 놀라운데, 소뇌는 아주 오래된 뇌 영역으로 주로 운동 협응과 같은 동작 기능과 연관된다고 여겨졌기 때문이다. 하지만 현생 호모사피엔스의 소뇌는 "현대적 뇌에서… 급속한 확대"를 거쳤고, 현재 현생 인류의 소뇌는 비슷한 몸 크기의 침팬지보다 3배나 더 크다. 한 연구에서 피험자들에게 과거의 구체적인 기억을 떠올려보라고 주문한 결과, 소뇌가 광범위하게 활성화되었고 "일화[자전적] 기억의 의식적 인출을 개시하고 모니터링하는" 네트워크의 일부라는 결론이 도출됐다. 소뇌가 이런 역할을 한다는 사실은 오래된 뇌 영역이 보다 최근에 진화한 뇌 기능에 동원된다는 것을 보여주는 또 다른 예다.[76] 실제로 소뇌가 가진 기능은 연구하면 연구할수록 더 많이 발견되고 있다.

끝으로, 과거의 자전적 기억에 의해 활성화되는 뇌 영역과 미래의 사건을 상상할 때 활성화되는 뇌 영역에는 차이가 있을까? 이 질문을 다룬 몇몇 연구들은 놀라울 만큼 일관된 결과를 보여준다. 두 과업에 의해 활성화되는 뇌 영역이 거의 동일하다는 것이다. 한 연구는 "이처럼 두 신경이 인상적으로 겹치는 것은 건망증 환자가 미래와 과거에 대한 사고에서 둘 다 결함을 드러낸다는 발견과 부합하며, 일화[자전적 기억] 체계가 미래에 대한 상상에 중요하다는 것을 확증한다"고 지적했다. 따라서 그들은 "우리를 비롯한 여러 연구실의 뇌 영상 연구에 따르면, 과거 일화를 기억하고 미래 일화를 상상할 때 활성화되는 뇌 신경망에서 인상적인 공통성이 나타난다"고 결론 내렸다.[77]

ooooo

요약하면, 호미닌은 약 4만 년 전에 인지 진화의 중요한 다섯 단계를 완료했다. 약 200만 년 전 호모하빌리스가 훨씬 더 영리해지면서, 이렇게 점점 더 영리해지는 쪽으로의 변화가 지속되었다. 약 180만 년 전 호모에렉투스는 자아 인식을 발달시켰다. 약 23만 년 전 옛 호모사피엔스에 속하는 네안데르탈종은 타인이 무슨 생각을 하는지에 대한 인식, 즉 마음이론을 획득했다. 약 10만 년 전 초기 호모사피엔스는 자기 자신에 대해 생각하는 자기 자신을 생각하는 자기성찰 능력을 획득했다. 끝으로 약 4만 년 전에 현생 호모사피엔스는 과거 경험을 활용하여 미래를 계획하면서 시간선상의 앞뒤로 자신을 투사하는 능력인 자전적 기억을 발달시켰다. 이 인지적 진화의 각 단계에는 뇌의 해부학적 변화가 수반되었고, 이 변화들은 이제 적어도 대체적으로 확인이 가능하다.

이런 인지 능력을 겸비한 현생 호모사피엔스는 동식물을 길들이고 국가와 문명을 창조할 준비를 갖추었다. 이는 비범한 발전의 연속이었을 것이다. 하지만 이러한 발전의 그늘에는 항상 영원한 질문이 도사리고 있었다. "나는 어디에서 왔는가?" "나는 왜 여기 있는가?" "죽은 뒤에 나는 어떻게 될까?" 현생 호모사피엔스는 이 질문에 대한 해답을 우리의 신들과 종교에서 찾게 된다.

2부

신의 출현

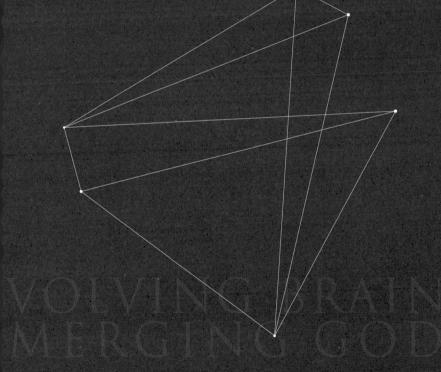

6

조상과 농경 :

영적인 자아

우리의 문제, 인간의 문제의 모든 뿌리는, 우리가 죽음이라는 사실,
우리가 가진 이 유일한 사실을 부인하기 위해 삶의 온갖 아름다움을
희생시키고 토템, 터부, 십자가, 피의 제물, 첨탑, 모스크, 인종, 군대,
깃발, 민족 안에 스스로를 감금한다는 것이리라.

— 제임스 볼드윈, 〈내 마음의 한곳으로부터 보내는 편지Letter from a Region in My Mind〉,
1962.

1만 2,000년 전부터 1만 1,000년 전까지의 1,000년간은 대개 인류 역
사의 단층선으로 여겨진다. 구석기시대와 새로 떠오른 신석기혁명
혹은 농업혁명 사이의 전통적 경계선인 이 시기에 호모사피엔스는
수렵채집에서 정착 농경으로 이행하기 시작했다. "인간의 지구 지배
에서 가장 중요한 특성"으로 일컬어지는 사건, 즉 식물의 작물화와
동물의 가축화가 시작된 것이다.[1]

이런 이행 과정에서 중요한 역할을 수행한 것은 기후의 변화였다. 마지막 빙하기는 약 2만 5,000년 전에 시작되어 1만 8,000년 전쯤 정점에 다다랐다가 서서히 온난해지기 시작했다.

북반구의 상당 부분을 덮고 있던 빙하가 물러나면서 해수면이 상승했다. 유럽과 아시아의 상당 부분을 덮고 있던 툰드라가 점차 삼림과 초지로 바뀌면서 새로운 동식물이 들어왔다. 1만 7,000년 전~1만 4,000년 전의 온난한 막간 이후 1만 3,000년 전~1만 1,500년 전에 마지막 장기 한랭기가 찾아왔다. 그 후 기후가 안정되어 농경에 더 적합한 따뜻하고 습윤한 날씨가 되었다.[2]

앞 장에서 언급한 대로, 지구가 따뜻해지면서 사람들이 이전보다 더 큰 집단으로 모이기 시작했다. 호미닌은 수십만 년 동안 대부분 소규모 수렵채집 군집을 이루어 살았다. 그런데 1만 8,000년 전부터 수렵채집민 군집들이 연중 일정 시기에 한데 모여 협동 사냥을 했다는 증거들이 있다. 프랑스와 스페인에서는 영구 주거지처럼 보이는 것을 갖춘 이런 집합 장소들이 확인되었다. 나머지 계절에는 군집별로 흩어져서 개별적으로 사냥하다 특정 계절에 한데 모여 협동 사냥을 한 것으로 짐작된다. 이렇게 많은 수의 호미닌이 정기적으로 한데 모인 것은 아마도 역사상 최초였을 것이고, 이는 놀라운 결과를 낳았을 것이다. 그중 하나가 괴베클리 테페였다.

"인간이 세운 최초의 성소"

1995년에 발견된 괴베클리 테페는 터키 동남부 우르파 인근의 언덕 정상에 자리 잡고 있다. 이것이 건설되기 시작한 시기는 남유럽에서 최후의 동굴벽화가 그려지고 있던 시기와 대략 일치하는 1만 1,500년 전으로, 스톤헨지Stonehenge가 세워지기 7,000년 전이다.

약 9만 평방미터의 면적에 걸쳐 있는 괴베클리 테페는 20개의 원형 구역으로 이루어져 있고, 그중 일부 구역에는 테라초terrazo*나 돌로 마감한 바닥, 석회석 기둥, 돌 벤치들이 있다. 이 구역들에는 원래 지붕이 덮여 있었을 것이다. 약 200개에 달하는 기둥은 높이가 최고 5.5미터, 무게는 개당 최대 15톤에 달한다. 이 기둥들이 고고학자들의 큰 관심을 끄는 건 그 형태가 T자형이기 때문이다. 그중 일부에는 옆면에 손과 팔이, 중간 부분에 버클이 달린 벨트가, 벨트 밑에는 로인클로스가 조각되어 있고, 심지어 한 기둥의 꼭대기 부근에는 목걸이까지 새겨져 있다. 따라서 이 기둥들은, T의 꼭대기가 머리에 해당하는 일종의 인간화된 존재를 나타내는 것이 분명해 보인다. 많은 기둥들은 동물, 특히 뱀, 여우, 독수리, 거미, 사자, 멧돼지 같은 위험

---

* 시멘트와 돌조각을 섞은 뒤 연마하여 반점 무늬를 낸 바닥용 인조석. 신석기시대 서아시아 유적에서 발견되는 테라초 바닥은 석회석과 점토를 섞어서 다진 뒤 연마하는 식으로 마감했다.

한 동물들의 부조로 장식되어 있다.

유럽의 동굴벽화들과 마찬가지로, 인간 형상의 부조는 상대적으로 드물다.[3]

괴베클리 테페는 아직 극히 일부분밖에 발굴되지 않았지만, 벌써 돌기둥 말고도 주목할 만한 것들이 많이 발견되었다. 돌로 투박하게 깎은 실물 크기의 두상도 몇 개 있다. 또 돌로 깎은 토템폴totem pole처럼 보이는 것도 있다. 그중 2009년에 발견되어 우르파의 박물관에 전시되어 있는 높이 약 1.8미터의 토템폴은, 곰처럼 보이는 것이 한 사람을 감싸고 있고, 그 사람은 또 다른 사람을 감싸고 있으며, 다시 그 사람은 정체불명의 동물을 감싸고 있거나 아니면 출산 중인 것처럼 보인다. 이 토템의 양옆에는 커다란 뱀이 장식되어 있다. 이 토템폴은 그로부터 1만 1,000년 뒤 아메리카 북서부 해안 인디언들이 나무로 깎아 만든 토템폴을 강하게 연상시킨다.

괴베클리 테페는 어떤 목적으로 지어진 것일까? 아직까지는 이곳과 연관된 집이나 요리 화덕이나 쓰레기 구덩이나 기타 영구적 주거의 증거가 하나도 발견되지 않았다. 다른 한편으로는 사슴, 가젤, 돼지 뼈 수천 점과 돌그릇과 돌잔이 발견되어 여기서 연회가 벌어졌음을 시사하기도 한다. 괴베클리 테페와 동시대의 것으로 추정되는 인근의 고고학 유적 쾨르티크Körtik에서 발굴된 음료수 잔의 잔유물을 예비 분석한 결과도 이 잔에 포도주가 담겨 있었음을 시사하며 이

러한 생각을 뒷받침했다.[4]

괴베클리 테페에서 발견된 인골은 비록 몇 점 안 되지만, 2014년 작고하기까지 이곳을 거의 20년간 발굴한 독일의 고고학자 클라우스 슈미트Klaus Schmidt는 괴베클리 테페가 "묘지 혹은 죽음 숭배의 중심지이자… 인간이 세운 최초의 성소이며… 세계에서 가장 오래된 사원"이라는 견해를 제시했다. 맹수들의 부조는 망자를 보호하는 기능을 했던 것일까? 또한 슈미트는 괴베클리 테페가 "적어도 50킬로미터 떨어진 주거지들"에서도 사람들이 찾아오는 순례지이자 의례 중심지, "언덕 위의 성당"으로 기능했다고 믿었다.[5]

ooooo

괴베클리 테페가 그러한 중심지로서는 지금까지 발견된 것 가운데 가장 큰 규모이긴 하지만, 그 시기 터키 동남부에서 유일한 의례 중심지는 아니었다. 연대가 약 1만 2,000년 전으로 추정되는 할란 체미Hallan Çemi도 그러한 장소 가운데 하나였다. 발굴을 수행한 고고학자 마이클 로젠버그Michael Rosenberg에 따르면, "성격상 딱히 가정집이라 볼 수 없고 일종의 공공 기능을 수행한 건축물이 존재했다는 강력한 증거가 있다". 많은 경우 장식이 되어 있는 무수한 돌그릇과 조각한 돌 절굿공이는 공적 연회와 관계가 있다고 여겨진다. 한 공공 건축물

에는 "북쪽 벽면에 걸려 있었던 것으로 보이는 온전한 오록스 두개골 한 개가 있었다".[6]

약 1만 500년 전에 세워진 네발리 초리는 괴베클리 테페에서 불과 약 32킬로미터밖에 떨어져 있지 않으며, 이곳에도 역시 테라초로 마감한 바닥과 돌 벤치와 T자형 기둥들이 있다. 한 중앙 기둥에는 "양팔을 구부려 두 손을 깍지 낀 형상이 새겨져 있다". 건물 안에서는 "거대한 석회석 조각상의 깨진 파편 몇 개", "머리는 사람이고 몸은 새와 비슷한 기이한 존재의 머리와 몸통 파편", 석회석으로 된 축소형 마스크 몇 개, 서로 반대 방향을 주시하고 있는 두 사람 머리를 새가 움켜쥔 형상의 토템폴 등이 발견되었다. 네발리 초리에서 발견된 유물 가운데 가장 유명한 것은 석회석 그릇 파편으로, 두 사람이 커다란 거북이와 함께 춤을 추고 있는 부조가 바깥쪽 표면에 새겨져 있다.[7]

괴베클리 테페와 네발리 초리에서 가까운 차외뉘Çayönü도 1만 500년 전에 처음 세워졌지만, 여기에서 발견된 것 가운데 가장 흥미로운 것은 보다 후대에 지어진 한 건물이다. 이 건물의 테라초 바닥은 모르타르에 "흰 석회석을 평행한 줄무늬로" 묻어 마감했다. 이 건물 안에서는 약 450명의 유골이 발견되었다. 대부분의 유골은 해체된 상태로, 긴뼈와 두개골 더미가 "동쪽 혹은 서쪽을 향하여 남북 축을 따라 배열되어 있었다". 사람 두개골 사이에는 오록스 두개골도

섞여 있었다. 현대의 연구자들은 이 건물에 "두개골의 집" 혹은 "망자들의 집"이라는 별칭을 붙였다.[8]

차외뉘의 "두개골 집"은 약 1,000년간 활발하게 이용되었고 모종의 의례적 기능을 했다고 여겨진다. 이 건물 한쪽 끝의 "반들반들하게 닦인 돌판" 위에서 약 10센티미터 길이의 검은 부싯돌 날이 발견되었다. 날에서 검출된 헤모글로빈 결정은 오록스, 양, 사람의 것으로, 두개골의 집에서 동물과 사람을 최소한 칼로 베거나 어쩌면 제물로 바쳤을 가능성을 시사했다. 맨체스터 대학의 고고학자 카리나 크라우처Karina Croucher는 "차외뉘의 두개골 집은 무언가를 수행하는 데 활용되었고, 이 의식은 돌판을 중심으로 벌어진 듯 보인다"고 결론 내렸다.[9]

우리는 이러한 발견을 어떻게 받아들여야 할까? 최소한 우리는 많은 사람들이 한데 모여서 의식용 건물로 보이는 것을 세웠다고 말할 수 있다. 예를 들어 가장 큰 돌기둥을 채석장에서 괴베클리 테페까지 운반하는 데에는 약 500명이 필요했을 것으로 추정된다. 하지만 여기서 가장 놀라운 점은, 이 모두가 동식물의 가축화/작물화와 대규모 주거지 건설이 시작되기도 전에 행해졌다는 것이다. 할란 체미에서 돼지를 길렀다는 증거는 있지만, 할란 체미와 괴베클리 테페에서 농작물이 재배되었다는 증거는 찾아볼 수 없다.

클라우스 슈미트가 지적한 대로, 이는 "농경의 '발명'이 수렵민들이 이처럼 대규모로 모이면서 수반된 노동에 부수된 현상이 아니었을까" 하는 의문을 불러일으킨다. 따라서 "상당 기간 동안 사람들이 대규모로 모인 것이… 식물 경작의 촉매가 되었을 수도 있다". 한 저널리스트가 슈미트의 가설을 요약한 바에 따르면, "수렵채집민 집단이 거대한 사원을 건설했다는 것은 조직화된 종교가 농경을 비롯한 문명의 기타 요소들이 출현하기 이전에 생겨났을 수도 있다는 증거다". "알려진 것 가운데 현생 외알밀과 가장 가까운 야생 조상이… 괴베클리 테페에서 북동쪽으로 불과 96킬로미터 떨어진 곳에서… 발견"되었음을 보여주는 DNA 연구도 이 가설을 뒷받침한다.[10]

조상숭배

괴베클리 테페, 할란 체미, 네발리 초리, 차외뉘는 어떻게 해석될 수 있을까? 이런 건물에서는 모종의 영적 활동이나 의식이 치러졌을 가능성이 높아 보인다. 그들이 어떤 영을 숭배했는지에 대한 단서가 남아 있을까? 토템폴처럼 보이는 기둥에 다수 조각되어 있는 동물들이나 네발리 초리에서 발견된 것처럼 새와 비슷한 몸에 사람 머리를 한 조각상은, 동굴벽화에서도 그랬듯 동물의 혼령이 중요하게 여겨졌음을 시사한다. 하지만 팔과 손, 벨트, 로인클로스, 심지어 목걸이까지 새겨진 거대한 기둥들은 어떻게 해석해야 할까? 이들은 모종의 인간화된 존재처럼 보인다. 괴베클리 테페에서 나온 실물 크기의 두상은 인간의 혼령 또한 존재했을 수 있음을 시사한다. 영국의 고고학자 카리나 크라우처는 기둥을 만든 사람들이 사실적인 인간을 조각할 능력을 분명히 가지고 있었지만, "이런 '존재들'을 인간 형태와 돌이 어우러진 상태로 모호하게 놔두는 편을 택했다"고 지적했다. 그는 이 기둥들이 "'조상들'을 무정형에 가까운 형태로 표현한 것"일 수도 있다고 결론 내렸다.[11]

이런 의례 중심지에서의 활동에 정말로 조상숭배가 포함되어 있었다 해도 놀랄 일은 아닐 것이다. 에드워드 타일러는 종교적 사고의 진화적 기원을 다룬 책인《원시 문화》에서, 죽은 사람의 영혼이 존재한다는 믿음이 "머잖아 적극적인 숭배와 위무로 이어지는 것은 자연스럽고 거의 불가피하다고 할 수 있다"고 주장했다. 에든버러 대학의 종교학 교수인 제임스 콕스James Cox는 "토착적 종교 신앙, 의례, 사회 관습은 조상을 중심으로 형성되어 있으며, 따라서 친족 관계를 압도적으로 강조한다"고 말했다. 이 시기에 조상숭배가 출현했다는 가정은 28개 수렵채집 사회를 대상으로 한 최근의 연구 결과와도 일치한다. 이 연구에 따르면, 이런 사회에서는 "조상숭배 이전에 내세에 대한 믿음이 진화했으며, 내세에 대한 믿음의 존재가 조상숭배의 후속 진화를 자극했다". 이에 반해, 이런 사회에서 지고의 신이

라는 개념은 훨씬 나중에야 나타났다.[12]

자기 조상을 숭배하는 이유는 무엇일까? 수렵채집 문화들을 검토한 한 논문은 세상을 떠난 조상이 산 사람을 돕는다는 믿음을 그 이유 중 하나로 제시한다. 예를 들어 스리랑카의 베다족Veddahs에 대한 초기의 민족지 기술에 따르면, "가까운 친척들이 죽은 뒤 모두 혼령이 되어 이승에 남은 이들의 안녕을 보살핀다". 이런 혼령들은 "꿈에 나타나 어디로 가서 사냥해야 할지 일러준다". 따라서 베다족의 종교는 "본질적으로 고인 숭배"이며, "죽은 친척들의 영혼에 대한 위무는… 그 가장 명백하고도 중요한 특징"이라고 규정할 수 있다. 이와 비슷하게, 유랑 생활을 하는 볼리비아의 시리오노족은 "사냥에 오랫동안 운이 따르지 않으면 (훌륭한 사냥꾼이었던) 조상의 뼈를 묻은 자리를 손보면서 운세를 고쳐달라고, 어디로 가야 사냥감을 잡을 수 있을지 알려달라고 빈다". 죽은 사람이 산 사람과 소통하고 산 사람을 도울 수 있다는 믿음은 심지어 오늘날에도 심심치 않게 찾아볼 수 있다. 일례로 2009년 미국에서 이루어진 조사에 따르면 미국인의 30퍼센트가 "이미 죽은 누군가와 접촉한" 적이 있다고 말했다. 얼마 전 돌아가신 정이 각별했던 할머니가 나타나 경고해주어서 충돌 직전에 안전벨트를 맨 덕분에 자동차 사고에서 목숨을 건졌다는 식의 이야기도 종종 들을 수 있다.[13]

수렵채집 사회들은 대개 조상을 숭배하는 의식을 치르며, 1만

1,000년 전 괴베클리 테페와 그 인근에서도 비슷한 의식이 치러졌을 수 있다. 일례로 캐나다의 오지브와 인디언은 2, 3년마다 한 번씩 "망자의 잔치"를 열어 "그동안 사망한 사람들의 뼈를 매장하고 음식과 기타 물품들을 넉넉하게 분배한다". 일부 오지브와 부족들은 "망자를 표상하는 나무 인형들을 줄에 매단다…. 북소리가 시작되면 이 인형들이 춤을 춘다". 블랙풋 인디언Blackfoot Indians도 "혼령들을 초대한 망자의 춤"을 공연한다. 추가치 에스키모Chugach Eskimos는 매년 8월 "망자의 잔치"를 열고 친척들이 "선물을 불속에 넣는다…. 불에 탄 물건들은 고인에게 전해진다고 여겨진다". 마찬가지로 예전에 아메리카 북서부 해안 인디언들이 성대하게 치러서 유명해진 포틀래치potlatch 의식은 "고립된 의식이라기보다는 고인을 추모하기 위한 일련의 절차 중 한 장면"에 더 가까웠다. 이 의식에서 "손님에게 대접하는 음식에는 포틀래치를 통해 기리는 고인이 가장 즐겼던 메뉴가 항상 포함되었다".[14]

수렵채집민 사이에서 조상숭배는 얼마나 흔하게 찾아볼 수 있을까? 전부는 아니더라도 절대 다수의 사회에서 보고되었다. 킹스 칼리지 런던의 비교종교학 교수인 제프리 파린더Geoffrey Parrinder에 따르면, "조상의 혼령이 아프리카인의 사고에서 아주 큰 부분을 차지한다는 데는 의심의 여지가 없다…. 아프리카의 많은 부족들은 진정한 의미에서 신을 숭배하지 않으며, 그 자리를 차지하고 있는 것은 조상들이다". 일례로 시에라리온에서는 "서로 구분되는 두 조상 집단을 숭배한다…. 이름과 업적을 아는 조상들과… 먼 옛날에 죽은 조상들이다". 다른 한편으로, 남아프리카의 !쿵 부시맨은 "죽은 사람의 혼령이 존재한다는 강한 믿음을 가지고 있다"고 하지만 !쿵족이 "조상을 숭배한다거나 그들을 기리는 의식을 수행한다는" 증거는 없다. 하지만 이러한 증거의 부재는 항상 주의해서 다루어야 한다. 에드워드 타일러가 지적한 대로 "야만인에게서 그들의 상세한 신학 체계를 이끌어내기가 항상 쉬운 것만은 아니다". 따라서 조상숭배가 얼마나 흔한 일인지를 고려할 때, 이는 1만 1,000년 전 괴베클리 테페에서 치러졌던 의식에 대한 적절한 설명이 될 수 있을 듯하다.[15]

동식물의 작물화와 가축화

괴베클리 테페는 흔히 '비옥한 초승달 지대Fertile Cresecnt'라고 불리는 원호의 북쪽 끝단에 위치해 있다. 비옥한 초승달 지대는 오늘날의 이스라엘과 팔레스타인에서부터 레바논, 요르단, 시리아, 터키 동남부를 거쳐 이라크와 이란에 이르기까지 거의 1,600킬로미터에 걸쳐 뻗어 있다. 기후와 좋은 생육 조건 덕에 이 지역에는 특이하게도 야생 양, 염소, 소(오록스), 돼지(멧돼지)는 물론 야생 밀(에머밀과 외알밀),

호밀, 보리, 완두, 렌틸, 콩, 병아리콩까지 한곳에 모여 있어 농경의 출현에 이상적이었다.[16]

　훗날 농업혁명으로 발전하게 될 최초의 이삭은 비옥한 초승달 지대에서 약 2만 년 전부터 싹트기 시작했다. 대부분의 사람들은 계속 소규모 집단을 이루어 계절에 따라 사냥감 무리를 쫓아 이동하며 반유랑 생활을 했지만, 앞에서 언급했듯이 일부 사람들은 특정 주거지에서 더 오랜 기간을 머무르게 되었다. 이례적으로 잘 보존된 이스라엘의 한 주거 유적에는 1만 9,000년 전 사람들이 야생 올리브, 아몬드, 피스타치오, 포도를 채집하는 건 물론이고 "야생 보리와 야생 에머밀 같은 곡물을 활용했다"는 증거가 남아 있다. 그렇다고 곡물을 재배했다는 이야기는 아니고, 이미 야생으로 자라고 있던 곳에서 잘라다 먹은 것이다. "2만 년 전~1만 년 전에 수렵채집민들이 점유한" 요르단의 한 주거지에서는 "무려 150종의 식용식물이 확인되었다". 비록 드물긴 하지만 이런 고고학적 발견들은 "레반트 지역의 수렵채집 집단들이 농경이 도래하기 수천 년 전부터 야생 곡물을 식량으로 활용했음"을 시사한다. 인류학자 더글러스 케넷Douglas Kennett이 지적한 대로, "농경은 혁명이 아니었다. 사람들은 아주 오랫동안 식물을 가지고 이것저것을 했다".[17]

　현생 호모사피엔스의 지능을 고려할 때, 작년에 씨앗을 버렸던 자리에 새로운 식물이 자라났다는 걸 일부 사람들이 알아차리는 건

시간문제였다. 그다음에는 의도적으로 씨를 심고, 그다음에는 장래에 심기 위해 가장 좋은 식물의 씨앗을 선별하는 게 논리적인 수순이었을 것이다. 이런 식으로 식물의 의도적 재배가 확립되고 농경이 탄생했다. 괴베클리 테페가 건설된 시기와 대략 비슷한 1만 1,500년 전~1만 1,000년 전에 이스라엘, 시리아 북부, 터키 동남부, 이라크 북부, 이란의 자그로스산맥 등 비옥한 초승달 지대의 여러 곳에서 식물을 의도적으로 재배하기 시작했다는 증거가 있다. 이런 중심지들 간에 흑요석, 바닷조개 껍데기, 역청, 기타 물품의 교역이 이루어졌다는 증거가 풍부하므로, 식물의 재배에 대한 정보도 교류되었을 것이다. 이들 지역에서 "곡물, 골풀, 갈대를 추수했을 때의 사용흔이 남아 있는" 돌낫이 발견되었다. 맷돌, 절구, 질굿공이 등 음식 준비와 연관된 도구들도 나왔다.[18]

시간이 가면서 사람들은 밀과 보리 같은 풀에 다른 용도가 있다는 것을 발견했다. 빻아서 가루를 낸 뒤 물을 넣어서 구우면 이런 풀로 빵을 만들 수 있었던 것이다. 자연적으로 발생하는 균류인 효모를 첨가하면 빵이 발효되었다. 어떤 불가피한 시점에 보리죽과 효모가 우연히 방치되었고, 그 결과 우리가 맥주라고 부르는 발효 음료가 생겨났다. 펜실베이니아 대학의 고고학자 패트릭 맥거번Patrick McGovern은 맥주뿐만 아니라 포도주도 비옥한 초승달 지대에서 일찍부터 발견된다는 의견을 제시했다. 유라시아 포도의 원산지는 타우루스, 자

그로스, 캅카스 산맥으로 여겨지는데, "이 지역은 품종이 가장 큰 유전적 변이를 보이는 곳이며 결과적으로 여기서 포도가 최초로 작물화되었을 가능성이 있기" 때문이다. 이 이론에 따르면 사람들은 야생 포도를 따서 용기에 저장했을 것이다. 포도 껍질에는 천연 효모가 함유되어 있어, 그냥 방치되어 있던 포도는 서서히 발효하여 "도수가 낮은 와인—이른바 석기시대의 보졸레 누보로" 변했을 것이다. 맥거번의 말을 빌리면, "인간 씨족들 중에 대담한 일원이 머뭇거리며 이 혼합물의 맛을 보고는" 그 기분 좋은 효능을 동료들에게 알리며 같이 마시자고 권한다. 이것이 세계 최초의 와인 시음이었고, 이후로는 돌이킬 길이 없었을 것이다.[19]

최초의 맥주 발견은 역사 서술에서 흔히 익살스럽게 다루어지지만, 사실 이것은 식물의 작물화에서 중요한 역할을 했을 수 있다. "곡물을 작물화한 목적이 기본 주식의 충당이 아닌 맥주 양조"였다는 견해는 반세기가 넘도록 간헐적으로 제시되어왔으며, 이를 "빵 이전의 맥주" 가설이라고 부르기도 한다. 사이먼 프레이저 대학의 고고학자 브라이언 헤이든과 그의 동료들은 당시 맥주 제조에 사용된 기술을 규명하는 등 이 가설을 상세히 검토했다. 그들은 맥주 제조가 전통적 수렵채집 사회에서 이루어졌을 가능성은 극히 낮으며, 호모사피엔스가 반정착생활을 하게 되면서 시작되었을 가능성이 가장 높다고 지적했다. 또 그들은 "처음 작물화된 곡물(호밀, 외알밀, 에

머밀, 보리)이 양조에 적합한 것으로 드러났고… 후기 준구석기시대 [약 1만 2,000년 전]에는 별다른 기술적 장애나 제약이 없었던 것으로 보인다"고도 지적했다. 헤이든과 동료들은 최초의 맥주 양조가 주로 연회와 관련되어 있었다는 견해를 제시하기도 했다.

> 맥주 양조는 많은 노동과 시간이 소요되는 과정으로, 잉여 곡물과 상당한 노동력의 통제를 필요로 한다…. 근근이 끼니를 때우는 일가족이 감당할 수 있는 일이 아니며, 일개인이 순간적 변덕이나 쾌락 같은 가벼운 목적으로 감행할 만한 일도 아니다. 민족지 문헌들은 맥주 양조가 잉여를 소유한 이들에 의해, 또 사회적으로 중요한 특별한 행사 때만 거의 한정되어 행해졌음을 아주 분명히 하고 있다. 그러한 이유로 양조는 전통 세계의 거의 모든 지역에서 연회의 본질적인 구성 요소가 된다.[20]

앞에서 지적했듯이, 1만 2,000년 전~1만 1,000년 전에 괴베클리 테페와 할란 체미 같은 곳에서 연회가 벌어졌다는 증거가 있으며, 인근의 쾨르티크에서 나온 음료수 잔에서 포도주 잔유물이 발견되기도 했다. 만일 이런 연회가 죽은 조상이나 기타 혼령을 숭배하기 위해 행해졌다면, "인간 본성의 신비적 능력"을 자극하는 것으로 유명한 맥주와 포도주는 이런 혼령과의 교감을 돕는 용도로 쓰였을 수도 있

다. 만일 이것이 옳다면 맥주와 포도주는 종교적 사고의 초기 발달에 중요한 역할을 했을 수도 있다.[21]

○○○○○

현생 호모사피엔스가 식물 경작을 시작했을 즈음에 동물의 가축화 또한 시작되었다. 이 두 사건의 선후 관계에 대해서는 논란이 있지만 아마 서로 영향을 주고받았을 것이다. 일례로 작물화한 식물에서 인간이 활용하지 않는 부분은 염소와 돼지에게 먹일 수 있었을 것이다. 또한 가축화한 소와 말은 쟁기를 끌어서 경작 면적을 확대시켰을 것이다.

개가 최초로 가축화된 동물이라는 것은 거의 확실하다. 개의 가축화가 3만 2,000년 전이라는 이른 시기에 일어났으며 이 가축화가 두 번 이상 일어났다는 주장도 있다. 알래스카 대학의 데일 거스리가 지적한 대로, "개는 사냥감을 포착하고 궁지로 몰고 부상당한 사냥감을 추적하는 데 혁명적인 도움을 주어—아마 사냥 성공률을 플라이스토세의 일반적인 수준보다 몇 배는 더 높여주었을 것이다". 다른 동물들이 가축화되기 시작한 약 1만 1,000년 전, 가축으로서의 개는 이미 보편화되어 있었다.[22]

양과 염소는 아마 그다음으로 가축화된 동물이었을 것이다. 이

동물들의 가축화가 적어도 1만 년 전에는 이루어졌다는 증거가 있다. 동굴벽화가 입증하듯이 현생 호모사피엔스는 동물의 행동을 예리하게 관찰했고, 야생 양과 염소가 우두머리를 따르며 갓 태어난 새끼를 무리에서 떼어놓으면 길들일 수 있다는 것을 깨달았을 것이다. 양과 염소는 모두 초기 농부들의 삶에 중요하게 기여했을 것이다. 줄리엣 클루톤-브록Juliet Clutton-Brock이 《초기의 가축들Domesticated Animals from Early Times》에서 지적했듯이, "염소는 원시 소농과 유랑 목축민 모두의 신체에 필요한 의복, 고기, 우유뿐만 아니라 물건을 만드는 재료인 뼈와 힘줄, 불을 밝히는 데 쓰는 기름, 연료와 거름으로 쓸 배설물까지 제공할 수 있다". 염소 가죽도 옷이나 물 담는 용기로 활용할 수 있다.

돼지(멧돼지)와 소(오록스)는 그다음으로 가축화되었다고 여겨지지만, 비옥한 초승달 지대의 일부 지역에서는 양이나 염소 이전에 돼지가 가축화되었다는 흔적도 찾아볼 수 있다. 특히 소의 가축화는 중요했다. 소는 고기, 우유, 버터, 치즈를 제공했고, 소가죽으로는 옷, 신발, 방패를 만들 수 있었으며, 쇠똥은 연료 또는 거름으로 쓰이거나 짚과 섞어 건축 재료로 쓰일 수도 있었다. 쇠기름은 불을 붙일 수 있고, 쇠뿔은 무기로 쓸 수 있었다.

또한 소는 수레를 끌고, 우물물을 퍼 올리는 무자위를 돌리고, 곡식을 밟아서 탈곡하는 데 쓸 수도 있었다. 그러므로 서남아시아의

일부 초창기 문화를 비롯한 많은 문화에서 소를 공경한—나아가 아마도 숭배한—것은 놀랄 일이 아니다.[23]

비옥한 초승달 지대에서 동식물의 가축화와 작물화는 깔끔한 단선적 과정이 아니었다. 비옥한 초승달 지대의 폭은 약 1,600킬로미터이고, 농업혁명은 1만 2,000년 전~7,000년 전까지 약 5,000년에 걸쳐 일어났다. 농업이 서서히 도입되는 수천 년 동안 수렵채집 또한 계속되었다. 카리나 크라우처가 지적했듯이, "신석기적 생활 방식으로의 변화는 지역마다 제각기 다른 강도로 수천 년에 걸쳐 이루어졌다."[24]

농경과 평행진화

동식물의 가축화와 작물화는 비옥한 초승달 지대에서 인접 지역으로 전파되었을 뿐만 아니라, 세계 다른 지역에서도 개별적으로 발전했다고 여겨진다. 서쪽으로 확산된 농경은 약 9,000년 전 무렵 터키 서부에 전파되었고, 약 8,000년 전에는 유럽 동남부, 특히 현재의 그리스와 불가리아에 도입되었다. 그리고 천천히 서진하여 약 7,500년 전에는 중부 유럽, 약 6,000년 전에는 영국에 전파되었다. 최근 유전학·언어학 연구들을 통해 터키 동남부와 비옥한 초승달 지대에서 이

동해온 사람들이 유럽에 농경을 전파했다는 것이 확증되었으며, 유럽에서 농경이 독립적으로 발달했다는 증거는 없다.[25]

비옥한 초승달 지대에서 동쪽으로 확산된 농경은 현재의 이란과 투르크메니스탄으로, 여기서 다시 파키스탄과 인도로 전파되었다. 그리고 7,000년 전 무렵에는 인더스 계곡에 자리잡게 되었다. 이러한 방향으로 이동하면서, 농경은 이미 수천 년 전부터 존재했던 고대의 교역로를 따라가고 있었다. 일례로 요르단에서 발견된 1만 9,000여 년 전의 취락에서 인도양산 조개껍데기를 개인 장신구로 사용했다는 보고가 있는데, 이는 농업혁명이 시작되기 오래전부터 "광범위한 사회적 네트워크"가 존재했다는 것을 시사한다. 또한 농경은 비옥한 초승달 지대 남쪽의 이집트로도 전파되어 7,500년 전 무렵에는 보편화되었다.[26]

비옥한 초승달 지대의 인접 지역 외에, 지리적으로 멀찍이 떨어진 몇몇 지역에서도 동식물의 가축화와 작물화가 이루어졌다. 인류학자 로버트 웬키Robert Wenke와 데버러 올제브스키Deborah Olszewski가 《선사문화의 패턴Patterns in Prehistory》에서 요약했듯이, "'농업혁명'의 특히 인상적인 특징 중 하나는, 이것이 급속하게 널리 퍼졌다는 것뿐만이 아니라 세계의 서로 다른 지역에서 엇비슷한 시기에 독립적으로 일어났다는 것이다". 실제로 이 사실은 평행진화를 뒷받침하는 가장 강력한 증거 가운데 하나로 간주된다.[27]

농경은 중국의 두 지역에서 아마도 따로따로 발달했다고 여겨진다. 2만 년 전, 중국에서 조리용으로 쓰인 듯한 토기가 제작되었다는 증거가 있다. 쌀은 약 8,900년 전에 양쯔강 유역에서, 기장은 약 8,500년 전에 황하 범람원에서 작물화되었다. 중국에서는 닭, 염소, 양, 소, 돼지도 일찍이 가축화되었다. 유전학 연구에 따르면, 돼지는 적어도 여섯 차례에 걸쳐 따로따로 가축화되었는데 이는 그중의 하나였다. 비옥한 초승달 지대에서처럼 농업혁명 시기의 중국에서도 발효한 음료를 마셨다는 증거를 토기편에 묻은 잔유물에서 찾아볼 수 있다. 황하 계곡의 자후賈湖에서 발견되어 패트릭 맥거번이 확인했고 연대가 9,000년 전으로 추정되는 이 잔유물은 "포도와 산사나무 열매, 벌꿀, 쌀로 빚은 복잡한 음료"였다.[28]

비슷한 시기에 농경이 독립적으로 발달한 또 다른 지역은 파푸아뉴기니 고지대였다. 이곳의 농경은 일찍이 1만 년 전부터 시작되어 타로, 판다누스, 바나나, 얌, 사탕수수가 재배되었다. 오스트레일리아 국립대학의 고고학자 피터 벨우드Peter Bellwood에 따르면, 파푸아뉴기니의 초기 농경은 "곡물과 가축이 부재했던 만큼 아주 포괄적인 체계라고는 할 수 없지만, 진정한 농경으로 여길 만한 자격을 갖추었다". 파푸아뉴기니의 농경은 오스트레일리아로 전파되지 않았는데, 아마 파푸아뉴기니 고지대가 물리적으로 접근이 힘든 외딴 지역이었기 때문일 것이다.[29]

독립적으로 농경이 발달한 또 다른 중심지로는 페루, 중앙아메리카, 사하라 이남 아프리카를 들 수 있다. 7,000년 전 무렵 페루 고지대에서는 "감자를 비롯한 식물의 작물화가 한창 진행 중이었다". 6,000년 전 무렵에는 해안에서 면화와 기타 식물들이 재배되고 있었다. 라마, 알파카, 기니피그는 보다 나중에 가축화되었다. 멕시코 북부에서 과테말라에 이르는 중앙아메리카에서는 1만 년 전에 스쿼시 호박을, 이후 펌프킨 호박과 콩을 재배한 증거를 찾아볼 수 있다. 아메리카의 주식이 되는 옥수수는 약 5,500년 전 멕시코 중부에서 처음 작물화되었다. 끝으로, 많은 전문가들은 아프리카의 사하라사막 바로 밑에 위치한 사헬 지역에서 독립적으로 농경이 시작되었다고 믿는다. 이 지역에서 소가 개별적으로 가축화되었다는 상당히 훌륭한 증거 또한 존재한다.[30]

산 자와 죽은 자

1만 2,000년 전~7,000년 전에 일어난 수렵채집에서 농경으로의 점진적 전환은 산 자와 죽은 자의 관계에 심대한 변화를 초래했다. 이동 생활을 할 때는 고인을 그가 죽은 장소에 매장하든지 다른 식으로 처리해야 한다. 시신을 들고 다니는 것은 명백히 비실용적이기 때문이다. 반면 정착 생활을 할 때는 고인을 주거지 인근에 매장할 수 있고 , 그래서 선대 조상들의 시신이 점차로 축적된다. 이 무렵에는 죽은 조상들이 산 사람보다 훨씬 더 중요해졌을 것이다.

어떤 차원에서 보면 묘지는 자기 조상에 대한 기억을 촉진한다. 이를테면 조상이 묻혀 있는 나무 근처를 지나갈 때마다 그를 떠올릴 수 있게 된다. 카리나 크라우처가 지적했듯이, "고인을 산 사람 가까이에 묻는 것은 애도의 이행 과정을 도울 뿐 아니라, 고인과의 정서적 유대를 유지하려는 욕망을 반영한 것일 수도 있다". 또 다른 차원에서, 죽은 가족을 산 사람들 근처에 매장하는 것은 토지 소유권과 친족 간 의무라는 면에서 실용적 함의를 띤다. 조상이 경작했던 땅은 바로 그 조상이 묻힌 땅이자 현 세대가 경작하는 땅이기도 하다. 요약하자면, "땅과 조상은 대개 긴밀히 연결되어 있다. 많은 아프리카 부족에게 땅의 궁극적인 주인 또는 소유주는 바로 조상이다…. 오스트레일리아 원주민은 조상들을 땅 그 자체의 일부로 여긴다". 이런 사고방식은 필연적으로, 그리고 아마도 역사상 최초로 토지 소유권의 개념으로 이어졌다. "이런 조건하에서는 모종의 권위에 대한 호소가 필요했고, 혈통으로 맺어진 조상은 이러한 권위의 자연스러운 근거를 제공했다"고 지적할 수 있다.《죽음의 고고학》에서 마이크 파커 피어슨은 농업혁명 시기에 땅과 사람들 사이에 맺어진 이러한 관계를 이렇게 기술했다.

특정 친족 집단의 조상들이 점점 더 중요해진 데는 몇 가지 이유가 있었다. 계절에 따라 농작물을 심고 거두면서 땅을 이용하는 것이 삶의 주안점이 되고 있던 시기에, 조상들의 물리적 유해는 사람들을 바로 그 땅에 묶어주는 구실을 했다. 이런 계절적 과업에는 충분히 큰 집단의 동원이 필수였고, 이렇게 서로의 노동에 의지하는 이들은 산 사람들을 하나로 묶는 조상의 계보를 상기하고 강조할 필요가 있었다.[31]

농업혁명 시기의 매장에는 때때로 부장품이 함께 묻혔고, 이는 농경 생활이 좀 더 깊이 뿌리내리면서 보다 흔한 관습이 되었다. 대부분 부장품은 성별의 차이가 뚜렷한 실용품이나 장신구였다. 일례로 남성은 저승에서 농작물을 추수하는 데 유용할 골각기나 낫, 흑요석 날과 함께 묻혔다. 여성은 "조개껍데기와 돌 구슬"로 치장하고, "목과 허리와 손목에 뼈로 된 펜던트를 차고, 목걸이와 팔찌와 벨트를 했다". 카리나 크라우처는 "약 네 살 미만의" 아이들이 "가장 많은 부장품을 [소지하고] 있다"고 지적했다. 아이들의 부장품 중에는 "저승에서 기운을 차리라고" 넣어준 "작은 물컵"도 있었다.[32]

　실용적이거나 장식적인 부장품 외에, 이 시기에 매장된 일부 사람들은 동물이나 동물 몸의 일부를 저승에 데리고 가기도 했다. 가장 많이 묻힌 건 개였다. 이는 단순히 고인과 개가 친밀한 관계였음을 표시하는 것일 수도 있고, 저승에 가서 주인을 도우라고 개를 묻은 것일 수도 있다. 개 이외에 "사슴, 가젤, 오록스, 거북이의 유골도 무덤 안에서 [발견되었다.]" 일부 지역에서는 아이의 무덤에 여우의 아래턱뼈를 부장하기도 했다. 인류사에서 망자와 자기 조상에 대한 염려가 더욱 두드러지게 된 시기는 동식물이 가축화/작물화되고 있던 시기와 일치했다. 조상과 농경은 함께 진화하고 있었다.[33]

현생 호모사피엔스가 경작지 옆에 정착하게 되면서, 확대 가족들은 서로 가까운 곳에 집을 지었다. 이런 가족 집단은 1만 1,000년 전~1만 년 전에 점차 도시로 성장했고, 이 무렵 예리코 같은 도시들의 인구는 약 2,000명이었다. 이런 초기 도시에서 "인접해 사는 가구들이 친족 관계"였음은 고고학 기록으로 확증된다. 이렇게 영구적으로 함께 거주하는 사람들의 군집은 인류사에서 새로운 것이었다. 덕분에 사람들은 심기 좋은 씨앗을 고르는 법이나 조상을 잘 모시는 법 등 세상만사에 대한 생각을 집단적으로 교류할 수 있게 되었다. 마이크 파커 피어슨은 이 시기를 이렇게 요약했다. "농경이 기원한 시기인 1만 2,800년 전~1만 년 전에 [서남아시아에서] 우리는 망자가 산 사람들 사이에 물리적으로 존재하게끔 하는 데 집착하기 시작했다는 것을 목격할 수 있다."[34]

농업혁명 초기 단계인 약 1만 2,000년 전~1만 년 전에는 사망한 가족 구성원을 그 가족이 사는 집의 방바닥 밑에 묻는 게 흔한 관습이었다. 최근의 발굴을 통해 분명해진 사실이지만, 고인을 먼저 매장하고 그 무덤 바로 위에 집을 짓는 경우도 있었다. 이런 모든 경우에 죽은 사람은 산 사람들과 물리적으로 가까운 곳에 머문다. 실제로 "방바닥 밑에 무덤이 자리 잡고 시신의 머리는 돌베개 위에 따로 얹어놓아, 결과적으로 머리가 그 위에 놓인 가정집의 회반죽 방바닥 위로 노출되어 있는 사례도 한 건 있었다". 카리나 크라우처가 지적했듯이, "망자를 산 사람들과 물리적으로 가까운 곳에 두는 게 중요했던 것으로 보인다. 산 사람들은 조상들의 무덤 위에 놓인 방에서 생활을 영위했다". 농업혁명 후기 단계에는 고인을 마을 옆의 공동 구역에 매장하는 일이 보편화되었고, 이것이 기본적으로 최초의 공동 묘지가 되었다.[35]

두개골 숭배

농업혁명 초·중기에는 고인을 묻은 다음 몇 주일이나 몇 달 지난 후 무덤을 다시 파내어 두개골을 꺼내는 게 흔한 관습이었다. 이 두개골은 집 안이나 마을 공동 구역에 전시되었다. 프랑스의 고고학자 자크 코뱅Jacques Cauvin에 따르면, "두개골들이 사실상 집 바닥에 벽을 따라 줄지어 놓여 있었다. 붉은 진흙덩이를 집 안으로 가져와서 받침대로 썼다. 두개골들은 이렇게 노출된 채 모두가 볼 수 있도록 진열되어 있었다…. 이렇게 사람 두개골을 미술 작품처럼 배치하는 경향은 새로운 것이었다".[36]

일부 두개골에는 색칠을 하기도 했다. 회반죽을 발라 사람 얼굴과 닮게 만든 것도 있었다. 회반죽을 바를 때는 "석회나 석고 또는 진흙 반죽을 안면 위에 펴 발라서 '살이 붙은' 듯한 외양을 반죽으로 재현한다". 눈은 조개껍데기를 박아 넣거나 "두드러져 보이게끔 좀 더 흰 반죽"을 채우거나 검은 아이라이너로 윤곽을 그려 만들었다. 이렇게 회반죽을 바른 두개골 중에는 "문신임을 암시하는 표시를 한" 것도 있는데, 이는 "아마도 고인의 생전 외모를 흉내 내어 변별성이나 개성을 부여했다는 것을 시사한다". 카리나 크라우처에 따르면, 비록 재질이 유기물인 것은 남아 있지 않지만 "머리카락이나 머릿수건이나 가발"을 씌운 두개골도 있었다.[37]

회반죽을 바른 두개골은 최소한 90점이 발견되었는데, 서남아시아에 광범위하게 분포해 있으며 연대는 1만 년 전~8,500년 전으로 추정된다. 영국의 고고학자 재퀘타 호크스Jacquetta Hawkes에 따르면, "가장 훌륭한 두개골은 너무나 실물처럼 정교하게 빚어져서 숭배의 대상일 뿐만 아니라 예술 작품으로 보이기도 한다". 이런 두개골이 보는 사람에게 끼치는 영향은 상당하다. 이렇게 회반죽을 바른 두개골이 예리코에서 처음 발견되었을 때 발굴을 지휘한 고고학자는 자신의 연구 동료들이 소스라치게 놀랐다고 기술했다. "저녁에 튀어나온… 물건[회반죽 바른 두개골]에 대해 아무도 마음의 준비가 되어 있지 않았다." 다른 유적을 발굴한 고고학자들도 회반죽 바른 두개골의 발견이 "대단히 감정을 자극하는 경험"이었다고 기술했다. "우리는 얼굴에 이끌렸다. 이것은 문자 그대로 '과거에서 온 얼굴'이었다."[38]

농업혁명기의 서남아시아에서 사람 두개골이 널리 전시된 것을 "두개골 숭배skull cult"라고 일컫는다. 이런 두개골의 마모 패턴에 대한 연구들은 이런 두개골이 전시되었을 뿐만 아니라 많은 사람들의 손을 탔음을 시사한다. 일부 고고학자들은 이를 조상숭배의 결정적 증거로 인용하기도 한다. 마이크 파커 피어슨은 이런 두개골이 "고인의 생전 모습을 재현한 것이며, 산 사람들이 죽은 조상을 어떻게 인식했는지를 구체적으로 드러내고 있다"는 의견을 제시했다. 카리나 크라우처도 마찬가지로, "죽음은 죽은 사람이 산 사람들의 세계에 참여하는 것의 끝이 아니라, 산 사람들과 상호작용하고 활동하게 되는 새로운 국면을 표시한다… 아마 그들은 죽은 후에도 결정에 영향력을 행사하고, 산 사람들의 일과 그것이 끼치는 결과에서 능동적 역할을 수행하며, 가족의 활동적 일원으로 취급되었을 것이다… 두개골은 망자가 산 사람들의 삶에서 지속적인 역할을 수행했음을 나타낸다"고 지적했다. 실제로, 이렇게 집 안에 전시된 두개골은 말 그대로 집안의 우두머리로 여겨졌을 수 있다.[39]

서남아시아에서 또 하나 흥미로운 것은 조각상과 가면이다. 그 대다수는 농업혁명 후기 단계의 것으로 추정된다. 조각상은 앉은 여성이나 여럿이 선 남성 등을 표현한 작은 인물상에서부터, 90센티미터가 넘는 키에 얼굴을 채색하고 조개껍데기로 눈을 표현한 인물상에 이르기까지 다양하다. 일례로 연대가 8,250년 전~8,000년 전으로 추정되는 요르단의 고대 도시 아인 가잘에서는 약 90센티미터 높이의 입상 13점과 약 45센티미터 높이의 반신상 12점이 나왔다. 보통 고고학자들은 이것들을 "조상의 초상"으로 여긴다. 또 다른 고고학 유적에서는 소상 665점이 발견되었다. 개수는 적지만 석회석으로 된 가면은 대단히 흥미롭다. 이스라엘의 한 지역에서는 생김새가 제각기 다르고 연대가 약 9,000년 전으로 추정되는 가면 12개가 발견되었다. 일부 가면의 가장자리에 구멍이 뚫려 있는 것으로 보아 가면에 끈을 꿰어 사람 머리나 어쩌면 회반죽 바른 두개골에 씌웠을 가능성이 있다. 한 가면은 "붉은 갈철석이 함유된 석회석으로 만들어져 마치 피를 뒤집어쓴 사람 얼굴처럼 보인다". 또 이 가면에는 머리카락 조각이 붙은 역청 얼룩이 묻어 있는데, 이는 원래 머리카락이 붙어 있었음을 시사하는 것이다.[40]

이런 수수께끼 같은 조각상과 가면은 무엇을 의미하는 걸까? 일부 고고학자들은 이런 견해를 제시했다. "회반죽 바른 두개골, 조각상, 가면은 공통된 테마를 이루며 상호 연관되어 있다. 이들이 같은 고고학 유적에서 종종 함께 발견되는 것은 이 모두가 일종의 조상숭배와 결부되어 있을 가능성을 뒷받침한다. 가면이 다른 많은 문화에서 오랜 세월에 걸쳐 사용된 방식을 고려할 때, 가면을 쓴 사람은 아마도 공적인 의식에서 고인을 표상했을 가능성이 있다".[41]

아인 가잘과 대략 같은 시기의 이스라엘 고대 유적인 크파르 하호레시Kfar Hahoresh에서는 사람들이 거주한 증거가 발견되지 않는다는 점에서 이례적이다. 이곳은 "주로 망자를 매장하고 처리하는 장소였다고 여겨진다". 이곳에서는 머리 없는 사람 유골이, 야생 소 여덟 마리의 뼈가 든 구덩이에 가로놓인 채 발견되었다. 그 부근에서는 "타원형으로 배열된 사람의 아래턱뼈 15개와 기타 유골들"이 발견되었는데, "그중 일부는 사람과 동물 뼈를 가지고 어떤 동물의 윤곽을 묘사한 것처럼 보이기도 한다". 한 무덤에서는 "머리 없는 가젤 사체에 회반죽을 바른 사람 두개골을 결합한 것"이 나오기도 했다. 연구자들은 이 유적이 "주변 마을들이 장례 및 숭배 중심지로 이용한 장소"였을 거라고 추정했다.[42]

연대가 약 9,000년 전~8,000년 전으로 추정되는 터키 중부의 고대 도시 차탈회위크Çatalhöyük 역시 당시 거주자들의 영적 관심사를 보여준다. 약 5,000명이 이곳에 거주하며 세 종류의 밀, 보리, 다양한 채소를 재배하고, 야생 열매와 견과류를 채집하고, 양과 염소를 길렀다. 재쿼타 호크스에 따르면, "주민들 중에는 고도로 숙련된 소목장,

직물과 바구니를 짜는 장인, 석공과 도공이 있었다". 흑요석은 도구와 무기의 예리한 날을 만드는 데 쓰는 검은 화산유리로, 이 지역 인근에서 채취하여 멀게는 시리아, 레바논, 키프로스에까지 내다 팔고 부싯돌과 목재와 기타 원자재를 대금으로 받았다. 과학 저술가 마이클 볼터에 따르면, 이는 광범위한 교역망의 일부였고 "이 무역은 차탈회위크가 이룬 부의 핵심이었을 것이다".[43]

분명 죽음은 차탈회위크 사람들의 주요 관심사였다. 발굴된 도시의 작은 구역에서 500기가 넘는 무덤이 나왔는데, 그 대부분은 주택 바닥에 묻혀 있었다. 무덤의 개수는 집 한 채당 평균 여덟 개지만, 한 개도 없는 집에서 64개나 되는 집에 이르기까지 다양하다. 대부분의 유골은 온전한 상태로 발견되었지만 회반죽을 바르고 적토를 칠한 두개골도 한 점 나왔다. 차탈회위크에서 발굴된 부장품으로는, 남성들의 무덤에서 나온 돌로 된 곤봉 머리와 뼈 손잡이가 달린 단검, 여성들의 무덤에서 나온 구슬과 조개껍데기 목걸이, 팔찌, 펜던트, 구리와 뼈로 된 반지가 있다. "회반죽으로 깔끔하게 마감한 틀에 끼운 둥근 흑요석 거울"은 가장 특이한 부장품으로, 가장 오래된 거울로 알려져 있다. 아마도 망자가 저승에 가서 자신을 비추어볼 수 있게 무덤에 껴묻은 것으로 추측된다.[44]

차탈회위크에서 발견된 가장 흥미로운 것 가운데 하나는 고고학자들이 "사당shrine", "역사관history houses", 혹은 "숭배 중심지"라고 부르는 약 40개의 건축물이다. 이런 건축물에는 흔히 "소 두개골과 뿔이 정교하게 배치"되어 있고, 회반죽을 바른 벽에는 그림이 그려져 있거나 음각이 새겨져 있다. 이런 그림의 주된 테마는 죽음으로, "거대한 날개를 펼친 독수리가 깃털이 달린 굽은 부리로 머리 없는 사람 시체를 쪼아 먹는" 벽화 등을 볼 수 있다. "여우, 족제비, 독수리 같은 청소동물 사체의 두개골을 벽에 넣고 그 위에 여성의 가슴 모양으로 회반죽을 바른" 기괴한 조형물도 있다. 오록스(야생 소) 역시 많이 보이는데, 거대한 황소를 그린 벽화가 한 벽면을 뒤덮고 있는 집도 있다. 발굴을 지휘한 고고학자인 이언 호더Ian Hodder에 따르면, "황소 머리나 황소 그림을 마주치지 않고서는 한 발짝도 옮길 수 없는 주거지들이 많다". 자크 코뱅은 황소가 "차탈회위크에서 거의 강박적인 테마"라고 지적하며, "이 짐승이 활과 투창기로 무장한 사람들에게 에워싸여 이동하고 있는" 몇몇 프레스코화에 대해 기술했다. 황소 이외에 여성 조각상과 소상도 많다. 이중에는 양옆에 표범 두 마리를 두고 다리 사이에 둥근 물체를 끼고 앉은 여성의 상도 있다. 혹자는 이를 출산 중인 여성으로 해석하여, 현대의 일부 고고학자들은 이것을 차탈회위크의 지모신이라고 생각하기도 한다. 여성의 다리 사이에 있는 둥근 물체를 사람 두개골이라고 보는 이들도 있다.[45]

차탈회위크의 이런 "사당"은 어떤 의미를 가지고 있는 걸까? 이런 사당은 도시 전체에 흩어져 있는 까닭에 "조상숭배"를 위한 "친족-숭배 중심지", "장기간에 걸친 숭배 활동의 현장"으로 여겨진다. 회반죽을 바른 두개골, 소상, 가면과 마찬가지로 이런 사당도 어쩌면 조상숭배와 연관되어 있을지 모른다. 그들은 조상에게 무엇을 빌었을까? 현대 농경 사회의 조상숭배에 대해 알려진 바에 근거하면, 아마 충분한 비와 풍작을 내려주고 땅을 기름지게 해달라고 빌었을 것이다. 가축과 어쩌면 여성의 다산을 빌었을 수도 있다. 다른 한편으로는 가뭄, 태풍, 기타 자연재해, 질병, 그리고 무엇보다도 죽음으로부터 보호해달라고도 빌었을 것이다. 그러니까 1만 2,000년 전~7,000년 전 사람들이 조상의 도움을 구했던 주된 근심거리는 삶과 죽음이라는 기본적인 문제였을 것이다.[46]

○○○○○

따라서 농업혁명기의 비옥한 초승달 지대와 인접한 서남아시아 지역에서 조상숭배는 점점 더 중요해졌을 가능성이 높아 보인다. 동식물의 작물화와 가축화가 개별적으로 이루어진 세계의 다른 지역에서도 농경 발달 과정에 조상숭배가 수반되었을까?

중국에서는 조상에 대한 공경이 농경의 발달과 동시에 출현한 듯 보인다. 황하 범람원에 위치한 자후에서는 기장과 쌀이 최초로 경작되고 있던 시기인 9,000년 전의 무덤들이 발견되었다. 이중 일부 무덤에서는 "고인의 머리를 조심스럽게 들어내고… 그 자리에 여섯 쌍 혹은 여덟 쌍의 거북이 등딱지를 놓았다". 일부 등딱지 속에는 많으면 수백 개에 이르는 "작고 둥근 흑백의 조약돌"이 들어 있었다. 또 다른 무덤에는 송곳과 맷돌, 옥과 터키석으로 된 장신구, 중국 최고最古의 악기 중 하나로 여겨지는 뼈 피리 등 실용적인 물건들이 들어 있었다.[47]

앞에서 지적했듯이 자후의 고고학 유적은 중국에서 양조가 행해진 최초의 증거로도 유명하다. 패트릭 맥거번에 따르면, 이 술은 망자를 위한 연회에서 쓰인 것으로 짐작된다. 이 연회에서 고인의 후손 중 한 명이 조상과 소통하는 인물로 지명되었다. 지명된 사람은 7일 동안 금식한 뒤 현대의 포도주 두 병에 해당하는 술을 마시고 교신을 시작했다. 후대에 지어진 중국의 시가에는 이렇게 묘사되어 있다.

의례가 끝나고
종과 북이 울려
효성스런 자손들 자리로 돌아가니
축관이 고하기를
"신명께서 모두 취한지라."[48]

고고학 연구의 부족과 문자 기록의 부재 때문에, 농경이 최초로 발달한 다른 지역의 조상숭배 역사에 대한 정보는 거의 얻을 수 없다. 동식물을 길들인 시기에 부장품 무덤이 만들어진 것은 분명하지만, 산 사람들이 망자를 어떻게 생각했는지는 알 수 없다. 페루의 무덤들은 연대가 8,000년 전으로 추정되는데, 온전한 시신을 매장한 지역도 있지만 서남아시아에서 발견된 것과 유사하게 "살이 썩은 후, 혹은 살을 제거한 후 해체한 뼈들을 한데 섞어서" 매장한 지역도 있다. 농경이 시작된 아프리카의 사헬 지역에서는 여러 개의 무덤이 발견되었고 그중 일부는 연대가 9,500년 전으로 추정되는데, 부장품 중에는 알껍데기로 만든 항아리와 구슬 등이 있다. 파키스탄의 인더스강 유역에서 발견된 초기 농경 시대의 무덤에는 터키석, 청금석, 소라 껍데기 같은 이국적인 부장품이 들어 있는데, 그중에는 약 480킬로미터 넘게 떨어진 곳에서 온 물건도 있다. 그리고 6,500년 전 이집트에서 농경이 시작되었을 때 "바다리 시기의 무덤에서 나온 부장품들은 내세에 대한 믿음이 아주 일찍부터 존재했음을 가리킨다". 다음 장에서 논의하겠지만, 이후 이집트는 조상숭배에 집착하게 된다.[49]

최초의 신들

1만 1,000년 전~7,000년 전에 세계 몇몇 지역에서 일어난 농업혁명을 통해 사람들은 동식물을 길들이게 되었다. 또한 우리가 보았듯이, 이와 더불어 산 자와 죽은 자 사이의 관계에도 혁명이 일어나면서 사람들은 조상령을 가정에 들이기에 이르렀다. 비록 후자의 혁명은 덜 기록되었지만, 두 혁명 모두 현생 호모사피엔스의 이후 발달에 심대한 영향을 끼치게 된다. 농경과 조상숭배는—전자는 생계 유지를 위해, 후자는 위급한 때의 원조를 위해—함께 발달했다.

후자의 혁명이 낳은 결과 중 하나는 최초의 신들이 출현한 것, 그리고 "신"을 앞에서 정의한 보다 제한적인 의미로 사용하게 된 것이다. 이것은 7,000~8,000년 전이나 어쩌면 그 이전에 일어났을 것이다. 하지만 신들이 출현하기 전에 두 가지 일이 일어났다. 첫째로 혼령 중의 일부가 아주 막강해졌다. 우리는 이 일이 어떻게 일어났을지 상상해볼 수 있다. 예를 들어, 훌륭한 농부였던 한 사람이 죽은 뒤 후손들의 존경을 받았다. 후손들은 그의 혼령에게 기도했고, 파종철이면 그가 일구었던 땅에서 자라는 나무에 공물을 걸어놓았다. 이후 몇 세대에 걸쳐 풍작이 이어지자 그는 막강한 추수 신령으로 이름을 떨치게 되었다. 이와 비슷하게, 위대한 전사였던 한 사람이 사후에 존경받았고, 후손들은 그의 혼령을 불러내어 전투에서 자신들을 이끌어줄 것을 청했다. 수 세대에 걸쳐 군사적 승리가 거듭되자 그는 막강한 군신으로 이름을 떨치게 되었다. 비와 같은 자연의 신령들도 염소나 양을 제물로 받고 풍부한 비로 보답하면서 수 세대에 걸쳐 지위가 격상되었을 수 있다. 물론 이것은 새로운 생각이 아니다. 2,300년 전 고대 그리스의 철학자인 마케도니아의 유헤메로스Euhemeros도 "신들은 원래 인간 지배자였는데 그 추종자들에 의해 서서히 신격화된 것"이라고 말한 바 있다. 19세기 영국의 사회학자인 허버트 스펜서 Herbert Spencer도 "모든 신들은 조상, 부족의 시조, 힘과 용맹을 떨친 전쟁 지도자, 유명한 치료술사…였다. 조상숭배는 모든 종교의 뿌리"라고 제시했다. 마찬가지로 에드워드 타일러도 일부 조상령이 "신격으로 승급"되었을 수 있다고 언급했다.[50]

원시사회에 대한 연구는 혼령과 신들의 연속체가 흔했다는 것을 보여주었다. 이 연속체의 한쪽 끝에는 부모와 조부모의 조상령이 있다. 좀 더 강한 혼령은 여러 세대 전에 죽은 조상에 해당할 것이다. 그보다도 더 강한 혼령은 부족의 시조로 간주되는 조상이다. 마찬가지로 신의 범위도 인간적 특성을 띠며 특정 집단이나 부족에 국한된 신에서부터, 더 높고 심지어 더 멀리 있는 신, 세상을 창조했지만 세상사에 지속적으로 관여하지는 않는 신에까지 이른다. 혼령에서부터 신까지 이르는 연속체에서 위로 올라갈수록 보다 큰 초자연적인 힘을 갖는다. 가장 강한 인간 혼령과 가장 약한 신을 가르는 선은 마치 어스름과 땅거미를 가르는 선 같아서 감지할 수 없다. 많은 연구자들이 이 문제를 가지고 씨름해왔다. 일례로 인류학자 허버트 바제도 Herbert Basedow는 오스트레일리아 원주민에 대한 연구에서 "최초의 조

상령과 신을 구분하기 어려울 때가 있다"고 언급한 바 있다.[51]

파푸아뉴기니 고지대에서 발견된 토착민 집단은 다양한 혼령이 존재하지만 지고신은 없는 듯 보이는 사회를 관찰할 수 있는 드문 기회를 제공했다. 이 험준한 산골짜기는 4만 년 전에 현생 호모사피엔스가 정착했고 약 1만 년 전부터 농경이 발달했지만, 오스트레일리아인 모험가들이 금광을 찾으러 들어간 1930년대까지 외부 세계에 알려지지 않았다. 이후 인류학자들은 이 부족들을 연구하고 오스트레일리아인과의 최초 접촉 당시에 이들이 믿고 있었던 내용을 기록했다.

파푸아뉴기니는 여러 부족과 언어 집단으로 나뉘어 있었지만, 오스트레일리아인을 만난 모든 사람들은 이 허옇고 이상한 방문객들이 돌아온 조상의 혼령이라고 믿었다. "그들은 마치 꿈에 나오는 사람들 같았다…. 벌건 대낮에 버젓이 나타난 혼령"이라고 토착민들은 생각했다. 한 사람은 "그들이 하늘에서 왔는지 [아니면] 땅속에서 왔는지 궁금해했다". 또 다른 집단은 "이 창백한 피조물들이… 저승에서 친척들을 찾으러 돌아온… 귀신이라고 짐작했다". 오스트레일리아인들이 왔을 때 18세 정도였던 텔렝게라는 청년은 훗날 이 만남을 이렇게 회상했다. "그들의 피부는 너무 창백해서 빛이 나는 것 같았다…. 텔렝게가 아는 한 이렇게 창백한 피부를 가진 피조물은 귀신이거나 막강한 혼령뿐이었다. 이 피조물들은 다마[혼령]가 분명했다.

밭에 있다 놀라서 그들을 빤히 쳐다본 다른 사람들도 비슷한 결론을 내렸다." 하지만 (그들의 초자연적 지위와 상반되어 보이는) 용변 보는 모습을 목격한 뒤 오스트레일리아인이 혼령이 아니라고 판단한 사람들도 있었다.[52]

외부인과 처음 접촉했을 당시에 파푸아뉴기니의 부족들은 자애로운 혼령과 사악한 혼령이 포함된 정교한 우주론을 가지고 있었다. 자애로운 혼령의 대부분은 인간사에 개입한다고 여겨지는 조상령이었다. 사악한 혼령의 대부분은 비인간으로부터 기원했고, 질병과 죽음의 원인이었다.

특정 지역과 연관된 특정한 혼령이 있었고, "혼령들은 흔히 새의 형태를 취하고 새소리로 말한다"고 여겨졌다. 혼령들은 야생 돼지나 비단뱀 같은 다른 동물의 형태를 취할 수도 있었다. 혼령을 숭배하는 사당을 가진 부족들도 있었고, 이 사당에서 "정기적으로 돼지고기를 제물로 바쳤다". 테게tege라는 공식 의례는 "공물을 바치고 돼지를 잡아서 조상을 달래고 다만 혼령들을 회유하려는 목적을 가지고 있었다". 조상숭배 의식에서 가면을 사용하는 부족들도 있었는데, 여기서 가면을 쓴 사람은 망자를 표상했다. 어쩌면 9,000년 전 서남아시아의 석회석 가면도 이런 식으로 활용되었을지 모른다.[53]

지고신이 출현하기 전에 두 번째로 일어난 일은 일정 수 이상의 사람들이 한곳에 모인 것이었다. 대체로 100명 미만이었던 수렵채집 집단도 조상령과 자연령을 숭배했겠지만, 이 혼령들을 신으로 승격시킬 이유는 희박했을 것이다. 그런데 수렵채집민 집단들이 한데 모여 부락과 도시에 정착하면서 여러 수렵채집 집단의 인간 지도자들 사이에 위계를 확립할 필요가 생겼듯이, 서로 경쟁하는 혼령들 간의 위계를 확립할 필요성 또한 대두했을 것이다. 혼령들의 위계에서 최초의 신들이 출현했는데, 그들은 단지 사람들의 합의에 의해 높은 등급을 부여받은 높은 지위의 혼령이었다.

동식물의 작물화와 가축화로 안정된 식량 공급이 가능해지면서 농업혁명기에 인구가 증가했고, 일정 수 이상의 사람들이 한곳에 모이게 되었다. 괴베클리 테페가 의식의 중심지로 기능하던 1만 1,000년 전의 세계 인구는 약 500만 명 정도로 추정된다. 메소포타미아에서 세계 최초의 사원이 신을 숭배하는 데 활용되고 있던 6,000년 전에는 세계 인구가 약 1억 명으로 증가했고, 2,000년 전에는 3억 명으로 증가했다고 추산된다.[54]

인구 규모와 그 안에 존재하는 신들의 유형 사이에는 뚜렷한 관계가 정립되어 있다. 1960년 UC버클리의 심리학자 가이 스완슨Guy

Swanson은 조지 머독George Murdoch이 556개 사회를 대상으로 작성한 민족지 데이터베이스에서 샘플을 추출해 "원시" 사회 50곳의 신들을 연구하고 그 결과를 발표했다. 스완슨은 사회·정치적으로 더 복잡한 ("주권 조직"을 더 갖춘) 사회와 "지고신("세상과 천국을 다스리는 신")"의 존재 사이에 중요한 상관관계가 있다고 밝혔다. 보다 최근의 한 연구에 따르면, 사회 규모(지역 공동체 위에 존재하는 정치권력 단계의 수)와 "도덕신moralizing gods("사람들에게 무엇을 하라거나 하지 말라고 명하는 신")"의 존재 사이에 매우 중요한 상관관계가 있다고 보고했다. 오리건 대학의 심리학자 아짐 샤리프Azim Shariff는 〈거대한 신은 거대한 집단을 위해 만들어졌다Big Gods Were Made for Big Groups〉라는 논문에서 이 관계를 요약했다. 샤리프는 "거대한 신은… 홀로세에서 비교적 최근에 일어난 혁신으로, 크고 복잡한 사회에서만 발달하는 경향이 있다"고 지적했다. "거대신big gods"과 많은 인구의 연관성은, 8장에서 요약 소개할 '하나님이 너를 보고 계신다' 종교 이론을 다룬 최근의 저서들에서도 강조되고 있다.[55]

ooooo

최초의 지고신들이 농업혁명 후기 단계 중 언제 어디서 출현했는지 더 정확히 알려주는 지표는 없을까? 약 1만 년 전부터 늘기 시작한

수수께끼의 소상들과 최대 0.9미터 높이의 조각상들에 수많은 논의
가 집중되고 있다. 이 조각상들 중 일부는 원래 밝은 색깔로 칠해져
있었던 만큼 고고학자 자크 코뱅의 말을 빌리면 "인상적이었을 것이
다".[56]

이 소상과 조각상이 조상을 표현한 것이냐 신을 표현한 것이냐
를 놓고 많은 논쟁이 이루어졌다. 조상을 표현했다고 주장하는 이들
은 조각상들의 외양이 저마다 다르므로 단일한 신의 이미지를 전달
하려는 것으로 보이지 않는다는 사실을 지적한다. 게다가 많은 소상
들의 얼굴 모양이 색칠되거나 회반죽이 발린 동시대 두개골의 얼굴
과 닮아 있으며, 일반적으로 이런 두개골은 조상들의 것으로 추정된
다. 또 소상과 회반죽이 발린 두개골은 함께 발견되는 일이 많다. 그
래서 일부 연구자들은 이 소상들이 어쩌면 "최근 사망한 여성 가구
원" 또는 "조상을 추상화한 표상으로… 조상을 기반으로 한 사회·종
교 조직의 표시"라고 결론 내리기도 했다.[57]

신을 표현했다는 주장의 논거로는 일부 조각상의 발가락이 다
섯 개가 아니라 여섯 개라는 사실 등을 들 수 있다. 자크 코뱅은 이것
이 "[그들의] 초자연적 지위를 확증하는 듯 보인다"고 주장했다. 특히
차탈회위크에서 발견된 여성 소상들은 신이라는 견해가 널리 제시
되었다. 이 유적을 처음 발굴한 영국의 고고학자 제임스 멜라트James
Mellaart는 이 여성 소상들이 지모신mother goddess을 표상한다고 주장했

다. 멜라트는 "신석기 농부들이 농경과 다산을 주관하는 남신과 여신에게 농작물에 대한 축복과 영적 인도를 구했다는 확고한 견해"를 가지고 있었다. 자크 코뱅 역시 여성 소상이 "지고한 존재이자 보편적 어머니, 다시 말해서 '여성 유일신교'라 부를 수 있는 종교 체계의 꼭대기에 위치한 여신"을 표상한다고 주장했다. 이런 주장에 힘입어 차탈회위크는 일부 여성들 사이에서 "지모신 운동의 메카에 해당하는" 곳이 되었고, 매년 "여신 숭배자들이 차탈회위크로 순례를 온다."[58]

최근 들어 멜라트와 코뱅의 해석은 소수 의견이 되었다. 현재 대부분의 고고학자들은 7,000~1만 년 전의 여성 소상들이 다산과의 연관성 및 여성의 중요한 역할을 표시할 뿐 그 이상의 의미는 없다고 본다. 이언 호더가 지적했듯이, 차탈회위크의 여성 소상들은 "특별한 장소에서 발견되지 않는다".

이 소상들은 무덤이나 특별한 중요성을 띠는 장소에서 나오지 않는다. 실제로 대부분의 소상은 선사시대의 쓰레기 하치장에서 발견되었다. 이와 달리 차탈회위크에서 황소를 묘사한 재현물은 중요한 장소, 흔히 사당으로 짐작되는 곳의 중심에서 볼 수 있다. 그러므로 차탈회위크의 주민들이 무언가를 신의 지위로 격상시켰다면, 그것은 여성이 아니라 황소였을 가능성이 더 높다.[59]

새로운 고고학적 증거가 발견되지 않는 한 최초의 신이 언제 어디서 출현했는지를 확정하는 일은 무용할 것이다. 시간적 범위가 몇천 년에 걸쳐 있고 고려 대상이 되는 지역 또한 이란에서 불가리아까지 약 3,200킬로미터에 걸쳐 있다. 한 지역에서 통용되는 것이 다른 지역에서는 그렇지 않은 경우도 많다. 일례로 고대 그리스의 경우, 아스클레피오스Asclepius는 일부 지역에서 의술의 창시자로 존경받았지만 다른 지역에서는 신으로 숭배되었다.[60]

우리가 신들의 출현을 절대적으로 확신할 수 있는 건 문자가 발명된 이후, 그래서 역사 기록에 접근할 수 있는 시기부터다. 다음 장에서 기술하겠지만, 신은 약 6,500년 전 메소포타미아에서 나타났다. 이 시기에 신들이 완전히 발달한 모습으로 나타나기 때문에 최초의 신들은 그 이전의 어느 시기에 출현했을 가능성이 높아 보이지만, 그 일이 언제 어디서 일어났는지는 아직 특정할 수 없다.

초기 농부들의 뇌

현생 호모사피엔스가 자전적 기억과 자신을 시간의 앞뒤로 투사하는 능력을 발달시킨 4만 년 전부터 최초의 농부들이 식물을 재배하기 시작한 1만 1,000년 전까지는 거의 3만 년에 가까운 시간이다. 어째서 현생 호모사피엔스는, 기억 장치를 활용하고 동료 호미닌을 부장품과 함께 매장하고 미래에 사냥하고픈 멋진 동물들을 그린 바로 그 시기에 식물을 재배하지 않았을까? 데일 거스리의 표현을 빌리면, "농경, 도시 생활, 문자언어, 토기, 제련한 금속, 직물, 그 밖에 우리 홀로세 조상들 대부분의 삶을 형성한 역동적 혁신들이 어째서 3만 년 동안이나 나타나지 않았을까?"[61]

그 설명 가운데 하나는 당연히 기후다. 이 시기의 대부분 기간이 농경 발달에 적합지 않은 추운 기후였다. 하지만 이는 그 사이의 3만 8,000년 전, 3만 5,000년 전, 2만 9,000년 전, 1만 5,000년 전 무렵에 잠깐씩 찾아온 온난한 시기들을 설명해주지 못한다.

비옥한 초승달 지대에서도, 1만 1,000년 전 이후 독립적으로 농경이 발달한 다른 유적에서도, 이 온난한 막간의 시기에 식물이 작물화된 증거를 찾을 수 없는 이유는 무엇일까?

한 가지 가능한 설명은, 현생 호모사피엔스의 뇌가 자전적 기억을 발달시키긴 했지만 농작물을 경작하고 동물을 가축화하는 데 필요한 또 다른 결정적 능력을 아직 완전히 발달시키지 못했다는 것이다. 그것은 바로 계획 능력으로, 과거를 기억하고 자신을 미래에 투사하는 능력과 같지 않다. 자전적 기억은 계획 능력에 필요한 전제조건이지만 계획 그 자체는 아니다.

사람 뇌의 가장 중요한 계획 중추로 여겨지는 부위는 도판 6.1에

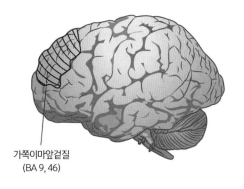

가쪽이마앞겉질
(BA 9, 46)

도판 6.1 현생 호모사피엔스: 영적인 자아

서 볼 수 있는 가쪽이마앞겉질이다. 안쪽이마앞겉질이 호미닌 진화 과정에서 좀 더 일찍 발달했고 자아 인식, 타인에 대한 인식, 자기성찰의 발달에 결정적 역할을 하는 반면, 가쪽이마앞겉질은 이런 인지 기능을 획득할 때 상대적으로 미미한 역할밖에 하지 못한다. 가쪽이마앞겉질의 주된 과제는 계획, 추론, 문제 해결, 사고의 유연성 유지다. 이런 과제들을 흔히 뇌의 집행 기능이라고 일컫는다. 한 연구자는 이를 이렇게 요약했다. "이례적으로 큰 가쪽이마앞겉질은, 문제에 대한 새로운 해결책을 내놓는다는 의미에서 '비관습적인unconventional' 행동을 할 수 있는 특별한 능력을 인간에게 부여했다."[62]

가쪽이마앞겉질이 손상되면 계획 및 추론 능력이 심각하게 저해된다고 알려져 있다. 뇌 영상 검사를 이용하여 가쪽이마앞겉질의 계획 및 추론 기능을 테스트할 수 있다. 그중 하나인 '하노이 탑Tower of Hanoi' 검사는 미래를 계획하는 능력을 테스트한다. 또 '위스콘신 카드 분류Wisconsin Card Sort' 검사는 상황 변화에 맞추어 계획을 수정하는 능력을 테스트한다. 초기 농부들이 어떤 작물을 얼마나 심을지 계획하고 가축을 관리하려면 이런 종류의 인지 기능이 꼭 필요했을 것이다. 따라서 1만 1,000년 전의 현생 호모사피엔스는 4만 년 전의 선조들보다 이런 검사를 더 잘 수행했을 확률이 높아 보인다. 가쪽이마앞겉질이 가장 잘 발달해서 뇌의 집행 기능이 훌륭한 사람들은 더 큰 성공을 거두었을 것이고, 유전자를 물려줄 확률도 높았을 것이다.

호모사피엔스의 가쪽이마앞겉질이 가장 늦게 발달이 완료되는 뇌 영역 중 하나라는 사실은 이런 가설을 뒷받침한다. 출생 시의 말이집 형성 정도에 따라 45개 뇌 영역의 등급을 매긴 파울 에밀 플레시히는 가쪽이마앞겉질을 맨 마지막의 "지연 구역"으로 명명하고 분류했다. 이와 유사하게 아동 뇌의 회색질에 대한 뇌 영상 연구들도 "이마엽에서 뒤가쪽이마앞겉질이 맨 마지막으로 성숙"하며 20대 초반은 되어야 완전한 성숙에 이른다는 것을 보여준다. 이는 이 부위가 아주 최근에 발달했음을 시사한다. 현미경 관찰 결과로도 알 수 있듯, 가쪽이마앞겉질의 세포 외형은 이마겉질의 나머지 부분과 다르게 생겨 이 부위가 다르게 발달했음을 시사한다. 그리고 사람과 침팬지의 가쪽이마앞겉질을 비교해보니, 사람의 것이 예상치의 거의 2배에 달했다. 이런 관찰을 통해, 연구자들은 이 뇌 영역이 아마도 영장류에게 특유한 것으로 사람의 뇌에서 특히 잘 발달했을 거라는 결론을 내렸다. 뇌 발달 연구를 주도하는 학자 중 한 명인 토드 프로이스는 이런 견해를 제시했다. "따라서 현재의 증거로 볼 때, 뒤가쪽이마앞겉질이 실제로 영장류 뇌의 두드러진 특징 중 하나라고 결론 내릴 근거가 충분하다. 게다가 영장류의 역사에서 이 부위가 광범위하게 확대되었다는 증거도 있다."[63]

가쪽이마앞겉질의 지속적 발달은, 이마앞겉질과 마루/관자엽을 잇는 큰 백질로인 위세로다발의 지속적 발달과 함께 이루어졌을 것이다. 앞에서 지적했듯이 위세로다발은 인간에게서 매우 느리게 발달하는 백질로 중 하나로, 이는 위세로다발이 인류 진화 과정에서 비교적 최근에 추가된 것임을 가리킨다. 인간과 다른 영장류의 이마앞겉질의 회색질과 백색질을 비교한 연구에 따르면, 백색질, 즉 연결로의 차이가 회색질, 즉 신경세포의 차이보다 훨씬 더 컸다. 따라서 호모사피엔스가 2, 3만 년 전 기후가 반짝 온난해진 시기에 식물 경작을 시작하지 않은 이유를 묻는다면, 이마앞겉질과 다른 뇌 영역을 잇는 연결로의 개수가 아직 충분치 못했기 때문이라고 대답할 수 있을 것이다. 1만 1,000년 전에는 이 연결로가 발달하여 식물의 경작뿐만 아니라 영적인 자아의 육성 또한 가능해졌다.[64]

7,000년 전 무렵 호모사피엔스의 가쪽이마앞겉질과 백질로가 한층 더 발달하면서 우리가 현대적 자아와 결부시키는 인지 과정과 행동이 가능해졌을 가능성이 높아 보인다. 우리는 식물과 우리 자신의 영적 자아를 둘 다 키워나갈 수 있다. 신의 등장은 공식 종교가 발달하며 인류를 사로잡은 시대, 현재까지 이어지고 있는 이 시대를 열었다.

7

정부와 신들:

유신론적 자아

> 최대의 미스터리는 우리가 지구와 은하들의 풍요 속에 무작위로 내
> 던져졌다는 게 아니라, 이 감옥 안에서 우리가 우리 자신의 미천함을
> 부인하기에 충분할 만큼 강력한 우리 자신의 이미지를 빚어낼 수 있
> 다는 것이다.
>
> ─앙드레 말로, 《인간의 조건》, 1932

최종적으로 지고신이 등장한 것은 놀랄 일이 아니다. 혼령인 그들은
세계 무대에 불려 올라갈 날을 기다리며, 대사 연습을 하면서, 수천
년간 대기하고 있었다. 2만 7,000년 전 숭기르와 돌니 베스토니체에
서 부장품과 함께 친족을 매장한 사람들은 내세에 대해 명확한 관념
을 지니고 있었지만, 내세를 주관하는 신이 있었다는 증거는 없다. 1
만 7,000년 전 라스코동굴에 동물을 그린 사람들은 동물의 혼령을 경

건하게 인식했지만, 이 혼령들이 초월적인 존재였다는 증거는 없다. 1만 1,000년 전 괴베클리 테페에 모인 사람들은 자기 조상의 혼령을 숭배했을지 몰라도, 이 조상들은 아직 신이 되지 못했던 것 같다. 하지만 이후의 4,000년 가운데 어느 시점에 이 조상들의 일부가 서서히 신으로 승격되었을 가능성이 커 보인다. 마침내 신들이 등장했고, 일단 등장한 뒤로는 영영 눌러앉았다.

메소포타미아: 최초로 기록된 신들

기록되었고 따라서 존재했다는 명백한 증거가 있는 최초의 신은 메소포타미아의 물의 신인 엔키Enki였다. 우리가 이 사실을 아는 건 엔키에게 봉헌된 6,500년 전 무렵의 사원이 당시의 메소포타미아, 현재의 이라크 남부에 있는 에리두Eridu에서 발굴되었기 때문이다. 그전에 메소포타미아와 주변 서남아시아는 급속한 인구 증가를 겪은 터였다. 한 연구에서는 1만 년 전에 10만 명이었던 인구가 6,000년 전에는 500만 명으로 50배 증가했다고 추정한다. 5,500년 전 즈음 에리두 같은 메소포타미아의 도시들은 인구가 3만 5,000명 이상이었고, 5,000년 전의 우루크Uruk는 인구가 5~8만 명으로 세계 최대의 도시였다고 추정된다. 그러므로 애초부터 지고신은 많은 인구와 관련되어 있었다.[1]

보통 세계 최초의 문명으로 여겨지는 메소포타미아 문명은 6,500년 전~4,300년 전에 출현했다. 메소포타미아는 사회·경제적으로 복잡한 사회였다. 농부, 감독관, 노동자, 어부, 양조업자, 제빵사, 상인, 군인, 예술가, 건축가, 필경사, 사제를 비롯하여 직업이 고도로 전문화되어 있었다. 직물, 양털, 가죽, 참깨, 보리를 수출하고 그 대가로 오만에서 구리, 아프가니스탄에서 청금석, 파키스탄에서 홍옥수, 인도에서 조개껍데기와 진주, 레바논에서 목재, 터키 중부에서 흑요석, 그리고 다양한 산지에서 주석, 은, 상아, 노예를 수입했다. 해로나 육로로 이루어진 무역은 외국에서 메소포타미아인의 이익을 보호·증진하기 위한 상설 무역 기지가 운영될 정도로 중요했다. 메소포타미아인은 쟁기, 물레, 녹로, 전차, 돛단배, 법전, 표준 도량형을 처음 사용한 이들이다. 가장 중요한 것은 그들이 문자를 보유했다는 사실로, 우리가 메소포타미아에 대해 이렇게 많이 아는 이유는 바로 그 때문이다. 역사상 최초로 호모사피엔스가 무엇을 했고 무엇을 생각했는지에 대한 영구적인 기록이 나타난 것이다.[2]

　　에리두의 최초의 사원은 약 4.2평방미터 넓이에 "입구 하나, 제단 하나, 제사상 하나"가 있는 수수한 방이었다. 이 사원이 발굴되었을 때 고고학자들은 "농어 한 마리의 완벽한 뼈대를 포함한 수백 개의 생선뼈가 제사상 위에 여전히 놓여 있는 것을" 발견했다. 에리두와 기타 메소포타미아 도시의 사원들은 오랜 기간에 걸쳐 여러 번증·개축되면서 점점 더 커지고 정교해졌다. 일례로 우르Ur의 사원에 들어가려면 100계단짜리 층계를 세 번 올라가야 했고, 사원 외벽에는 "작은 원추형 점토못 수만 개"가 덮여 있었다. 점토를 긴 원추형으로 구워서 "서로 다른 빛깔의 안료에 담근 뒤… 색색의 삼각형, 마름모, 지그재그, 기타 기하학적 무늬를 이루게끔" 촘촘히 박아 넣은 것이었다. 이 사원은 너무나 인상적이어서 성서에 나오는 바벨탑 이야기의 기원으로 여겨져왔다. 일부 사원의 내벽에는 "사람과 동물 형상을 묘사한 프레스코화가 그려져" 있고, 금, 은, 홍옥수, 청금석 등의 귀금속과 돌로 장식되어 있었다.[3]

ooooo

메소포타미아의 모든 도시에서는 "사원이 제일 크고 높고 중요한 건물이었다. 이는 도시 전체가 세상이 창조된 날로부터 그 도시를 관장해온 주신主神에게 속해 있었다는… 가설과 부합한다". 엔키가 에리두의 신이었듯이, 안An은 에렉Erech의 신, 우투Utu는 라르사Larsa의 신, 엔릴Enril은 니푸르Nippur의 신, 이난나Inanna는 우루크의 여신, 난나Nanna는 우르의 신, 샤라Shara는 움마Umma의 신, 닝기르수Ningirsu는 라가시Lagash와 그 인근 도시 기르수Girsu의 신이었다. 사람들은 신이 지상에 내려오면 실제로 자신의 사원에서 거주한다고 믿었다.[4]

우리는 엔키와 기타 메소포타미아의 신들에 대해 무엇을 알고 있을까? 덴마크의 고고학자 토르킬드 야콥센Thorkild Jacobsen은 이 신들에 대해 방대한 연구를 수행하고 이렇게 결론 내렸다. "메소포타미아 종교의 최초 형태는 비옥한 땅(풍요)과 소출의 힘, 인간의 생존을 좌우하는 자연의 힘에 대한 숭배였다." 그래서 메소포타미아의 가장 오래된 신 중에 태양신 우투, 달의 신 난나, 바람의 신 엔릴, 물의 신 엔키가 있었던 것이다. 여기서 뚜렷한 주된 테마는 두 가지, 즉 삶에 필요한 식량을 제공하는 비옥한 땅의 중요성과, 사람이 죽은 뒤에 맞을 운명이었다. 이렇게 삶과 죽음의 테마는 가장 오래된 것으로 알려져 있는 종교적 사고 안에서 상호 연결되어 있었다.[5]

최초의 메소포타미아 사원이 물의 신 엔키에게 봉헌되었다는 것은 자연 및 풍요의 테마와 부합한다. 엔키는 "땅을 기름지게 하는 달콤한 물", "토양의 주인"으로 일컬어졌다. 메소포타미아의 찬송가에 따르면 엔키의 임무는 다음과 같았다.

티그리스와 유프라테스의 순수한 강어귀를 씻어

녹음이 우거지게 하시고

짙은 구름을 모으고 풍부한 물을

모든 경작지에 허하여

밭고랑에서 알곡이 고개를 쳐들게 하시고

사막에서 목초지가 번성케 하시도다.

땅을 비옥하게 하는 일뿐만 아니라 동물과 사람의 다산도 엔키의 책임이었다. 야콥센에 따르면, 메소포타미아어는 "정액과 물을 구분하지 않는다. 한 단어에 두 가지 뜻이 다 들어 있다".[6]

메소포타미아 초기의 또 다른 신인 두무지Dumuzi는 삶과 죽음의 테마가 결합된 신이다. 한편으로 두무지는 "풍요와 농작물의 신", 특히 곡식의 신이었다. 그는 식량 창고의 여신인 이난나와 결혼했다. 야콥센에 따르면 "이 두 힘의 결혼은, 창고의 수호신이 풍요와 소출의 힘을 장악"해서 공동체에 적절한 식량 공급을 보장했다는 것을 의미한다. 이처럼 두무지와 이난나는 기근으로부터의 보호와 생명을 상징한다.[7]

곡식의 신인 두무지는 또한 "보리의 힘, 특히 보리를 양조한 맥주의 힘"이기도 했다. 두무지는 "맥주 제조를 주관하는 특별한 여신"인 닌카시Ninkasi의 도움을 받았다. 닌카시는 "입안을 채워주는 귀부인"이라는 뜻이다. 맥주는 메소포타미아에서 가장 인기 있는 음료로, 5,850년 전의 점토 인장에 묘사된 것처럼 보통 몇 명의 사람들이 커다란 공동 맥주통에 둘러앉아 빨대로 같이 빨아 마셨다. 메소포타미아의 가장 오래된 신들 중 일부가 맥주 양조를 주관했다는 사실은 그것의 중요성을 입증하는 척도이기도 하다. 실제로 '알코올'이라는 단

어는 메소포타미아에서 기원했다.[8]

애석하게도 봄과 여름이 결국에는 소멸하듯이 두무지 또한 죽었다. 메소포타미아의 한 문헌에 따르면, 두무지는 "노상강도 떼의 습격을 받아" 살해당한 뒤 아무도—심지어 신들도—영원히 벗어날 수 없는 명계로 옮겨졌다. 남편을 찾아 헤매던 이난나는 명계의 여신인 에레슈키갈Ereshkigal의 도움으로 그를 찾아냈다. 이난나는 두무지가 1년 중 곡식을 키우고 거두는 6개월간은 명계를 떠날 수 있지만 나머지 6개월간은 명계로 돌아와 있어야 한다는 내용의 계약을 맺었다. 두무지 설화는 계절의 순환을 설명하기 위해 고안된 것으로 바빌로니아의 탐무즈Tammuz, 이집트의 오시리스Osiris, 그리스의 페르세포네Persephone 등 비슷한 설화들의 기반을 이루는 원형이 되었다.[9]

두무지 설화에서 죽음이 두드러지게 부각된다는 것은 초기 메소포타미아 종교에서 죽음이 차지했던 중요성과 부합한다. 명계는 배를 타고 건너가야 하는 강 저편에 놓여 있으며, 일곱 명의 문지기가 지키고 있는 "땅 밑의 거대한 우주적 공간"이라고 상상되었다. 에레슈키갈은 청금석으로 된 사원에서 거주하며, 명계의 주민들은 모두 알몸이라고 여겼다. 또 망자들은 태양신 우투와 달의 신 난나의 심판을 받는다고 믿었다. 신들은 망자가 살아온 일생에 따라 그의 운명을 판결했다. 신들은 "좋은 부모, 좋은 아들, 좋은 이웃, 좋은 시민이었고 덕을 실천한" 이들을 편애했다. "약자에게 친절하고, 자선을 행하고, 언제나 봉사하며… 악담을 입에 담지 말고 남을 칭송하라."
메소포타미아인들은 망자를 집의 밑바닥이나 묘지에 묻었다. 대부분의 무덤에는 보석과 단검 등 개인 소지품으로 구성된 부장품을 넣었다. 저승길을 위해 컵과 주발과 병에 음식과 맥주를 담아서 껴묻은 무덤들도 많다. 고대 도시 라가시에서는 무덤 하나당 "맥주 일곱 병, 납작빵 420개, 곡식 두 되, 의복 한 벌, 머리받침 한 개, 침대 한 개"씩을 넣었다고 한다.[10]

　죽음과 내세에 대한 메소포타미아인의 염려를 보여주는 또 다른 지표는 《길가메시 서사시》다. 이는 현재까지 전해 내려오는 메소포타미아의 몇몇 시가 중에 가장 유명하며, 흔히 "세계문학의 가장 오래된 고전"으로 여겨진다. 길가메시는 약 4,700년 전 고대 도시 우루크의 왕이었다. 모험을 함께했던 절친한 친구 엔키두Enkidu가 죽자, 길가메시는 자신 또한 죽으리라는 걸 깨닫고 공포에 질린다. "엔키두는 내가 사랑한 형제였으나 필멸의 끝이 그를 엄습했소. 나는 그의 시신이 구더기에게 파먹힐 때까지 칠일 밤낮을 울었소. 형제로 인해 나는 죽음이 두려워졌소…. 그토록 두려운 죽음의 얼굴을 내게 보여주지 마오…. 사랑했던 엔키두가 티끌로 변했고 나 또한 죽어서 땅속에 누울 터인데 어떻게 침묵할 수 있겠소, 어떻게 쉴 수 있겠소."[11] 길가메시는 영생의 비밀을 찾기 위한 여정에 나선다. 그리고 세상 끝에 도달한다. 그곳에서 만난 한 여인은 길가메시에게 이렇게 말한다. "당신은 당신이 구하는 생명을 절대 찾지 못할 것이오. 신들은 인간을 창조하면서 그에게 죽음을 배정하고 생명은 자신들의 몫으로 차지했다오." 이에 굴하지 않고 꿋꿋이 나아간 길가메시는 저승으로 건너가, 신들이 영생을 허락한 유일한 인간인 우트나피시팀Utnapishtim을 만난다. 신들이 그런 결정을 내린 것은 훗날 성서에 나오는 노아 이야기의 모델로 여겨지는 우트나피시팀이 대홍수 때 배를 건조하여 인류를 구했기 때문이다. 우트나피시팀은 길가메시에게 이렇게 말한다. "영원은 없다…. 태고로부터 영원은 없었다. 잠든 자는 죽은 자와 얼마나 비슷한지, 그들은 회칠한 죽음과도 같다." 마침내 길가메시는 자기가 신들의 심판을 되돌릴 수 없으며 엔키두처럼 자신도 죽으리란 것을 깨닫는다. "이미 밤도둑이 내 사지를 붙들었고 죽음이 내 방 안에 들어와 있다. 내 발길 닿는 곳마다 죽음이 있다." 늙었지만 더 현명해져서 우루크로 돌아온 그는 왕으로서의 직무를 재개한다. 마침내 그에게도 진짜로 죽음이 닥치고, 시가에서 묘사한 대로 "그는 낚싯바늘에 걸린 물고기처럼, 올가미에 걸린 가젤처럼 침대에 축 늘어진다".[12]

신들이 정치·사회적 책무를 맡다

메소포타미아의 신들을 연구한 토르킬드 야콥센에 따르면, 자연, 생명, 죽음과 결부된 신들은 "가장 오래되고 가장 근원적인" 신에 속했다. 이들은 "인간의 생존에 중요한 힘들—초기 경제의 중심에 자리 잡은 힘들—에 대한 숭배를 선별·육성하는 과정, 그리고 이 힘들과 의미 있는 관계를 맺고픈 인간적 욕구에서 생겨난, 그들의 점진적 인간화 과정"으로 이루어진 메소포타미아 종교의 첫 번째 단계에 나타났다. 이 신들은 역사학자들이 우루크 시대라고 부르는 6,500년 전 ~5,200년 전 무렵까지 메소포타미아인의 사고를 지배했다.[13]

이후 5,200년 전~4,350년 전까지 이어진 왕조시대에 메소포타미아 사회의 성격과 신들의 성격이 변모했다. 각각의 도시국가를 다스리는 세속 지배자, 즉 왕들이 더 막강해지면서 사원에서 모시는 신들의 권력을 일부 찬탈한 것이다. 왕들이 신이 지녔던 권위의 일부를 가져가면서, 신들 또한 세속적 권력의 일부를 갖기에 이르렀다. 그래서 전에는 오로지 태양의 신이었던 우투는 정의의 신 역할도 겸하게 되었다. 달의 신인 난나는 소를 책임지게 되었다. 그리고 천둥과 홍수의 신인 닝기르수는 "수호자이자 군사 지도자"로서의 책무를 맡게 되었다.[14]

메소포타미아 종교의 이 두 번째 단계에서는 왕이 신의 특권을 갖는 일이 점점 더 흔해졌다. 약 4,200년 전 왕위에 오른 나람신Naram-Sin은 심지어 스스로를 신으로 선언했다. 그로부터 200년 뒤의 왕인 슐기Shulgi는 "생전에도 사후에도 신으로 숭배받았다". 메소포타미아 왕들의 신적 지위를 둘러싼 혼선은 우르의 화려한 왕묘들을 둘러싼 혼선으로 이어졌다. 우르에 있는 16기의 무덤에는 저승에서 쓸 휘황찬란한 보물들이 부장되었다. 그중 한 무덤의 주인은 황금 헬멧, 은제 벨트, 은제 칼집에 든 황금 단검을 차고 황금 주발을 들고 있었다. 금은 램프, 금은 도끼, 그리고 "명계의 신들에게 바칠 선물"인 "다량의 보석 컬렉션"이 그를 둘러싸고 있었다. 또 다른 무덤에서는 금은과 구리로 된 그릇, 악기, 창과 단검과 작살 등의 무기, 게임 보드, 그리고 "금, 은, 구리, 청금석, 홍옥수, 마노, 조개껍데기로 만든 장신구들"이 발견되었다.[15]

하지만 이 왕묘들이 1920년대에 처음 발굴되었을 때 국제적으로 주목받은 것은 일부 무덤에 많게는 73명의 사람 유골이 순장되어 있었기 때문이다. 한 무덤에 묻힌 여왕의 "상반신은 금, 은, 청금석, 홍옥수, 마노 구슬로 덮여 있었다. 이것들은 구슬로 장식된 망토의 잔해였다". 여왕의 저승길에는 리라와 하프를 든 채 서로를 마주보고 두 줄로 안치된 여성 10명, 남성 11명, 전차 한 대, 황소 두 마리, 그리고 "엄청난 양의 재화들"이 함께했다. 또 다른 무덤의 왕은 군인 6명, 기타 남녀 57명, 수레 두 대, 황소 여섯 마리, 많은 무기, 그리고 아마도 제물이었을 다수의 동물 뼈와 함께 묻혔다. 순장된 사람들 옆에 작은 잔이 하나씩 놓여 있는 것으로 볼 때, 그들은 독약을 마시고 죽은 듯했다. 이것은 인간의 무덤이었을까, 신의 대리인의 무덤이었을까, 아니면 신 자신의 무덤이었을까? 프랑스 고고학자 조르주 루 George Roux에 따르면, 고대 이라크에서 "우르 왕묘의 드라마는 미스터리로 남아 있다".[16]

○○○○○

메소포타미아의 신들과 그 사원들은 "각 도시의 공통 정체성"을 표상했다. 이 신들의 가장 인상적인 특징 중 하나는, 그 초자연적 힘과 불멸성에도 불구하고 그들이 "완전히 인간적인" 존재로 여겨졌다는 점이다. 인간처럼 "그들도 계획을 짜고 행동하고, 먹고 마시고, 결혼하고 가정을 꾸리고, 대가족을 부양하고, 인간적 정념과 약점에 걸려들었다". 모든 신이 인간의 모습을 하고 있었으므로, 사원의 신상에게도 하루 두 번씩 음식을 대령하고 의복과 오락을 제공해야 했다. 음식으로는 빵과 어묵과 신선한 과일, 음료로는 맥주와 포도주 등이 제사상에 올랐다. 신들은 "그 사회가 감당할 수 있는 가장 화려한 옷과 보석"을 걸쳤고, 시간이 갈수록 "한번에 다 걸칠 수 없을 만큼 많은 옷과 보석과 기타 용품들이 점점 더 쌓여갔다". 신상은 빈번한 종교 축일마다 밖으로 끌려 나와서 거리를 행진했고, 특별한 축제 때는 심지어 다른 도시로 가서 다른 신들을 방문하기도 했다. 많은 신들은 마치 인간 가족처럼 혈연관계를 맺고 있다고 여겨졌으므로, 니푸르의 엔릴 신상은 그의 형인 엔키 신상을 만나기 위해 에리두를 방문하곤 했다.

조르주 루에 따르면, "사원에 공물을 바치고, 중요한 종교의식에 참석하고, 망자들을 보살피고, 기도와 속죄를 하고, 일생의 거의 모든 순간을 규정하는 무수한 규칙과 금기를 준수하는 것이 모든 시민의 의무였다". 또 펜실베이니아 대학의 언어학자이자 메소포타미아 전문가였던 새뮤얼 크레이머Samual Kramer의 비슷한 설명에 따르면, 메소포타미아인들은 "사람이 진흙으로 빚어졌고 단 한 가지 목적을 위해 창조되었다고 굳게 확신했다. 바로 신들이 신성한 활동을 할 여가 시간을 최대한 누릴 수 있도록 그들에게 양식과 음료와 쉼터를 제공함으로써 그들을 섬기는 것이었다". 이렇게 신들은 메소포타미아의 삶을 지배했다.[17]

신과 사원은 메소포타미아의 사회생활을 지배했을 뿐만 아니라 도시의 경제생활도 지배했다. 사원은 도시 주변 토지의 약 3분의 1을 소유했고, 사원 일꾼들이 이 땅에서 곡식, 채소, 유실수를 재배하고 관개 시설을 관리하고 양과 염소와 소 떼를 돌보았다. 일부 사원은 엄청난 규모로 커져서 그 경내에 직물, 금속, 가죽, 목제 물품을 제조하는 작업장까지 들어와 있었다. 구아바Guabba의 한 사원은 노동자 6,000명을 부렸는데, 그 대부분은 여성과 아이들이었다. 사원 관리자들은 메소포타미아의 다른 도시들은 물론 외국과의 무역까지 조직했다. 또 사원은 상인들에게 33퍼센트 이율로 대출을 해주는 등 공동체의 은행 구실도 했다. 한 문헌에 따르면, "상인들은 수익의 일부를 일종의 불가침한 자본으로 재사용하기 위해 사원에 형식적으로 봉헌한 듯하다". 일부 사원은 "가족이 부양할 수 없는" 아이들을 책임지기도 했는데, 이는 "사회에서 내쳐지거나 적응하지 못한 이들—고아, 사생아, 그리고 아마도 장애아—을 사원이 거두어들여 보호해온 오랜 전통"을 반영한다.[18]

이처럼 광범위한 사회·경제적 활동을 하기 위해 사원은 대규모 인력을 필요로 했고, 메소포타미아의 기록에는 이 사실이 반영되어 있다. 니푸르의 사원에 소속된 임직원 명단에는 대사제, 의식에서 만가를 부르는 사제lamentation-priest, 정화 의식을 수행하는 사제purification-priest, 대여사제, 재무관, 회계사, 필경사, 직조공, 석공, 깔개 제조공, 사무장, 이발사, 청지기, 소치기, 뱃사공, 기름 짜는 사람, 방아 찧는 사람, 점술가, 뱀 부리는 사람 등이 있었다. 마지막 직군은 사원이 수행한 오락 기능의 일부로, 일부 사원에는 "가수와 음악가의 대부대"가 딸려 있었다. 메소포타미아 사회는 지극히 고도로 조직되어, "같은 업종에 종사하는 사람들도 다시 고도로 전문화된 집단으로 세분

되었다". 일례로 어부는 민물에서 조업하는 어부와 바다에서 조업하는 어부로 나뉘었으며, "심지어 뱀 부리는 사람들도 '조합'을 결성했고 그들만의 우두머리가 있었다".[19]

신들이 전쟁에 나가다

메소포타미아 국가의 두 번째 시기인 5,200년 전~4,350년 전에는 도시국가 간의 충돌이 갈수록 흔해졌다. 첫 번째 시기에도 이따금 전쟁이 벌어졌지만 도시들이 요새화되지는 않았고 분쟁은 대체로 평화롭게 해결되었다. 하지만 두 번째 시기에는 "거대한 도시 성벽이… 모든 도시를 둘러쌌다…. 촌락 주민들이 성벽 안으로 들어와 보호를 구하면서 역내의 큰 도시들이 더더욱 성장했다".

도시국가들은 1,000~1만 명의 병력을 파견하고 창, 방패, 공성 망치, 공성탑을 동원하여 전쟁을 벌였으며, "이런 공성탑 중 일부는 미리 조립해서 강물에 띄워 운반했을 것이다". 승리한 군대는 대개 패배한 도시국가를 약탈·파괴하고 주민들은 죽이거나 노예로 삼았으며 때로는 사원과 거기서 모시는 주신까지 파괴하기도 했다.[20]

이런 전쟁이 일어난 것은 도시국가들의 헤게모니 확대 기도, 영토 분쟁, 관개수로나 무역로의 통제권 확보 등 때문이었을 것이다.

하지만 메소포타미아의 기록에는 이런 원인이 거의 언급되지 않고, 전쟁을 신들 사이의 분쟁처럼 묘사하고 있다. 일례로 상세한 기록이 존재하는 라가시와 움마 사이의 전쟁은 두 도시 사이의 영토를 둘러싼 분쟁에서 촉발된 듯 보인다. 움마가 분쟁 영토를 침공함으로써 라가시의 응전을 자극했다. 그 결과 라가시가 승리하여 "평원에 시체들이… 산더미처럼 쌓였다". 그들은 독수리들이 시체를 쪼아 먹는 광경을 석비에 조각하여 승리를 기념했다. 메소포타미아의 기록은 이것을 "라가시의 신 닝기르수가 움마의 신 샤라에게 거둔 승리"로 묘사했다.[21]

따라서 메소포타미아의 신들은 기록이 남아 있는 최초의 전쟁들에 깊숙이 관여한 듯 보인다. 한 기록에 따르면, "작전 계획을 신들에게 제출하여 재가받는 점술가가 군대와 동행하거나 심지어 군대를 이끌었다". 승리한 도시들은 전리품의 일부를 자기네 사원에 기부했다. "적절한 사원에 봉헌하지 않는 일은 분명 오만한 행동으로 여겨졌을 것이다." 신들은 전쟁을 선동하는 모습으로 묘사되었고, "증오와 분노를 드러내는 일이 드물지 않았다". 일례로 엔릴 신은 "'이맛살을 찌푸리며 키시 사람들에게 죽음을' 선고했고, '에렉의 집들을 산산조각' 냈다". 이런 전쟁의 결과들은 잘 묘사되어 있다. 우르가 약탈당했을 때의 묘사를 살펴보자.

거리와 도로마다 시체가 널리고

무용수들이 가득했던 빈터에는

사람이 수북이 쌓였다.

이 나라의 피는

이제 거푸집에 부은 금속처럼 구덩이마다 고였고

시체들은 양지에 버려둔 버터처럼 녹았다.[22]

ooooo

요약하자면, 세계 최초의 문명인 메소포타미아에서 6,500년 전
~4,000년 전까지 숭배한 신들에 대해 어떤 결론을 내릴 수 있을까?
우선 최초의 신들은 명백히—적절한 식량 공급과 사후의 운명을 보
장하는 등—삶과 죽음의 근본적 문제를 책임졌다. 문명이 더 복잡해
지면서 신들도 법을 집행하고 고아들의 거처를 제공하는 등 정치적·
법적·사회적 책임을 맡게 되었다. 신을 모시는 사원들은 사회적 용
역의 중심이 되었다. 나아가 신들은 다른 신을 믿는 다른 도시와의
전쟁을 정당화하는 데도 활용되었다. 따라서 메소포타미아의 도시
국가 간 전쟁은 최초로 알려진 신들 간 권력 다툼이었다. 신들이 부
분적으로 세속화되고 있던 바로 그 시기에, 세속 권력—이 경우에는

왕—은 스스로 모종의 신적 권위를 갖게 되었다. 이렇게 종교와 정치, 성과 속은 그 시초부터 한데 얽히게 된다.

끝으로 주목해야 할 흥미로운 점은 메소포타미아인이 최초의 신들을 상상한 방식이다. 메소포타미아인은 신들이 "인간적 외모, 자질, 결함, 정념"을 지녀서 꼭 자기들처럼 생겼고 자기들처럼 행동한다고 상상했다. 고대 그리스의 크세노파네스Xenophanes도 신을 인격화하는 인간의 성향을 지적하며, 만일 말과 황소가 자기들의 신을 그린다면 "말은 그들의 신을 말의 형상으로, 황소는 황소의 형상으로 그릴 것"이라고 상상한 바 있다. 18세기 프랑스의 몽테스키외 남작Baron Montesquieu은 이 점을 보다 간결하게 표현했다. "삼각형에게 신이 있다면 그 신은 세 변을 가졌을 것이다."[23]

따라서 세계 최초의 문명은 굳건한 종교적 기반 위에 세워진 것이 분명하다. 조르주 루가 지적했듯, 신과 신에 대한 관념은 "메소포타미아인의 공적·사적 삶에서 엄청난 역할을 했다. 그들의 제도를 빚었고, 예술과 문학작품에 영향을 미쳤으며, 왕의 가장 지고한 기능에서부터 백성의 일상 생업에 이르기까지 온갖 형태의 활동에 속속들이 배어 있었다."[24]

기타 초기 문명의 신들

메소포타미아 문명이 성숙기에 접어든 건 6,500년 전~4,200년 전이었다. 이 시기에 세계의 적어도 여섯 개 지역에서 문명이 발달하고 있었다. 그중 일부는 메소포타미아에서 발생한 관념의 영향을 받았지만 독립적으로 발달한 문명들도 있다. 유감스럽게도 문자 기록이 남아 있는 건 이집트 문명과 좀 더 후대에 기록된 중국 북부의 문명뿐이다. 하지만 신들이 메소포타미아에서처럼 다른 곳에서도 출현했는지를 확인하려면 이 문명들을 간략히 검토하는 것이 유용할 것이다. 이집트, 파키스탄, 동남부 유럽, 중국, 페루에서 발달한 문명들을 살펴보자.

이집트

이집트는 방대한 문자 기록과 웅장한 기념비적 건축 덕분에, 문자와 갖가지 사상을 이집트에 전수해준 메소포타미아에 이어 두 번째로 중요한 초기 문명으로 여겨진다. 7,500년 전의 나일강 계곡에는 농경이 확실히 뿌리내려 있었다. 매년 범람하는 강이 비옥한 경지, 잉여 식량, 인구 증가를 가져다주었다. 5,500년 전 상上이집트의 나카다Naqada와 히에라콘폴리스Hierakonpolis 같은 도시들의 인구는 1만 명이 넘었다.

행정적으로 42개 지역으로 나뉘어 있던 이집트는 5,100년 전 최초의 파라오에 의해 통일되었다. 이집트 사회는 노예, 농민, 장인, 예술가, 기술자, 행정가, 필경사, 의사, 사제, 그리고 파라오를 포함한 귀족으로 계층화되어 있었다. 또 고정 가격제를 시행하는 중앙 통제 경제로, 사원들이 경제활동의 중심이었다. 이집트가 이룬 부의 주된 원천은 무역으로, 그들은 곡물, 리넨, 파피루스, 완제품을 수출하고 수단에서 황금을, 에티오피아에서 흑단과 상아와 야생동물을, 레바논에서 목재를, 그리스에서 올리브유를, 터키에서 구리와 주석을, 아프가니스탄에서 청금석을 수입했다. 이집트인들은 최초의 진정한 선박을 건조했고, 수학과 의학에 능통했다.

5,100년 전 이집트가 통일될 무렵에는 신을 숭배하기 위한 사원들이 이미 지어져 있었다. 이런 사원들은 "명상의 장소가 아니라 신의 집이었다". 메소포타미아에서처럼 최초의 신들은 자연의 힘을 표상했고 생사의 문제와 연관되어 있었다. 태양의 신 호루스Horus(후대에는 라Ra), 달의 신 토트Thoth, 하늘의 신 누트Nut, 공기의 신 슈Shu, 폭풍의 신 세트Seth 등이 그들이었다. 또 메소포타미아에서처럼 많은 신들이 세속적인 보조 직무를 맡았다. 일례로 달의 신인 토트는 문자, 지식, 계산, 시간 또한 주관했다. 그리고 메소포타미아에서 그랬듯이 이집트의 신들도 인간을 닮은 인격신으로 여겨졌다.[25]

아몬Amon 역시 초기 신 중 한 명으로 원래 상이집트 특정 지역의 풍요신이었다. 후대에 아몬은 가장 중요한 신으로 취급되어 태양신과 결합해서 아몬-라Amon-Ra가 되었다. 이집트에서 가장 중요한 풍요신은 나일강의 범람 및 풍작과 결부된 오시리스였다. 메소포타미아의 두무지-이난나 신화를 재연한 이야기에서 오시리스는 누이인 이시스Isis와 결혼하며 그를 질투한 동생 세트에게 살해당했다가 이시스에 의해 소생한다. 그 후 오시리스는 명계의 신이 되고, 또한 풍작을 가져오기 위해 거듭 지상으로 귀환한다.

하지만 죽음에 대한 강박은 이집트 종교의 두드러진 특징이었다. 그리스의 역사학자 헤로도토스Herodotus는 이집트인들이 자기가 만나본 사람들 중 가장 "종교적"이라고 말했고, 그들의 "지칠 줄 모르는 정교한 종교의식"에 흥미를 보였다. 초기 문명에 대해 방대한 저작을 집필한 고전학자 이디스 해밀턴Edith Hamilton은 이집트를 "찬란한 제국이자, 죽음에 최우선으로 몰두한 제국"이라고 일컬었다.

무수한 세기에 걸쳐 무수한 인간들이 죽음을 가장 가깝고 가장 친숙한 것으로 여겼다. 죽은 자들을 중심에 놓은 방대한 규모의 이집트 예술이 아니었다면 도저히 믿을 수 없는 이례적인 상황이다. 이집트인에게 영원한 현실 세계란 그가 일상의 행로를 걷고 있는 곳이 아니라, 머잖아 죽음을 거쳐서 들어가야 하는 곳이었다.

이집트학자 살리마 이크람Salima Ikram의 견해에 따르면, "죽음은 이행이나 변형을 뜻하며, 그 후에도 또 다른─육체적이기보다 영적인─형태로 삶이 지속된다는 의미에서 삶의 여정의 일부였다".[26]

이집트의 가장 오래된 묘지는 사막의 단순한 무덤으로 부장품도 거의 없었다. 5,500년 전에는 성장하는 많은 도시들에 큰 공동묘지가 있었고, 묘지들은 점점 더 정교해지고 있었다. 일부 묘실은 "고인의 지위와 부에 따라 벽돌로 내벽을 두르기도 하고, 여러 공간으로 분리하여 공간마다 다른 부장품을 안치하기도 했다". 히에라콘폴리스의 한 초기 무덤은 "싸움, 사냥, 그리고 강을 따라 여행하는 장면"을 묘사한 벽화로 장식되어 있었다.[27]

5,000년 전에는 귀족과 평민의 무덤이 분리되었고, 아비도스Abydos와 사카라에 왕묘가 세워졌다. 한 왕의 묘역은 길이 약 123미터, 높이 약 11미터의 벽으로 둘러싸여 있고 너비가 약 64미터에 달했다. 또 다른 왕묘에는 "왕의 하인들의 무덤이 왕묘 주위에 정연히 줄지어 놓여 있었다…. 하인들은 왕의 저승길에 동반하기 위해 자진해서 죽었거나 강제로 죽임을 당한 듯하다".[28]

하지만 묘역의 정교화는 시작에 불과했다. 이집트에서는 왕묘 위에 기념비 역할을 했을 직사각형 석실을 짓는 일이 흔해졌다. 4,600년 전 조세르Zoser라는 파라오는 이 아이디어를 정교화하여, 석실 위에 좀 더 작은 석실을 짓고 그 위에 좀 더 작은 석실을 짓는 식으로 다섯 개의 석실을 쌓아올려 높이가 약 60미터에 이르는 사실상 최초의 이집트 피라미드를 사카라에 건조했다. 그리고 뒤이은 파라오들이 저마다 더 큰 무덤을 갖기를 고집하면서 피라미드 건설 붐에 불을 당겼다. 이는 4,500년 전의 파라오 쿠푸Khufu가 세운 기자Giza의 대피라미드에서 절정에 이르렀다. 이 피라미드는 약 5만 2,000평방미터의 면적을 차지하며, 높이가 약 146미터에 최대 15톤에 이르는 석회암이 200만 개 이상 소요되는 등 고대 세계의 7대 불가사의 가운데 하나로 여겨진다.

무슨 생각으로 묘지에 이렇게 엄청난 공을 들인 것일까? 다행히 우리는 이 질문에 답을 해주는 이집트의 문자 기록을 갖고 있다. 이집트인들은 사람이 죽은 뒤에도 다른 형태로 계속 살아간다고 믿었다. 그 한 형태인 '카Ka'는 생전의 육체와 동일하며, 다른 형태인 '바Ba'는 그 사람의 영혼이나 넋이었다. 사람이 죽으면 죽음의 신 오시리스가 망자의 심장을 진리, 지혜, 정의, 우주 질서의 법칙과 나란히 천칭에 올려놓고 그 무게를 잰다. 그가 선한 삶을 살아서 심장이 가벼우면 저울이 수평을 이루며, '갈대밭'(이집트에서 저승을 가리킨 표현)에서의 영생을 보장받게 된다. 하지만 죄가 많아서 심장이 무거우면 저울이 기울고 그에게는 영생이 거부된다.

'카'는 사람이 이승에서 취했던 형태와 동일했으므로, 이승의 형태를 보존하기 위한 미라화가 중요했다. 미라 제작의 과학과 기술이

고도로 발달한 것은 이집트 문명을 상징하는 특징으로 여겨진다. 가장 정교하고 값비싼 형태의 미라는 제작 과정이 3개월 이상 소요되기도 했고, 왕족이나 부자들만이 누릴 수 있었다. 나머지 사람들은 부분 미라로 만족해야 했고, 가난하면 그마저도 할 수 없었다.

완벽한 미라화를 위해 두개골 밑에 구멍을 뚫어서 뇌를 뽑아냈다. 뽑아낸 뇌는 중요치 않게 여겨 폐기했다. 그다음에는 복부를 절개해서 폐, 간, 위, 창자를 제거했다. 이것들은 생명에 중요한 장기로 취급되었으므로, 각 장기를 보살피는 특수한 신들과 연관된 '카노푸스의 단지' 네 개에 담아서 보관했다. 심장은 오시리스가 저울에 달 때 필요하기 때문에 절대 제거하지 않았다.

그런 다음 시신을 탈수제인 나트론*에 70일간 묻어두었다. 그러면 시신이 건조되어 푸석푸석해진다. 그런 다음 정해진 의례에 따라 조심스럽게 붕대를 감는 데 15일이 걸렸다. 제작 과정에서 손가락 등의 신체 일부가 떨어져나가면 그런 경우를 대비해 미리 만들어둔 인공물로 교체해야 했다. 신체가 온전하고 생전 모습과 최대한 닮아 보이는 것이 매우 중요했다.[29]

사람뿐만 아니라 동물도 이따금 미라로 만들어졌다. 생전에 고인이 사랑했던 애완동물을 미라로 만들기도 하고, 저승에 가서 고인

---

* 일종의 천연 탄산소.

을 도우라고 동물 미라를 껴묻기도 했다. 또 동물을 특정 신의 환생으로 믿어 미라로 만드는 경우도 있었다. 예를 들어 아몬은 양, 하토르는 소, 호루스는 매의 모습으로 이따금 나타난다고 여겨졌다.[30]

이집트인은 저승의 삶도 이승의 삶과 비슷할 거라고 믿었으므로 망자의 소유물을 챙겨주었다. 그래서 이집트의 부장품은 풍부했고 이집트 문명 후기 단계에는 더욱 풍부해졌다. 이 주제를 다룬 캐럴 앤드루스Carol Andrews의 책에 따르면, 부유한 개인들의 부장품에는 "매트리스와 머리받침까지 완비한 침대, 쿠션이 딸린 의자와 걸상, 상자와 궤짝, 킬트와 가발과 샌들, 걸을 때 짚는 지팡이와 지위를 표시하는 지팡이, 포도주 단지와 자루, 온갖 장신구, 거울, 돌항아리와 부채, 게임 보드, 탁자와 받침"까지 포함되었다. 한 왕족의 미라는 팔찌 22개와 반지 27개를 다 가져갈 수 있음을 입증하려는 용맹한 시도로서 이 모두를 한꺼번에 착용하고 있었다.[31]

이집트인의 으리으리한 저승길 채비가 유명해진 건 투탕카멘 왕King Tutankhamun의 고스란히 보존된 무덤이 발견된 1922년이었다. 이 무덤의 벽면에는 하늘의 신 누트가 투탕카멘을 갈대밭으로 맞아들이고 죽음의 신 오시리스가 투탕카멘을 포옹하는 그림이 그려져 있었다. 묘실은 미라처럼 건조 보존한 식량 40통, 과일 115바구니, 포도주 40병, 옷가지가 가득 든 상감 궤짝, 침대, 의자, 무기, 전차로 터져나갈 듯했다. 그리고 중앙에는 마치 러시아 인형처럼, 규암으로 된 석관, 그 속에 금칠한 관, 그 속에 순금 관이 있고, 다시 그 속에 황금 마스크를 쓴 투탕카멘이 평화롭게 누워 있었다.

이집트 무덤과 관련된 부장품에는 세 종류가 있다. 이집트인은 사람이 죽은 뒤에도 그의 '카'를 지탱할 자양분이 필요하다고 믿었다. 그래서 무덤 안에 식량을 넣었고, '카'가 접근할 수 있는 무덤 밖의 제사상에도 음식을 놓았다. 고인의 가족들은 정기적으로 무덤 밖에 새로 음식을 차려놓았다. 일부 식기에는 고인에게 질병이나 금전 등의 세속적 문제에 대한 도움을 구하는 청탁 내용이 새겨져 있었다. 왕족이나 부자들의 '카'는 배불리 먹었다. 일례로 사카라에 묻힌 한 공주의 무덤에 들어간 식량 중에는 꿩, 보리죽, 비둘기 스튜, 생선구이, 쇠고기 덩이와 소갈비, 콩팥, 빵, 포도주, 과일, 치즈에 후식용 케이크까지 있었다. 연대가 5,150년 전으로 추정되는 전갈왕 1세의 묘실에는 요르단 계곡에서 수입해온 포도주 700병이 들어 있었다.[32]

이집트 무덤과 관련된 두 번째 유형의 부장품은 이집트 특유의 것으로 보이는 샤브티shabti라는 작은 조각상이다. 가장 초창기의 이집트 무덤에는 왕족과 부자의 하인들이 저승에 가서도 하인 노릇을 할 수 있게끔 자신이 섬긴 주인 옆에 매장되었다. 후대에 이 풍습은 하인이 아니라 하인 조각상인 샤브티를 껴묻는 관습으로 대체되었다. 샤브티는 저승에 도착하면 살아 움직인다고 믿었다. 초기에는 몇 개씩만 넣었지만, 후대의 무덤에 들어간 샤브티의 개수는 연간 하루에 한 명씩 해서 365개가 흔했다. 많은 무덤에는 샤브티에게 임무를 지시하는 내용의 문서가 들어 있다. "오, 샤브티, 사자의 땅에서 네 주인이 무엇을 명하든, 들판을 고르라고 하든, 땅에 물을 대라고 하든, 동쪽에서 서쪽으로 모래를 옮기라고 하든, 너는 '예, 대령했나이 다' 하고 대답할지어다."[33] 이집트 무덤과 관련된 세 번째 유형의 부 장품은 망자를 위한 지침서였다. 이 지침서에는 호흡을 재개하는 법, 다리에 힘을 불어넣는 법, 저승 가는 길, 저승에 도착한 뒤 해야 할 일 등에 대한 조언이 적혀 있었다. 개중 많은 무덤에서 발견된 한 지침 서를《사자의 서 The Book of the Dead》라고 하는데, 이 책은 일종의 저승길 가이드북이다. 무덤 벽면에 정교하게 채색된 많은 장면들 또한 망자 를 위한 시각적 지침서로, 그중에는 심지어 맥주 제조법도 포함되어 있다.

이집트의 만신전에는 망자를 책임지는 신들이 많이 있었다. 저 승을 주관하는 오시리스 외에 하늘의 여신 하토르 Hathor는 망자를 저 승으로 인도했고, 저승에 도착한 망자는 모든 신들의 어머니인 네이 트 Neith의 영접을 받았다. 망자의 심장을 저울에 올리는 심판 때는 오 시리스가 진리와 정의의 신인 마트 Maat와 더불어 심판을 내렸고, "미 라 붕대의 신"으로 알려진 아누비스 Anubis가 저울을 들었다.

이집트에서 성聖과 속俗은 메소포타미아에서보다 더 완벽히 통 합되어 있었다. 인류학자 브루스 트리거 Bruce Trigger가 지적했듯이, 이집트인은 "종교를 일상생활과 분리할 수 없었기" 때문에 "종교"라는 단어가 없었다. 신들은 전능한 존재로, 파라오는 지상에서 신들을 대리하는 존재로 간주되었다. 후대의 파라오들은 심지어 자신이 살아 있는 신이라고 주장했고 그렇게 숭배받았다. 사원의 유지를 책임진 사제들은 신의 뜻을 해석하는 사람으로서 점점 더 중요해졌다. 따라서 정부는 이집트인의 삶을 지배하는 종교의 한 측면에 지나지 않았다. '갈대밭'에 다다라 신들의 영생을 나누어 받는 것이 모든 이집트인의 목표였다. 기자에 있는 것 같은 대피라미드와 테베Thebes 신전 같은 거대 사원은 현재의 삶이라는 것이 영생으로 가는 길에 잠시 머무는 체류에 불과하다는 것을 시각적으로 보여주는 증거였다.[34]

파키스탄

이집트와 파키스탄의 초기 문명은 두 가지 공통점이 있었다. 둘 다 메소포타미아에서 발생한 사상들의 영향을 받아서 발달했다. 비록 파키스탄의 문자는 전혀 해독되지 못했지만, 둘 다 문자를 보유했다. 4,500년 전~4,000년 전에 번성한 파키스탄의 문명은 당시 지리적으로 가장 큰 문명이었다고 여겨진다. 이를 보통 인더스 혹은 하라파Harappa 문명이라고 일컫는다. 하라파는 인더스문명의 대도시 중 하나다.

하라파인들은 놀라운 공학적 업적으로 가장 유명하다. 가장 큰 도시인 모헨조다로Mohenjo-daro에는 도공, 직공, 벽돌공, 금세공사, 건축가를 비롯하여 약 4만 명이 거주했다. 길은 정연한 격자형으로 놓였고, 우물과 지하 파이프로 물을 실어 날랐으며, 일부 집은 "실내에 욕실이 있고 이 욕실은 배수구를 통해 도시 전체에 걸친 하수 체계로 연결되었다…. 인더스강 유역의 도시 유적에 적용된 도시 계획의 수준은 초기 문명 가운데 필적할 곳이 없다". 또한 하라파인들은 표준 도량형을 사용했고, 아프가니스탄에서 메소포타미아에 이르는 광범위한 지역을 상대로 금, 구리, 납, 청금석, 터키석, 설화석고, 홍옥수 등의 상품을 교역했다.[35]

하라파의 문서 기록뿐만 아니라, 신을 묘사한 듯한 그림이 그려진 테라코타 인장도 많이 발견되었다. 특히 주목할 만한 것은 뿔 달린 머리장식을 하고 얼굴이 셋 달린 사람의 모습인데, 힌두교에서 지금도 숭배하는 신인 시바Shiva의 초기 형태에 해당한다는 것이 일반적인 추측이다. 아주 많은 수의 여성 테라코타상 또한 "대지모신의 민간적 재현"으로 해석되었다. 하라파 유적에 대해 몇 가지 결정적인 연구를 수행한 영국 고고학자 모티머 휠러Mortimer Wheeler 경은 남근 숭배의 흔적에 깊은 인상을 받았고, 시바와 마찬가지로 이 또한 초기 힌두교의 링가linga 숭배로 이어졌을 것이라 추측했다. 모헨조다로 하라파인들의 종교적 관습을 암시하는 또 다른 증거로는, 소규모 사원들과 "사제 집단의 세정 의례용으로 쓰인 듯 보이는" 대목욕탕이 있다. 하라파 문화의 대부분이 주요 무역 상대인 메소포타미아에서 수입된 것으로 여겨지던 시절도 있었지만, 최근에는 하라파 문화의 많은 요소들이 독자적으로 발달했다고 여겨진다.[36]

하라파인들은 집 옆이나 묘지에 시신을 매장했다. 시신을 화장하고 그 재를 묻은 경우도 있다. 지금까지 발굴된 무덤에서 나온 부장품으로는 도기, 장신구, 도끼와 그 밖의 무기, 머리받침 등이 있다. 한 하라파 주민은 금, 줄마노, 벽옥, 터키석으로 만든 구슬과 함께 매장되기도 했다. 또 다른 주민은 "멀리 히말라야에서 나는 느릅나무와 삼나무, 그리고 인도 중부산 자단으로 짠 우아한 관 속에서 잠들었다". 말이 그 주인으로 보이는 사람 옆에 매장된 경우도 두 건 있었다. 따라서 하라파인들이 내세에 지대한 관심을 기울인 것은 확실하다.[37]

동남부 유럽

7,000년 전~5,500년 전에 동남부 유럽, 그중에서도 주로 현재의 불가리아와 루마니아 지역에서 문명이 발달하면서, 이곳은 "세계에서 가장 세련되고 기술적으로 진보한 장소 중 하나"가 되었다. 이것은 흔히 '고대 유럽Old Europe' 문화라고 일컬어진다. 견고하게 지어진 이층 주택과 소·양·돼지 떼를 거느린 농업 도시들은 "세계에서 가장 앞선 금속 장인들"을 포함한 숙련공들의 존재를 가능케 했다.[38]

이 문화의 어디에서나 가장 흔하게 발견되는 것은 "점토, 대리석, 뼈, 구리, 금"으로 만든 수천 점의 여성 소상이다. UCLA 대학의 고고학자 마리야 김부타스Marija Gimbutas는 이 소상들을 가장 광범위하게 연구한 학자로, 이 소상들이 "삶과 죽음과 재생의 위대한 여신"의 변주라고 여기고 이 주제에 대해 방대한 저작을 발표했다. 또한 그는 다른 소상들을 설명해 줄 만신전을 제안하기도 했다. 최근 다른 고고학자들이 김부타스의 해석에 회의적인 견해를 표했지만, 이를 대체할 만한 설명은 아직 나오지 않은 상태다. 이 소상들은 정말로 수수께끼다. 의자가 딸려 있어 거기에 앉아 있는 형태로 제작된 소상들이 많았으며, 토기 단지 안에 여러 점이 함께 보관된 상태로 발견된 소상들도 있었다.[39]

도처에 존재하는 이 여성상에 대한 적절한 해석이 무엇이건 간에, 이 문명기의 사람들이 내세에 강한 관심을 기울인 건 분명하다. 1972년 불가리아의 바르나에서 지하에 전기 케이블을 매설하던 노동자들이 고대 유럽의 휘황찬란한 묘지를 발견했다. 연대가 6,500년 전으로 추정되는 거의 300기의 무덤에는 세계 최초의 황금 유물을 포함한 갖가지 부장품이 들어 있었다. 황금 관, 홀笏, 원반, 펜던트, 구슬, 팔찌, 가슴장식, 무기 손잡이, 심지어 황금으로 된 음경 덮개까지 있었다. 가장 화려한 무덤 4곳에서 총 2,200개, 다 합쳐서 거의 5킬로그램에 달하는 황금 부장품이 나왔다. 특히 흥미로운 사실은 무덤 중 35기에는 시신이 없었다는 것이다. 하지만 그중 일부에는 값비싼 부장품이 들어 있었고, 3기에는 황금 귀걸이를 걸고 황금 관을 쓴 사람 얼굴 모양의 점토 마스크가 시신 머리가 있어야 할 자리에 조심스레 놓여 있었다. 혹시 이것은 바다에 나가서 죽는 경우처럼 객사하여 시신을 수습하지 못한 사람들을 위한 무덤이었을까? 어떻게 해석하든, 바르나에 망자를 매장한 사람들은 확실히 정교한 사회 조직을 갖추었고 내세에 대해 뚜렷한 관념을 가지고 있었다.[40]

바르나에서 발견된 황금 물품들은 세련된 금속 가공 기술의 산물이었다. 바르나 묘지를 발굴한 영국 고고학자 콜린 렌프루Colin Renfrew는 이렇게 서술했다. "야금술의 발달은 세계의 서로 다른 지역, 다른 시대에서 여러 차례에 걸쳐 각각 이루어진 동일한 혁신을 가장 뚜렷하게 보여주는 사례 중 하나다…. 광석 제련을 통한 구리 제조나 구리·주석 합금을 통한 청동 제조는 어디에서 수행되든, 대부분의 경우 기술적 관점에서 궁극적으로 동일하다." 렌프루는 야금술이 서남아시아, (바르나를 포함한) 동남부 유럽, 서남부 유럽의 이베리아반도, 중국, 아메리카 등 서로 멀리 떨어진 몇몇 장소에서 독립적으로 발전했으며, 이는 평행진화를 시사한다고 주장했다.[41]

서유럽

서유럽에서 신이 출현한 증거는 메소포타미아, 이집트, 파키스탄, 남동부 유럽에 비해 모호하다. 하지만 내세에 대한 강박이 보편적이었다는 것만은 분명하다. 1만여 년 전 프랑스에서 매장된 한 소녀는 약

1,500개의 조개껍데기와 구슬로 장식되어 있었다. 구슬은 사슴·여우 이빨과 생선 등뼈를 다듬어 만든 것이었다. 이와 비슷하게, "일부에 기하학적 무늬가 새겨진… 붉은사슴 송곳니 70개"로 치장한 젊은 여성이 "다섯 개의 돌기둥으로 떠받친 두 개의 커다란 석회암 판석 밑에" 안치된 채 묻히기도 했다. 이런 무덤들은 이 지역에 마지막 동굴 벽화가 그려지고 나서 약 1,000년 뒤에 생겨났다. 러시아 북부에 위치한 7,000여 년 전 묘지의 400여 개 무덤에서 구멍이 뚫린 동물 이빨, 동물과 사람의 소상, 수렵 도구 등 7,000점의 부장품이 나오기도 했다.[42]

8,500년 전부터 서유럽의 많은 초기 무덤들에 돌이 사용되기 시작했다. 포르투갈에서 스웨덴에 이르는 대서양 연안의 유적에서 사람 무덤을 조성하기 위해 거석 기념물megalith이 세워졌다. 가장 단순한 형태의 거석 기념물은 서너 개의 큰 돌을 놓고 그 위에 크게는 90톤까지 나가는 덮개돌을 얹은 것이다. 이런 탁자형 무덤을 고인돌이라고 한다. 좀 더 복잡한 형태의 무덤에는 큰 돌들을 세워서 시신이 안치된 석실(돌방)로 통하는 길을 만든다. 이런 무덤을 그 형태에 따라 통로식 석실분passage grave 혹은 회랑식 석실분gallery grave이라고 한다. 그런 다음 전체 구조물을 보다 작은 돌들로 덮어서 돌무지cairn라고 하는 봉분을 조성한다. 이런 거석 기념물이 프랑스에 적어도 6,000개, 덴마크와 스웨덴 남부에는 5,000개 이상, 아일랜드에는 1,200개

이상이 있다.[43]

　이런 무덤 중에는 묘실이 한 개인 것도 있고 여러 개인 것도 있다. 이따금 통로나 묘실의 돌에 기호를 새긴 경우도 있지만, 그 의미는 알 수 없다. 묘실에 안치된 유골의 수는 한 구부터 수백 구까지 다양하다. 부장품은 상대적으로 드물지만, 조개껍데기나 석회석이나 터키석 비슷한 돌로 만든 장신구, 부싯돌 날이나 도끼나 화살촉 같은 도구와 무기, 술을 담았던 그릇을 포함한 토기 등이 나오기도 한다. 일부 무덤을 보면 망자가 산 사람들을 괴롭히러 돌아오지 못하게 막으려는 듯, 망자의 손발을 절단하고 시신 위에 큰 돌판을 올려놓기도 했다. 묘실로 들어가는 통로 입구는 흔히 큰 돌로 막아서 무덤을 봉인했다.[44]

　이런 거석 무덤 중 일부는 대단히 인상적이다. 브르타뉴의 모를레Morlaix 인근에서 바다를 굽어보고 있는 바르네네즈Barnenez의 돌무지무덤은 6,500년 전에 만들어졌다. 메소포타미아 에리두에 사원이 지어지고 있었고 바르나의 묘지가 사용되고 있던 시기와 동시대다. 바르네네즈에는 11개의 개별 통로와 묘실이 있는데, 그중 일부에서 부싯돌 날, 간 돌도끼, 화살촉, 토기, 기타 부장품이 발견되었다. 돌무지는 길이 약 70미터, 폭 25미터, 높이 8미터이며, 여기에 소요된 돌의 무게는 1만 3,000톤이 넘는다. 원래 이 돌무지의 바깥쪽 돌들은 그로부터 2,000년 뒤 이집트에서 세워진 계단식 피라미드와 유사한 모양으로 축조되었다. 프랑스 문화부 장관 시절의 앙드레 말로André Malraux는 바르네네즈를 "거석문화의 파르테논"이라고 일컫기도 했다.[45]

서유럽의 거석 무덤 축조는 "새로운 농경민 계층의 정착과 긴밀히 결부되어" 있다고 여겨진다. 이 농경민들은 동남부 유럽에서 이주해 오면서 자신들의 믿음을 가지고 들어온 것으로 보이며, 학자들은 이 믿음에 조상숭배가 포함되어 있었을 거라 추측한다. 다수의 석실은 많은 사람들이 모여 공동 의례를 치를 수 있을 정도로 큰데, 그 안에서 횃불을 밝히면 돌에 새긴 음각들이 대단히 두드러져 보였을 것이다. 이런 묘실의 석각이 영적인 의미를 띨지도 모른다는 생각은 오래전부터 있었다. 1805년에 이런 거석 무덤을 관측한 한 연구자는 "그들의 종교가 보여주는 독특한 천재성"에 대해 언급했다. 최근의 발굴들을 통해서도 "무덤 입구 앞에서 중요한 행사나 의식이 치러졌으며… 이 자리에서 대량으로 발견된 토기편 가운데 일부는 의례용 단지에서 나왔다"는 것을 알 수 있다.[46]

약 5,000년 전부터 서유럽에서는 농경이 좀 더 보편화되었다. 당시에 "더 큰 공동체가 형성되었으며, 그중 일부는 흙으로 요새를 쌓고 통나무로 울타리를 둘렀다". 거석 무덤은 계속 세워졌고, 무덤 이외의 대규모 토목 사업도 수행되었다. 그 훌륭한 사례들 가운데 가장 덜 알려진 것은 브로드가Brodgar이고 가장 잘 알려진 것은 스톤헨지

Stonehenge이지만, 가장 완벽한 것은 스톤헨지에서 북쪽으로 약 32킬로미터 떨어진 곳에 있는 에이브버리다.[47]

브로드가는 스코틀랜드 북부의 오크니제도Orkney Islands에 위치해 있다. 선돌 유적인 '브로드가 환상열석Ring of Brodgar'은 오래전부터 알려져 있었지만, 정교하고 복잡하게 서로 연결된 돌집들*은 최근 들어서야 발견되었다. 그중 한 건물은 폭 24미터에 길이가 18미터로, 돌지붕이 얹혀 있고 돌에 나비 모양의 무늬가 새겨져 있다. 이 건물은 "사원이나 회당"이었을 것으로 여겨지는데, 발굴을 지휘한 고고학자는 이것을 "성당" 건물이라고 지칭했다.

그 인근에 있는 무덤의 묘실에는 독수리 발톱이 섞인 1만 6,000점의 사람 뼈가 들어 있었다. 또 이 돌집들에서 연회가 열렸던 증거뿐 아니라 사람 모양으로 빚은 소상도 발견되었다. 브로드가는 아직 발굴 초기 단계이므로 그 종교적 의미에 대한 추가 단서가 나올 수도 있다.[48]

스톤헨지와 에이브버리는 둘 다 둥글게 줄지어 놓인 선돌, 기념비적인 토축 시설물, 묘실로 이루어져 있지만, 에이브버리의 보존 상태가 더 좋다. 에이브버리의 구조물들은 고대 취락이 있던 언덕에서 1.6킬로미터 떨어진 곳에 세워졌다. 여기 살았던 사람들은 밀을 재배

---

* 네스 오브 브로드가Ness of Brodgar.

하고 야생 과일과 견과를 채집하고 사슴, 여우, 토끼를 사냥하고 양, 소, 돼지, 개를 길렀다. 이 취락 유적에서 봄과 가을에 동물을 도축한 증거가 있으며, 이 시기에 연회와 축제가 벌어진 것이 거의 확실하다. 당시 이 주변 지역의 인구는 1만 명 정도였을 것으로 추정된다.[49]

약 4,700년 전에 에이브버리 지역의 주민들은 면적이 약 2만 2,000평방미터이고 높이가 약 40미터인 거대한 토축 피라미드를 짓기 시작했다. 오늘날 실버리힐이라고 불리는 이것을 공중에서 내려다보면 거의 완벽한 대칭을 이룬다. 주민들은 뼈와 나무로 된 도구로 이 구조물을 건설했고, 고리버들 바구니로 흙을 실어 날랐다. 이것을 짓는 데는 1,800만 인시人時가 소요되었을 거라 추정되는데, 이는 700명이 꼬박 10년간 일해야 하는 작업량이다. 실제 공사는 200여 년에 걸쳐 진행되었다.[50]

실버리힐이 아직 지어지고 있을 때, 1.6킬로미터 밖에서는 그보다 더 거대한 공사가 이루어졌다. 바깥쪽에 약 5.5미터 높이의 토담, 안쪽에 약 9미터 깊이의 도랑을 전장 1.6킬로미터 정도인 원형으로 조성한 것이다. 도랑 밑바닥부터 인접한 토담 꼭대기까지의 높이가 약 14.5미터인 셈이다. 원형으로 쌓은 토담 안쪽에는 개당 최대 65톤의 거석 98개를 원형으로 줄지어 세웠다. 그리고 이 바깥쪽 환상열석의 안쪽에 각각 29개와 27개의 보다 작은 선돌로 이루어진 두 개의 환상열석을 추가했다. 이 유적군을 공중에서 내려다보면 거대한

얼굴처럼 보인다. 안쪽의 두 동그라미가 마치 사람의 두 눈처럼 보인다.[51]

에이브버리의 주목적은 확실히 종교적인 성격을 띠고 있었다. 도랑 밑에 추정컨대 500명의 유골이 묻혀 있다는 사실도 이 점을 뒷받침한다. 많은 무덤에는 온전한 유골이 아니라 해체된 뼈들이 묻혀 있는데, 사람 두개골, 아래턱뼈, 긴뼈 들을 모아 묻은 듯하다. 에이브버리를 광범위하게 연구한 영국의 고고학자 마크 길링스Mark Gillings 와 조슈아 폴라드Joshua Pollard는 이 뼈들이 "다른 장지에서 추려온 것이고, [에이브버리에] 매장할 당시에는 이미 상당히 오래된 조상의 유골이었을 것"이라고 추측했다. 이 무덤에는 부장품이 놀랄 만큼 드물다. 길링스와 폴라드에 따르면, 이중에는 "개의 아래턱뼈, 멧돼지 엄니, 그을린 뼛조각, 사슴뿔 파편" 같은 "다소 기이한 물건들"이 포함되어 있다. 그들은 이런 물건들이 "의례용품"이었을 거라고 추측했다.[52]

환상열석에서 실버리힐을 지나 약 2.4킬로미터 떨어진 언덕 정상까지 입석을 두 줄로 세워서 길을 만들어놓았다는 것은 에이브버리가 거대한 장례 단지였을 가능성을 뒷받침한다. 생크추어리Sanctuary 라고 일컫는 이 언덕 위에는 환상열석이 목조 건물터를 에워싸고 있다. 거석 구조물의 중요한 권위자로 여겨지는 영국의 고고학자 오브리 벌Aubrey Burl은 생크추어리가 "시신을 완전히 건조시킨 후 뼈를 추

려서 가까운 석실묘(돌방무덤)로 옮길 때까지 보관하기 위한 안치소 건물들"이라고 보았다.⁵³

생크추어리에서 조금만 걸으면 나오는 웨스트 케닛 장방형 고분long barrow은 가까운 곳에 있는 석실묘 가운데 하나로, 길이 약 100미터의 돌방흙무덤이다. 이것은 유럽에서 가장 긴 돌방무덤이기도 하다. 이 안에 든 46구의 유골 대부분은 해체된 상태로 안치되어 있다. 한 묘실에서는 화장 잔해가 발견되었고, 또 다른 묘실에는 두개골이 한 줄로 늘어세워져 있었다. 이런 묘실은 "시신을 임시로 안치하거나 보관하는 용도로 쓰였으며, [유골을] 자주 넣었다 꺼냈던" 곳으로 보인다. 이 장방형 고분의 많은 무덤에 저승에 가서 쓰기 위해 만들어졌을 토기 항아리, 주발, 잔 등이 부장되어 있다.⁵⁴

일부 학자들은 에이브버리가 종교적 기능 외에 천문 관측 기능도 수행했다는 견해를 제시했다. 인근 스톤헨지의 입석들이 하지/동지 때의 일출 및 일몰과 맞아 떨어지게끔 배치되어 있는 것과 비교하기도 했다. 아직 합리적인 설명이 제시되지는 않았지만, 에이브버리에도 이런 천문학적 설명을 적용할 수 있을지 모른다. 스톤헨지도 그 시초는 묘지였듯이, 천문학적 설명은 종교적 설명을 배제하기는커녕 오히려 보완해준다. 많은 문화에서 태양신과 조상 및 기타 신에 대한 숭배를 결합시켰고, 스톤헨지와 에이브버리에서도 그랬을지 모른다.

문자 기록이 전혀 없음을 감안할 때 우리는 에이브버리를 영영 명쾌하게 이해하지 못할 가능성이 높다. 다만 벌의 말대로 "신석기 시대의 산 사람들이 죽음과 망자에 집착했다"는 것은 확실히 말할 수 있다. 스톤헨지와 에이브버리 같은 유적들은 "공동체가 계절 행사에 참여하고 의례에 공물을 바쳤던 현장"을 시사하며, 이런 "의례의 힘은 망자의 유해에 조작을 가함으로써 나왔다". 마크 길링스와 조슈아 폴라드는 이렇게 요약했다.

> 에이브버리 같은 기념물의 순전한 규모가 주는 가장 즉각적인 인상은 힘이다. 중세 성당 건축이 경외심을 자극하듯이, 전체 유적 경관과 세워진 거석들의 장대함은 숭고한 느낌을 불러일으킨다. 인간 신체를 지배하는 어마어마한 규모를 통해 사람들을 압도하는 힘이 작용하며, 이로써 그것을 짓는 데 필요한 엄청난 노동력을 감각적으로 인식하게 된다. 이런 규모의 작업은 에이브버리의 창조 뒤에 놓인 세속적·초자연적 권위를 정당화하는 데 활용될 수 있다.

에이브버리에 신들이 존재했는지 아닌지는 알 수 없지만, 그 구조물의 기념비적 규모는 그랬을 가능성과 부합한다. 공중에서, 즉 하늘에 있는 신들의 시점에서 내려다보면 둥글게 늘어선 거석들이 거대한 얼굴을 닮았다는 사실 또한 의미심장하다.[55]

중국

5,000년 전~4,000년 전, 중국 북부에서 룽산문화龍山文化가 발달했다.

이것은 "중국 최초의 문명"이자, 우리에게 종이, 인쇄, 나침반, 화약, 외륜 추진, 그리고 메소포타미아와는 다른 문자 체계를 선사한 "가장 복잡하고 눈부신 고대 문명 중 하나"의 시초로 일컬어진다. 농경과 무역이 매우 발달했고, 인구 밀도는 아마 당시 세계 최고였을 것이다. 도시들 간의 지속적인 전쟁 때문에 많은 도시 주변에 흙을 다져서 성벽을 쌓았는데, 이런 성벽 중에는 높이 6미터, 두께 9미터에 달하는 것도 있었다. 희생자들을 학살하고 그 목을 벤 증거들도 있다.[56]

룽산문화를 규정하는 특징 중 하나는 조상숭배다. 조상과의 소통은 "갑골"을 이용한 점술을 통해 행해졌다. 갑골은 황소, 물소, 돼지, 양의 견갑골이다. 죽은 조상에게 특정한 질문을 던진 다음 뼈가 갈라질 때까지 열을 가해, 그 갈라진 패턴을 조상이 내려준 답으로 해석했다. 점복에 이용된 흔적이 있는 뼈들은 중국 북부 전역에서 대량으로 발견되었다. 룽산 시대에는 아직 문자 기록이 시작되지 않았지만, 룽산 시대 직후인 상나라 때 문자가 도입되었고, 따라서 룽산 시대를 이해하는 데 활용되어왔다. 죽은 조상은 산 사람과 신들 사이를 중재하는 역할을 맡았다. 최고신인 상제上帝에게 영향력을 행사하려면 왕족의 조상을 통해야 했지만, 하급 신에게는 보다 지위가 낮은 사람의 조상을 통해서도 영향력을 행사할 수 있었다. 중국 학자들 중에는 상제가 원래 조상 혼령이었다고 믿는 이들도 있지만, 다른 학자들은 원래 상제가 자연신이었다고 믿는다. 상제 말고도 "산과 강의 신들… 태양의 신… 기타 다양한 신 등… 무수한 자연신이 있었다."[57]

이 시기에 중국에는 기념비적 구조물들이 세워졌다. 최근 베이징 동북쪽의 뉴허량牛河梁에서는 약 4,300년 전 "기단 위에 세운 거대한 사당"*이 발견되었다. 이 기단의 폭은 약 165미터, 길이가 약 900미터로, 면적이 "워싱턴 DC에 있는 내셔널 몰National Mall의 거의 절반"에 이른다고 한다. 이 유적은 여전히 발굴 중이며, 그 종교적 의미는 아직 불분명하다. 하지만 연구자들은 기단 밑의 지하에 위치한 방에서 "흙을 빚어 굽고 눈에 연옥을 박은 실물 크기의 여성 두상"을 발견했다. 이는 그로부터 5,000년 전 서남아시아에서 발견된 두상을 연상시키며, 조상 또는 여신을 표상한 것일 가능성이 높아 보인다.[58]

죽음과 내세에 대한 염려 또한 룽산 문화의 특징 중 하나였다. 무덤 주인의 사회적 지위에 따라 "고도로 차별화된 무덤들"이 존재한다. 사회 특권층 무덤의 시신은 목관에 안치하고, 대개 붉은색 진사**를 뿌렸다. 일부 무덤에는 "용무늬가 찍힌 붉은 토기 접시, 악어

---

* 일명 '여신묘'라고 한다.

** 황화수은.

가죽을 씌운 나무북, 석경石磬*, 북 모양 토기, 밝은 색으로 칠한 나무 탁자와 받침대와 그릇과 기타 물건들, 옥과 돌로 된 반지, 돼지의 온전한 유골 등 120점의 부장품이 호화롭게 비치되어 있었다". 한 젊은 이의 무덤에는 토기 그릇 4점, 옥과 돌로 된 용구 14점, 옥반지 14개, 옥종玉琮** 33개가 들어 있었다. 옥종의 기능은 알려져 있지 않지만 일부 옥종에는 동물이나 사람의 머리가 새겨져 있다. 상나라 때의 무덤에서는 당시에 빚은 다양한 종류의 맥주와 과실주를 담았던 그릇들이 발견되었다. 또 다른 특권층 무덤에서는 인골이 추가로 발견되었는데, 이것을 순장의 ─ 짐작건대 저승에 가서도 주인을 계속 섬기라고 하인을 순장한 ─ 증거로 해석하는 이들도 있다.[59]

페루

비록 문자 기록은 없지만, 5,500년 전~4,000년 전의 페루 해안에는 고도로 발달한 문명이 존재했다. 수준 높은 관개 시스템에 기반해 콩, 호박, 구아바, 파카이, 루쿠마, 면화를 생산했다. 바다에서는 생선, 멸치, 조개, 홍합, 심지어 바다사자까지 잡았다. 북부 해안을 따라 존재하는 다채로운 강 유역들은 서로는 물론이고 안데스 고지대, 심지

---

*   돌로 된 타악기.
**   바깥쪽은 사각형, 안쪽은 원형인 고리를 여럿 포갠 형태의 옥기.

어 아마존 분지와도 교역했다.[60]

　이 시기 페루 해안 지역의 두드러진 특징은 100개가 넘는 토축단이 건설되었다는 것이다. 그중 다수의 꼭대기에는 사원이 있었던 것으로 보인다. 지금까지 연대를 추정할 수 있는 가장 오래된 유적은 카스마강 유역Casma River Valley의 세친 바호Sechin Bajo다. 2008년 고고학자들은 이곳에서 5,500년 전의 석조 원형 광장을 발견했다고 발표했다. 고고학자들은 이 광장이 "집회 장소, 아마도 일종의 의식을 행하는 중심지였을 것"이라는 가설을 제시했다. 세친 바호에는 높이 16미터짜리 계단식 피라미드도 있다. 인근의 세친 알토Sechin Alto에도 계단식 피라미드가 있는데, 연대가 3,700년 전으로 추정되며 높이 44미터에 축구장 14개에 해당하는 면적을 자랑한다. 이것은 "기원전 제2,000년기의 신대륙에서 아마도 가장 큰 단일 건축물"로 일컬어진다.[61]

　수페강 하구에 위치한 아스페로Aspero 유적은 연대가 5,000년 전으로 추정된다. 이곳에는 높이가 최대 10미터인 계단식 피라미드 6기가 있다. 그중 하나인 '우아카 데 로스 이돌로스Huaca de los Idolos'*에는 "회백색 점토로 빚고 불에 굽지 않은 최소 13점의 작은 소상이 작은 방의 두 층 사이에 묻혀 있었다". 또 다른 피라미드인 '우아카 데

─────────────

*　우상의 무덤.

로스 사크리피시오스Huaca de los Sacrificios'*에서는 "조개껍데기 구슬 모자를 씌우고 무명천으로 감싼 뒤 담요 속에 넣어 매장한 2개월 미만의 영아"가 발견되었다. 이 유해는 "공공 건축을 위한 봉헌 제물"로 매장된 것으로 해석되었다.[62]

　　페루 초기 유적 중에서 가장 유명하고 광범위하게 발굴된 곳은 수페강 유역의 카랄 유적으로, 아스페로에서 약 19킬로미터 떨어져 있으며 유네스코 세계유산으로 지정되었다. 당시 수페강 유역의 인구는 약 2만 명이었을 것으로 추정된다. 카랄 유적 단지에는 약 65만 평방미터의 면적에 "6기의 거대한 계단식 피라미드, 그보다 작은 무수한 계단식 피라미드, 한 단 낮게 지어진 두 개의 원형 광장, 많은 주거용 건물군, 다양한 단과 건물의 복합체"가 조성되어 있다. 계단식 피라미드 중에서 가장 큰 것은 높이가 30미터이고 기단부의 면적은 축구장 4개를 합친 것만 하다. 발굴된 것 가운데 가장 오래된 것의 연대는 4,600년 전으로 추정된다.[63]

　　카랄에서는 제단처럼 보이는 것도 확인되었다. 가장 큰 피라미드 안에는 인신 공희의 희생자로 보이는 어른 한 명과 아이들 몇 명이 매장되어 있었다. 또 다른 피라미드 안에서는 고래의 척추뼈들이 "두 개의 파카이 나무줄기와 함께 발견되었으며… 맥락상 의식용임

---

*　희생의 무덤.

이 명백해 보였다. 이 나무줄기들은 식물 섬유로 짠 직물로 덮인 채 땅에 박혀 있었다". 뼈로 된 호각, 나팔, 피리, 팬파이프, 방울 등 의식에 사용된 듯 보이는 다양한 악기들도 출토되었다. 환각제가 사용되었을 가능성을 암시하는 흡입기도 발견되었다.[64]

이 시기의 페루 남부 해안에서 나타난 또 한 가지 흥미로운 점은 시신을 미라로 만들었다는 사실이다. 이 관습은 이집트보다 1,000년도 더 전에 페루에서 시작되었다. 처음에는 시신을 그냥 소금에 절여서 사막의 햇볕 아래 건조시켰다. 플로리다 대학의 고고학자 마이클 모즐리Michael Moseley에 따르면, 후대에 페루 남부와 칠레 북부의 친초로인들Chinchoros people은 미라 제작에 고도로 능숙해졌다고 한다.

친초로의 장의사들은 특이한 기술을 완성시켰다. 시신을 해체하고, 뇌와 내장을 제거하고, 피부에 방부 처리를 하고, 시신 부위들을 다시 짜맞추고, 식물의 줄기나 나무 막대로 척추와 팔다리를 지지하고, 시신 내부의 빈 곳에 섬유나 깃털이나 점토나 기타 충전재를 채워 넣고, 얼굴 모양을 빚고 그려 넣을 수 있게끔 겉면에 점토를 바르고, 가발과 사람 머리카락을 점토에 심어서 원래의 모발을 대체하는 것이다.

페루 일부 지역에서는 미라를 밝은 색깔의 면이나 모직물로 감쌌다.

부장품은 흔치 않았지만, 고인을 위한 "도구, 식량, 심지어 애완 원숭이나 앵무새"를 꺼묻은 경우도 있었다. 페루 고지대에서도 미라를 제작하여 봉분 속의 석조 회랑에 안치했고, 이따금 "새를 음각한 조개껍데기 원반들과 맹수 비슷한 얼굴을 모자이크한 돌 원반" 같은 "장신구와 직물을 부장"하기도 했다.[65]

이 시기 페루인들이 신을 믿었을 가능성은 다분하지만, 이 신들에 대해서는 아직 알려진 게 없다. 한 유적에서는 "지팡이 신staff god"이라고 일컫는 부조가 발견되었다. 연대가 4,600년 전으로 추정되는 이 부조는 "삐죽삐죽한 송곳니에 밭장다리를 하고 뱀과 지팡이를 든 괴물"로, 그로부터 3,000여 년 뒤 잉카인이 숭배한 신과 동일해 보인다.[66]

ooooo

요약하면, 7,000년 전 이전의 어느 시기에 현생 호모사피엔스에게 지고신이 나타난 것으로 보이긴 하지만, 그들이 신의 존재를 믿었다는 결정적인 증거는 문자 기록이 등장한 뒤에야 확인할 수 있다. 6,500년 전 메소포타미아에서 그 증거는 물의 신 엔키를 모시기 위해 세워진 사원의 형태로 존재한다. 이후의 2,500년 동안 이집트와 중국에서 신들이 출현한 것은 확실하고, 아마 파키스탄, 동남부 유럽, 페루에서도 출현했을 것이며, 어쩌면 서유럽에서도 출현했을지 모른다. 중국과 페루에서는 신이 개별적으로 출현한 게 거의 확실하다. 이는 평행진화를 암시하는데, 여타 지역에서도 개별적으로 발달했는지는 확실하지 않다.

그러니까 4,500년 전, 세계 최대의 도시였던 우루크의 메소포타미아인들은 이난나의 사원에서 이 여신을 숭배했다. 이집트인들은 신들의 대리인인 파라오 쿠푸를 기리기 위해 세워진 기자의 대피라미드에 경탄했다. 이 피라미드는 그로부터 3,800년간 세계에서 가장 높은 인공 건축물이었다. 파키스탄의 하라파 문명은 전성기였고, 4만 명에 이르는 모헨조다로 주민들은 신들을 숭배하기 위한 사원처럼 보이는 곳을 찾았다. 서유럽에서는 수많은 사람들이 브로드가, 스톤헨지, 에이브버리 등 의식의 중심지로 보이는 곳에 모여들었다. 페루의 카랄에서는 높이가 최대 30미터에 이르는 거대한 토축단이 대규모 군중을 수용하여, 아마도 신과 결부된 일종의 의식 기능을 수행했던 듯하다. 그리고 4,300년 전 중국에서도 비슷한 토축 기단이 건설되었다.

그러니까 약 4,300년 전 유신론적 호미닌으로서의 현생 호모사피엔스가 출현하고 있었던 것이다. 이후로 신에 대한 믿음은 우리를 정의하는 특성 중 하나가 되었다. 지난 수천 년간 신들은 자연현상과 철학적 의문에 대한 해답을 동물이나 조상의 혼령보다 더 실질적으로 제시해주었다. 밤이면 태양은 어디로 갈까? 달은 왜 모양이 바뀔

까? 별들은 왜 움직일까? 무엇이 바람과 비, 천둥과 벼락, 홍수와 가뭄을 불러올까? 세상은 어디서 왔을까? 나는 왜 여기 있을까? 그리고 특히, 내가 죽고 난 뒤에는 어떻게 될까? 우리가 계속해서 삶의 무대를 충실히 가로지르며 일상의 과업들을 수행하면서도 창백한 죽음이 도사리며 대기하고 있음을 인식할 때, 신의 존재는 엄청난 위안을 주었다. 신이라는 상징적이고 기념비적인 버팀목을 삶의 여정에 동반하는 일은 고독의 지속적이고도 든든한 원천이었다. 이러한 버팀목은 삶이라는 드라마의 피치 못할 종말을 속삭이는 내면의 목소리를 잠재운다. 스틱스 강변은 4,500년 전에 그랬듯이 오늘날에도 우리에게 손짓하고 있다.

메이저 종교의 출현

하지만 신들이 이야기의 끝은 아니다. 메소포타미아에서 보았듯이, 일단 신들이 출현하자 정부는 신을 받아들이고 모종의 법적, 사회적, 경제적, 심지어 군사적 책무까지 부여했다. 성과 속, 신과 정부는 함께 발달했다. 프랑스 사회학자 에밀 뒤르켐은 "거의 모든 위대한 사회제도는 종교에서 탄생했다"고 주장했다. 영국의 역사학자 아널드 토인비Arnold Toynbee 역시 "위대한 종교들은 위대한 문명들이 의지한 기반"이라고 주장했다. 따라서 신과 정부의 관계는 그 이후에 출현한 문명들의 형태를 일부분 결정하게 된다.[67]

4,000년 전~2800년 전에 메소포타미아의 도시국가들은 혼란에 빠졌고 아시리아에 패했다. 아시리아의 최고신 아슈르Ashur는 키샤르Kishar와 결혼하여 하늘의 신 아누Anu와 물과 지혜의 신 에아Ea 그리고 명계의 신들을 낳았다. 아시리아는 서남아시아의 패권을 놓고 바빌론과 경쟁했다. 바빌론의 최고신은 원래 풍요신이자 군신이었던 마르두크Marduk였다. 최고신 마르두크는 해와 달을 하늘의 적절한 위치에 지정했다고 한다. 그리고 기원전 16세기에 바빌론이 함락된 뒤 히타이트가 이 지역의 맹주가 되었다. 그들의 최고신인 폭풍과 전투의 신 테슈브Teshub는 태양의 여신 헤파트Hepat와 결혼했다. 터키 중부의 야질리카야Yazilikaya에 가보면, 테슈브와 헤파트가 히타이트의 다른 남신들과 여신들의 행렬을 이끄는 모습이 바위에 새겨져 있다.

이집트 신왕국의 파라오들은 남으로 누비아, 북으로 시리아까지 헤게모니를 확대했다. 이때가 이집트 제국의 전성기였다. 계속해서 같은 신들이 숭배되었지만 아멘호테프 4세Amenhotep Ⅳ가 재위한 17년 동안은 예외였다. 그는 자기 이름을 아케나텐Akhenaten으로 바꾸고 이집트의 전통적 다신교를 태양신 라(아케나텐은 이 신을 '아텐Aten'이라고 불렀다)를 숭배하는 일신교로 대체하고자 했다. 이 시기는 세계 최초의 일신교 신앙의 예로 흔히 인용된다. 아케나텐이 죽은 뒤 그의 아들인 투탕카멘과 후대 파라오들은 전통적인 이집트 만신전 숭배로 되돌아갔다.

파키스탄에서는 하라파 문명이 쇠퇴했는데, 부분적으로는 이란과 아프가니스탄에서 침입해온 아리아인의 공격 때문이었다. 인도 북부로 퍼져나간 아리아인들은 3,700년 전~3,100년 전에 〈리그베다 Rig Veda〉를 지었는데, 이는 후대에 힌두교와 불교라는 양대 종교의 주춧돌이 되었다. 〈리그베다〉에는 풍요의 신 인드라Indra, 사자의 신 야마Yama, 불의 신 아그니Agni, 하늘의 신 바루나Varuna, 그리고 만卍자 문양을 상징으로 갖는 태양의 신 수리야Surya 등 많은 신들이 등장한다.

동남부 유럽에서는 고대 유럽 문명이 쇠퇴했지만 뒤이어 다른 문명들이 발흥했다. 그중 주요한 것은 크레타에 문명을 세운 미노아로 약 3,600년 전 전성기에 도달했다. 미노아는 남신이 거의 없는 대신 풍요, 추수, 동물, 명계 등을 주관하는 여신들의 만신전이 있었다. 크레타의 미노아 문명Minoan civilization은 이후 그리스 본토에서 쳐들어온 미케네인에 의해 대체되었다. 미케네인은 그들만의 고유한 문명을 발달시켰는데 여기에는 제우스, 헤라Hera, 아테나, 포세이돈, 헤르메스Hermes, 디오니소스Dionysus 등 많은 신들이 있었다. 몇백 년 뒤 그리스인은 이 신들을 받아들여 그들만의 고유한 종교를 발달시켰다.

중국에서는 상나라가 황하 유역과 중원의 넓은 지역을 600여 년간 통일했다. 이 시기에 문자가 독자적으로 발명되었고, 최초의 중국

도시들이 건설되었다. 최고신인 상제는 농경의 신으로 바람, 비, 천둥, 벼락을 부렸다.

페루에서는 2,940년 전 안데스 고도 3,170미터에 위치한 차빈데 우안타르Chavín de Huántar에 사원이 지어졌다. 이 사원에는 페루 중부와 북부를 지배한 차빈교Chavín의 최고신을 모셨다. 란존Lanzón이라고 일컬어지는 이 신은 돌로 쌓은 비좁은 회랑 끝에 우뚝 선 4.6미터 높이의 화강암 조각상이다. 이 사원을 발굴한 예일 대학의 고고학자 리처드 버거Richard Burger는 이렇게 설명한다.

> 란존을 통해 묘사된 신은 인간과 매우 유사하다. 이 신은 팔, 귀, 다리, 다섯 손가락을 갖추었고 나머지 손가락과 마주보는 엄지가 달린 손은 인간의 것과 같다…. 신의 말려 올라간 혹은 으르렁거리는 입에서 드러난 위쪽 앞니 혹은 송곳니는 특히 주목할 만하다…. 란존의 눈썹과 머리카락은 소용돌이치는 뱀처럼 묘사되었고, 머리 장식은 이빨을 드러낸 맹수들의 머리가 포개져 기둥을 이루고 있다…. '란존의 회랑'에 접근하는 데 제약이 있다는 사실은 란존이 강하고 위험하며 접근을 불허하는 신이라는 것을 암시한다.[68]

차빈 사원이 특히 흥미로운 것은 이 신전이 "작은 배수관과 통기관으로 이루어진 정교한 미로"이기 때문이다. 플로리다 대학의 고고학자 마이클 모즐리는 이렇게 썼다. "이 사원은 배수관으로 물을 내리고 그 소리를 방에서 방으로 내보내며 증폭시킴으로써 말 그대로 굉음이 나게끔 만들어졌다! 정말로 그랬다면, 그 의식의 현장은 그 앞에 운집한 신도들에게 확실히 초자연적으로 느껴졌을 것이다."[69]

축의 시대

우리가 아는 신과 종교가 출현하는 과정의 마지막 국면에 접어든 것은 2,800년 전부터이다. 세계는 심대한 변화를 겪었다. 농업혁명이 시작될 때 500만 명이었던 현생 호모사피엔스는 2, 3억 명으로 증가했다. 사람들은 종교·군사적 정복을 통해 점점 더 큰 정치 단위로 통합되었다. 일례로 중국에서는 상나라와 뒤이은 주나라가 큰 영토와 인구를 통일했다. 서남아시아에서는 신아시리아제국이 터키 서남부, 시리아, 레바논, 이스라엘, 팔레스타인, 이라크, 이란, 이집트, 그리고 사우디아라비아 일부를 지배했다.

이후 페르시아제국이 신아시리아제국을 능가했고, 그다음에는 알렉산드로스 대왕의 제국이 그리스에서 히말라야까지 이르는 영토를 지배함으로써 페르시아제국을 능가했다.

위대한 제국은 위대한 신들과 위대한 종교를 필요로 했다. 자연의 힘과 생사를 주관하는 최초의 신들은 3,000년 전 메소포타미아와 이집트의 도시들에는 적합했지만, 수백만 명에 이르는 다양한 종족 집단을 포괄하는 제국에는 더 이상 적합하지 않았다. 새로운 세계 질서에 맞게 통치가 체계화되어야 했듯, 이러한 통치의 필요불가결한 일부인 신들과 종교 또한 체계화되어야 했다. 통치자들은 자기 권위의 일부를 신들로부터 끌어왔다.

이렇게 해서 2,800년 전~2,200년 전(기원전 800~기원전 200년)까지 600년에 걸친 "축의 시대axial age"가 태동했다. 이 시기에 유교, 힌두교, 불교, 조로아스터교, 유대교가 모두 탄생했고, 그중 유대교는 후대에 기독교와 이슬람교를 낳았다. 현재 살아 있는 이들 중 60퍼센트가 이 종교들을 통해 영적 자양분을 얻고 있다. 고대 그리스의 종교 같은 여타 종교들 또한 이 시기에 생겨났다가 후대에 소멸했다. 그 신들은 현재 사원이 아닌 박물관에 기거하고 있다.[70]

공자孔子, 노자老子, 우파니샤드의 많은 저자들, 석가모니Buddha, 엘리야Elijah, 제2이사야Second Isaiah*, 예레미야Jeremiah, 에제키엘Ezekiel, 소크라테스Socrates, 플라톤Platon, 아리스토텔레스Aristoteles가 모두 축의 시대에 살았다. 실제로 공자, 석가모니, 제2이사야는 살았던 시대까지 겹친다. 독일 철학자 카를 야스퍼스Karl Jaspers가 이 시기를 축의 시

---

*   구약성서 〈이사야〉 40-55장에 등장하는 이사야.

대로 규정한 이유는, 이때가 "역사의 축"에 해당하기 때문이었다. 야스퍼스에 따르면, "이 이름들이 암시하는 모든 위대한 발전들이 이 몇 세기 사이에 중국, 인도, 서양에서 개별적으로, 거의 동시에 이루어졌다". 영국의 철학자 존 힉John Hick은 축의 시대에 "궁극을 상상할 수 있는 주요한 방식들로 이루어진 모든 중요한 종교적 선택지들이 발견되고 확립되었으며… 이후 인류의 종교 생활에는 상대적으로 새로운 중요한 일이 일어나지 않았다"고 지적했다. 프랑스의 철학자 에릭 베유Eric Weil는, 이 시대에 유대 문명과 그리스 문명이 그 두드러진 형태를 획득했으며 "서로 거의 접촉이 없었고 영향을 주고받지 않은 게 확실한 다른 문명들과 우리의 맹아적 사상 체계들이 서로 놀랄 만큼 유사한 발달을 보인다"고 덧붙였다. 캐런 암스트롱Karen Armstrong 역시 《신의 역사A History of God》에서, 축의 시대에 "사람들이 현재까지도 중대하고 인간 형성에 큰 영향을 끼치는 새로운 이념들을 창조했다"고 비슷한 주장을 펼쳤다. 그리고 "우리가 완전히 이해할 수 없는 어떠한 이유로 인해, 모든 주요 문명들은 유사한 경로를 따라 발전했다"고 덧붙였다.[71]

이 종교들의 발달을 조사해보면 주목해야 할 다섯 가지 측면이 있다.

첫째, 이들 모두가 죽음의 문제에 대한 해답을 제시했다. 바빌론의 왕도에는 "나의 주 마르두크가 영생을 주신다"고 시민들에게 확언하는 명문이 새겨져 있었다. 100년 전 윌리엄 제임스는 종교에 대한 그의 고전적 저작에서 이 원칙을 이렇게 요약했다. "내 생각에 신의 존재가 응당 낳아야 하는 차이는, 다름 아닌 개인의 불멸이다. 신은 불멸을 만드는 존재다. 그리고 불멸을 의심하는 자는 더 따져 물을 것도 없이 무신론자로 치부된다." 그로부터 400년 전에 마르틴 루터Martin Luther도 비슷하게 말했다. "네가 내세를 믿지 않는다면 나는 너의 신을 위해 버섯 한 개도 바치지 않을 것이다."[72]

둘째, 주요 종교들은 죽음의 딜레마에 대한 해법 외에도 다른 혜택들을 제시한다. 이런 혜택으로는 집단에 소속되면서 얻는 심리적 지원을 비롯하여 물리적 보호, 사회복지, 일자리나 경제적 향상의 기회 등을 들 수 있다. 실제로 일부 종교의 심리·사회적 혜택은 너무나 중요해져서 이러한 혜택이야말로 종교의 기원처럼 보이기도 한다. 심지어 사회학적 관점에서 보면, 로버트 벨라Robert Bellah가 주장했듯이 "인간의 종교에 관한 한 [신들이] 전혀 필요치 않은"것처럼 보일 수도 있다.[73]

셋째, 앞에서 지적했듯이 주요 종교들은 대개 사람들에 대한 정치적 지배와 연계하여 발전한다. 성과 속은 손에 손을 잡고 발전하며 대개 불가분의 관계를 맺고 있다. 그래서 메소포타미아에서는 신을 모시는 사원이 경제의 기반을 이루는 제조업과 무역을 통제했다. 나아가 정치 지도자들은 신들과 동맹을 맺으며 어떤 경우에는 반신半

神이나 심지어 신의 지위를 차지하기도 한다. 19세기 독일의 지도자 오토 폰 비스마르크Otto von Bismark는 이 원칙을 이렇게 표현했다. "정치가의 임무는 역사 속을 전진하는 신의 발소리를 듣고, 신이 지나갈 때 그의 옷자락을 잡아채는 것이다."[74]

넷째, 종교들은 계속해서 등장하고 있으며, 개별 종교의 성패는 대개 그 추종자들의 경제, 정치, 혹은 군사적 성공에 의해 결정된다. 일례로 불교와 기독교가 세계 종교가 된 주요한 이유는 일찍이 인도 황제 아쇼카Ashoka와 로마 황제 콘스탄티누스Constantinus가 그 종교를 받아들였기 때문이다. 거꾸로 원래 주요한 세계 종교였던 그리스 종교가 존속하지 못한 것은, 기원전 323년 알렉산드로스 대왕이 죽은 뒤 그리스 도시국가들이 끝없는 내전에 돌입하여 정치적으로 약화되면서 그 신들이 옛 모습을 찾아볼 수 없을 만큼 약해졌기 때문이다. 이후 사도 바울Paul이 그리스인에게 기독교를 설파하기 시작했을 때, 예수는 죽음의 문제에 대해 제우스가 제시했던 것보다 현저히 매력적인 해법을 내놓았다.

끝으로, 새로운 종교의 등장은 주로 보다 오래된 종교의 신들과 신학을 차용함으로써 일어난다. 일례로 고대 그리스의 신들 가운데 사랑과 미의 여신인 아프로디테는 키프로스에서 "해상 교역자들에 의해 그리스로 전래되었다"고 여겨지는데, 키프로스인들은 이 여신을 다시 아시리아와 페니키아에서 차용해왔다고 여겨진다. 아시리아와 페니키아에서 이 여신은 아스타르테Astarte였다. 또 바빌로니아에서는 이슈타르Ishtar였고, 그 이전에 메소포타미아에서는 이난나였다. 이와 비슷하게, 그리스 신화의 인물로 아프로디테의 사랑을 받은 잘생긴 청년 아도니스Adonis는 그전에는 페니키아의 주신이었으며, 비블로스에는 그를 모신 큰 신전이 있었다. 더 거슬러 올라가 그는 바빌로니아에서 차용되었다고 여겨지며, 바빌로니아에서 그는 탐무즈였고, 메소포타미아에서는 두무지였다. 신들을 차용해온다는 개념은 새로운 것이 아니다. 2,400년 전 그리스의 여행가이자 역사가인 헤로도토스는 "서로 다른 종교 체계의 서로 다른 이름과 속성을 지닌 신들이 실제로는 매우 유사한 기능을 했다"고 지적하며, 특히 "페르시아의 아프로디테 숭배는 아시리아의 아스타르테 숭배에서 차용한 것"이라고 추측하기도 했다.[75]

신들과 마찬가지로 종교적 관념 또한 흔히 차용된다. 일례로 유대-기독교의 인류 창조, 대홍수, 바벨탑 개념은 메소포타미아 종교에서 가져온 것으로 여겨진다. 기원전 587년부터 시작된 바빌론 유수 시대에 이스라엘인들이 조로아스터교와 그 전능한 신인 아후라마즈다를 접하게 된 것도 이와 비슷한 경우다. 이스라엘인들이 유대로 귀환한 뒤, 처음으로 전능한 유일신이라는 개념이 구약성서에서 두드러지게 되었다. "인간이 큰 도덕적 타락의 위험에 처하여 마침내 악의 세력에 넘어갈지도 모르는 상황에서, 세상의 역사에 간격을 두고" 개입하는 "사오시안트saoshyant", 즉 구세주와 같은 여타 개념들도 조로아스터교에서 차용한 것일 수 있다. 그중 마지막 구세주는 "모든 사람의 선행을 그의 악행과 견주어 가늠할" 심판의 날을 예고할 것이라고 한다. 조로아스터교는 세 명의 구세주가 이 종교의 창시자인 조로아스터Zoroaster의 씨를 받아 동정녀에게서 태어날 것이라고도 가르친다.[76]

○○○○○

따라서 축의 시대는 현생 호모사피엔스의 진화에서 주목할 만한 시대의 절정이었다. 불과 4,000년 사이에 최초의 신들과 문명이 출현하여 급속히 퍼져나갔고, 이는 모든 세계 주요 종교의 형성으로 이어졌다. 로빈 던바는 "종교라는 현상은 우리 인류가 질적인 의미에서 진짜로 우리 유인원 사촌과 다른 점"이라고 지적하며 이렇게 질문한 바 있다. "왜 동물계에서 유일하게 우리 생물종만이 종교에 이처럼 강하게 얽매여 있을까?" 그 답은 우리가 영리하고 자기를 인식하고 남에게 공감하고 자기를 성찰할 뿐만 아니라, 자전적 기억을 지닌 덕분에 자신의 미래를 내다보면서 스스로를 자신의 과거와 통합시킬 수 있기 때문이라는 것이다. 바로 이것이 우리를, 캐런 암스트롱의 말을 빌리면, '종교적 인간Homo religiosus'으로 만들어준다.[77]

죽음의 딜레마는 사람의 뇌 진화의 필연적인 결과지만, 신과 종교는 우리가 타고난 이 끝없는 딜레마의 해결책을 제시했다. 그러는 과정에서 신과 종교는 인간을—반은 필멸이고 반은 불멸인—혼종으로 만들었다. 어니스트 베커는 퓰리처상을 수상한 책인《죽음의 부정 The Denial of Death》에서 인간을 "항문을 가진 신"이라고 일컬으며 이러한 모순을 포착했다. "인간은 말 그대로 둘로 쪼개진다. 그는 나머지 자연으로부터 위풍당당하게 우뚝 치솟은 자기 자신의 찬란한 독특성을 인식하지만, 결국에는 땅속 몇 피트 밑으로 돌아가 앞 못 보고 말 못하는 채로 썩어서 영영 사라진다. 이것은 인간이 평생을 안고 살아가야 할 무서운 딜레마다."[78]

8
신의 기원에 대한 다른 이론들

> 인간이란 얼마나 정교한 조화인가! 이성은 얼마나 고귀하며 능력은
> 얼마나 무한하며 형상과 동작은 얼마나 올곧고 놀라우며 행동은 얼
> 마나 천사 같으며 이해력은 얼마나 신 같은가! ─ 요컨대 우주의 아름
> 다움이요 뭇 생물의 최고 모범 아닌가! 그러나 이 흙 중의 흙이 내게
> 뭐란 말인가?
>
> ─ 윌리엄 셰익스피어, 《햄릿Hamlet》[*]

신에 대한 사유는 신이 존재하는 동안 계속되어왔다.

실제로 신은 현존하는 가장 오래된 문학작품 중 하나인 《길가메
시 서사시》에서부터 두드러졌다. 신에 대한 사유는 지난 20년간, 특
히 "신이 자기 삶에서 중요한 역할을 한다고 말하는" 사람이 21퍼센

---

[*]   이상섭 옮김, 《셰익스피어 전집》, 문학과지성사, 2016, 504쪽.

트에 불과한 유럽에서도 점점 더 두드러지게 되었다.[1]

이 책에서는 신에 진화적으로 접근할 것을 제안했는데, 이런 접근 방식을 처음 제시한 사람은 찰스 다윈이었다. 그는 "만물에 스며든 영적 힘에 대한 믿음은 보편적인 것으로 보이며, 영적 힘에 대한 믿음은 신이 존재한다는 믿음으로 쉽게 이어질 것"이라고 지적했다. 하지만 다윈에 따르면, 이 일이 발생하기 전에 "인간 추론 능력의 상당한 진보"가 일어났다.[2]

1장부터 5장까지, 나는 다윈이 (물론) 이용할 수 없었던 신경과학 연구를 활용하여 "인간 추론 능력"의 다섯 가지 주요 진보를 기술했다. 호미닌의 뇌 크기가 커지고 뇌 영역들이 점점 더 강하게 연결되면서 우리는 지능, 자기 자신에 대해 생각하는 능력, 타인이 무슨 생각을 하는지를 생각하는 능력(마음이론), 자기 자신을 생각하는 자기 자신에 대해 생각하는 자기성찰 능력을 차례로 획득했다. 끝으로 약 4만 년 전, 그 전까지는 불가능했던 방식으로 자신을 시간의 앞뒤로 투사하는 능력인 자전적 기억을 획득했다. 우리는 현생 호모사피엔스가 되었다.

자기 자신을 과거와 미래로 투사할 수 있는 능력은 우리가 자기 자신의 죽음을 내다볼 수 있게 해줌으로써 현생 인류의 사고에 심대한 영향을 끼쳤다. 다윈과 동시대를 살았던 에드워드 B. 타일러는, 죽음을 이해하려는 탐색에서 우리가 넋이나 영혼의 상실을 삶과 죽음의 결정적 차이로 지목한다고 제시했다. 또한 과거, 현재, 미래를 통합하는 새로운 능력 덕분에, 우리는 전에는 불가능했던 방식으로 꿈에 의미를 부여할 수 있게 되었다. 타일러가 지적했듯이, 우리는 죽은 조상들이 꿈에 나타나는 것을 경험한 뒤 죽은 혼령들이 사후에도 계속 존재한다는 결론에 도달했다. 이는 필연적이게도 이 혼령들의 힘을 빌리고 그들을 달래려는 시도로 이어졌다.

인간이 사후에도 또 다른 형태로 계속 존재할 수 있다고 선언되자 신들의 맹아가 심어졌다. 철학자 샘 해리스Sam Harris가《종교의 종말The End of Faith》에서 지적한 대로 "일단 '너는 죽지 않으리라'라는 명제를 믿게 되면, 안 그랬으면 상상도 못했을 방식으로 삶에 반응하게 된다". 죽은 가족이 사후에도 존재한다고 믿었으므로 그들의 도움을 구하는 것은 논리적인 일이었고, 따라서 조상숭배가 발달했다. 이것이 점점 정교해지고 의례화되어, 결국에는 아주 막강한 몇몇 조상들이 천상의 천장을 뚫고 올라가 신으로 간주되기에 이르렀다. 이는 세계의 몇몇 지역에서 따로따로 일어난 듯 보이지만 문자 기록을 구하기 전까지는 확신할 수 없다.[3]

과거, 현재, 미래를 통합할 수 있는 우리의 능력은 계획 능력을 눈에 띄게 신장시켰고 이는 곧 농업혁명으로 이어졌다. 농업혁명으로 인구가 증가하고 도시화가 진행되자 세속 권력들은 규칙과 법률을 제정했고 이를 집행하기 위해 신들과 제휴했다. 이렇게 해서 최초의 종교가 출현했고, 종교는 공동체의 법·경제·정치·사회적 필요에 신의 권위를 부여했다. 국가와 문명의 규모가 커지면서 종교의 규모도 커졌다. 신과 종교의 영향력은 그것과 결부된 문명의 영향력에 직접적으로 의존했고, 이 패턴은 현재까지 계속되고 있다. 이상의 사건들을 도판 8.1에 도해로 정리했다.

따라서 뇌 진화 이론은 이러한 신들, 그리고 나중에 이 신들과 결부되는 공식 종교가 인간 뇌 발달의 산물이라고 상정한다. 앞에서 상술한 현대의 뇌 연구는 우리가 성장하며 인지 기능을 획득한 순서가 이런 기능들과 연관된 뇌 영역의 진화 순서와 동일함을 확증하며, 따라서 뇌 진화 이론을 해부학적으로 뒷받침하고 있다. 다윈은 "영적 힘"에 대한 믿음이 신에 대한 믿음으로 이어졌다고 보았고, 마찬가지로 타일러도 "내세에서 개개인의 영혼이 독립적으로 존재"한다는 믿음이 신과 종교로 이어졌다고 보았다. 타일러는 이러한 발전을 다음과 같이 요약했다.

[영혼이 계속해서 존재한다는] 이 중대한 믿음이 야만 인종 사이의 조잡하고 원시적인 발현에서 시작되어 현대 종교의 핵심에 확립되기까지의 궤적을 짚어볼 수 있을 것이다. 현대 종교에서 내세에 대한 믿음은 선에 대한 유인책이자, 고통과 죽음의 공포 속에 존재하는 든든한 희망이기도 하며, 현세에서 행복과 비참이 불공평하게 분배

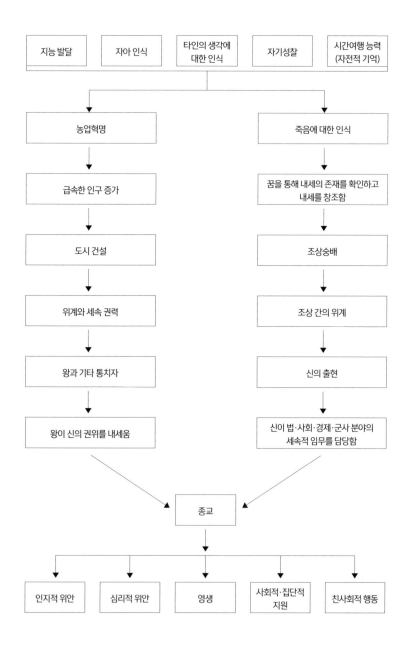

도판 8.1 신과 종교의 기원

되는 당혹스러운 문제에 ─ 이를 바로잡을 다른 세상을 기대함으로써 ─ 해답을 제시하기도 한다.[4]

따라서 뇌 진화 이론은 **왜** 신이 출현했는가, 왜 **그때** 신이 출현했는가를 둘 다 설명할 수 있다. 신들이 지구상의 서로 다른 곳에서 개별적으로 출현한 것 또한 평행진화를 근거로 설명할 수 있다. 끝으로, 이 이론은 공동체의 법적·경제적·사회적 필요가 공동체의 영적 필요와 손잡게 된 과정 또한 설명할 수 있다. 성과 속은 서로를 뒷받침하고 서로에 의지하면서 함께 발달했다.

신과 종교의 기원을 설명하기 위해 제시된 이론들이 몇 가지 더 있다. 이 이론들은 상당 부분이 서로 겹치며, 많은 학자들은 신과 종교의 기원을 설명할 때 두 개 이상의 이론을 동원한다. 과도한 단순화의 위험을 무릅쓰고 이 이론들을 간략히 요약해본다.

사회적 이론

신과 종교의 기원에 대한 사회적 이론은 현대 사회학의 창시자로 흔히 인용되는 19세기 프랑스 사상가 에밀 뒤르켐의 연구에 크게 의존하고 있다. 뒤르켐은 신과 종교의 기원이 영혼과 꿈이 아니라 사회

구조와 제도에 있다고 믿었다. "종교의 진정한 본질은 종교의 표면이 아니라 그 이면에 기반을 두어야 한다…. 종교의 핵심 가치는 집단에 대한 개인의 충성을 고취하고 갱신하는 의례에 놓여 있다. 이러한 의례는 조상 혼령과 신에 대한 관념의 형태를 띤 일종의 상징을 향한 욕구를 (거의 사후적으로) 창출한다." 뒤르켐에게 "종교는 대단히 사회적인 것"이며, 종교의 기원은 그것이 수행하는 기능에 있다. 사실 신은 종교의 필수 요소가 아니다. 뒤르켐에게 "종교와 사회는 서로 불가분"한 것이다. 1912년에 출간된 저서 《종교 생활의 원초적 형태The Elementary Forms of the Religious Life》에서 그는 종교를 "성스러운 것과 관련된 믿음과 실천의 통일된 체계"라고 정의하며, 이러한 믿음과 실천이 "그것을 신봉하는 모든 사람들을 교회라는 하나의 도덕적 공동체로 통합시킨다"고 말했다.[5]

뒤르켐은 종교에 대한 사회적 이론을 지지하는 대부분의 현대 이론가들에게 강한 영향을 끼쳤다. 그중 한 예가 《뉴욕 타임스》 기자인 니컬러스 웨이드Nicholas Wade다. 《종교 유전자The Faith Instinct》에서 웨이드는, "종교의 진화적 기능은… 사람들을 하나로 묶고 그들이 자기 자신의 이해보다 집단의 이해를 우선에 놓게끔 만드는 것"이라고 주장했다. 따라서 웨이드에 따르면, "종교적 성향이 강한 집단은 더 강하게 통합되며, 응집력이 약한 집단보다 현저한 우위를 점한다". 그래서 종교는 "그 성원들이 서로를 지원하는 신뢰의 고리를 창출"

하며, "그 성원들이 서로(내집단)와 비신자(외집단)에게 취하는 사회적 행동을 형성"한다고 그는 말한다. 윌리엄 앤 메리 칼리지의 인류학자이자 영장류학자인 바버라 킹Barbara King도 비슷한 주장을 펼쳤다. 《진화하는 신Evolving God》에서 킹은 "종교는 근본적으로 소속감이라는 기반 위에 세워진다"며, 영장류가 이런 소속감을 갈망한다고 주장했다. 이러한 욕구로부터 종교가 발생했다. "소속되어야 할 세속적 필요성이 인간의 종교적 상상으로, 따라서 하나님, 신들, 혼령들과 관련된 초자연적 영역으로 이어졌다. 신들에게 기도하고 하나님을 찬송하며 보이지 않는 영들의 힘 앞에서 공포에 떨어야 할 필요성이 기본적인 단계에서부터 —유인원에 가까웠던 우리의 조상들에게서부터— 나타났다는 것을 알 수 있다."[6] 빙엄턴 대학의 인류학자 데이비드 슬론 윌슨David Sloan Wilson도 종교에 소속되는 것의 사회적 이점을 강조하며 사회적 이론을 지지하는 주요한 학자들 중 하나다. 《종교는 진화한다Darwin's Cathedral》에서 그는 갓 도착한 이민자들이 교회에 다님으로써 "차를 구입하고, 주택을 구하고, 취업을 알선받고, 베이비시터를 소개받고, 사회보장 혜택에 대한 정보를 얻고… 자녀들을 학교에 입학시키고, 시민권을 신청하고, 법원을 상대하는" 일에 도움을 받는 등 "나열하자면 끝이 없는 물질적 편익"을 제공받는 사례들을 인용했다. 고대 메소포타미아의 사원에서 엔키와 여타 신을 신봉하던 신도들에게도 사회적 편익이 주어졌고, 따라서 이는 처음부터

종교 조직에 내재된 요소였다.[7]

다른 공동체 조직이 그렇듯이 종교도 물론 그 신봉자들에게 사회적 편익을 제공하며 중요한 사회적 욕구를 충족시켜준다. 6장에서 기술했듯, 이는 기록된 최초의 종교가 메소포타미아에서 출현한 이래로 죽 그래왔다. 하지만 궁금한 것은 종교가 사회적 욕구를 충족시키는지 여부가 아니라, 그것이 신과 종교의 기원인가 하는 것이다. 사회적 이론을 지지하는 일부 이론가들에게 신은 중요치 않다. 일례로 《종교 유전자》에서 니컬러스 웨이드는 "유능한 교회에서 신이 항상 반드시 필수는 아닐 수도 있다"고 주장한다. 이 이론에서 토르Thor와 제우스는 벼락을 빼앗긴 듯 보이며 경찰이나 지역사회 조직가에에 더 가까워 보인다.[8]

친사회적 행동 이론

신의 기원에 대한 친사회적 행동 이론prosocial behavior theories은 사회적 이론의 한 특수한 유형으로 간주할 수 있다. 이 이론의 핵심은 신들이 인간을 지켜보고 있다, 하늘의 눈이 모든 걸 꿰뚫어보고 있다는 생각이다. 이 이론은 사회적 규칙, 도덕, 집단 규범을 강제하는 데 있어 신과 종교의 중요성을 강조하며, "종교가 특정 사회질서를 영속시키기 위해 고안되었다"고 제시한다. 이러한 관점에서는 모든 걸 꿰뚫어 보는 신에 대한 믿음이 매우 유용하다. 이러한 신의 효용을 보여준 고전적 실험 중 하나가, 한 대학교 커피점에서 사람들이 자기가 가져간 음료 값을 자발적으로 집어넣도록 한 "정직 상자honesty box"였다. 총 10주 동안 "정직 상자"를 놓고 1주일은 꽃 그림으로, 1주일은 사람의 눈 그림으로 번갈아가며 장식해보았다. 눈 그림을 붙인 주에는 꽃 그림을 붙인 주보다 3배나 더 많은 돈이 걷혔다. 연구자들은 "눈의 이미지가 참가자들에게 감시당하고 있다는 자각을 유도함으로써 협력적 행동을 북돋는다"고 결론 내렸다. 흥미롭게도 초등학생들에게 비슷한 연구를 수행했을 때는 눈 그림이 아이들의 행동에 전혀 영향을 끼치지 않았는데, 아이들은 아직 성숙한 인지를 획득하지 못했기 때문인 듯하다.[9]

최근에 나온 세 권의 책은 신이 우리를 지켜보고 있다는 주제에 초점을 맞추고 있다. 3장에서 논의했듯이, 셋 다 종교적 믿음의 기반으로서 마음이론이 갖는 중요성으로부터 시작한다. 일단 호미닌이 마음이론을 획득하고 신을 비롯한 타인들도 생각과 감정이 있음을 이해하게 되자, 종교의 형성으로 가는 필연적 여정이 시작되었다는 것이다. 퀸스 대학교 벨파스트의 심리학자인 제시 베링은《종교 본능》에서 "신은 마음이론으로부터 탄생했다"고 명쾌하게 진술한다.[10]

브리티시컬럼비아 대학의 심리학자 아라 노렌자얀은《거대한 신, 우리는 무엇을 믿는가》에서, 그리고 옥스퍼드 대학의 생물학자 도미닉 존슨은 《하나님이 너를 보고 계신다: 어떻게 신에 대한 두려움이 우리를 인간으로 만드는가》에서 이 주제를 진척시켰다. 이 두 책은 신의 개념이 마음이론과 신들이 우리를 지켜보고 있다는 믿음에서 생겨났다고 주장한다. 이런 믿음은 우리를 다른 동료 호미닌과 협력하도록 북돋는다. 우리가 더 많이 협력할수록 우리 집단이 경제적·사회적으로 더욱 성공할 것이고, 우리 유전자가 후대에 더 많이 전해질 것이다.[11]

존슨은 선악과 삶의 의미를 설명하고픈 욕구를 충족시키기 위해 신이 생겨났다고 제시했다. "우리 뇌는 삶의 무작위성 속에서 의미를 찾아 헤맬 '수밖에 없게끔' 연결되어 있다. 이것은 인간의 본성이다." 우리는 이 욕구를 충족시키기 위해 신을 발명했다. "인간 사회는 신을 한 번이 아니라 수천 번 발명했다." 신들은 우리를 감시하고 우리가 무엇을 하는지를 앎으로써, 그리고 협력적 행동을 북돋움으로써 긍정적인 힘을 발휘한다. "우리를 면밀히 감시하는 빅브라더처럼, 초자연적인 힘이 우리의 이기심을 억누르며 우리를 보다 협력적이고 생산적으로 만들어주는 두렵고 경외로운 인물처럼 작용한다는 것이 그 기본 개념이다." 존슨에 따르면 이런 사회는 보다 성공적일 것이며, 따라서 진화적으로 그들의 유전자를 다음 세대에 물려줄 가능성이 높다.[12]

몇몇 다른 작가들도 도덕적·친사회적 행동을 촉진하는 데 있어 신과 종교의 중요성을 강조했다. 가톨릭 수녀 출신인 캐런 암스트롱은 《신의 역사》에서 "신이라는 관념이 없으면 절대적 의미도, 진리도, 도덕성도 없다. 윤리는 그저 취향이나 분위기나 변덕의 문제가 된다"고 주장했다. 이러한 사상에 기여한 또 한 명의 학자는 사회학자 로버트 벨라다. 저서인 《인류 진화 속의 종교Religion in Human Evolution》에서 그는 종교를 "그 신봉자들을 하나의 도덕적 공동체로 통합시키는 성스러운 것과 관련된 믿음과 실천의 체계"로 정의하고, 놀이, 의례, 신화와 같은 공동의 활동이 사회가 점점 더 복잡해지면서 공식 종교로 변천하는 과정을 기술했다.[13]

보스턴 대학의 심리학자 패트릭 맥나마라가 제시한 견해도 종교를 사회적 행동을 촉진하는 메커니즘으로 보는 이론의 또 다른 변형으로 볼 수 있다. 《종교적 체험의 신경과학The Neuroscience of Religious Experience》에서 그는 종교적 믿음과 실천이 개개인에 끼치는 영향에 초점을 맞추었다. 맥나마라는 "현재의 자아current Self"를 "실행하는 자아executive Self" 및 "이상적 자아ideal Self"와 구분했다. 그리고 "종교는 개개인이 갖고자 노력하며 그것에 빗대어 '현재의 자아'를 평가할 수 있는 '이상적 자아'를 제시함으로써 '실행하는 자아'를 창조한다"고 주장했다. 종교적 실천은 "[현재의] 자아를 더 고귀하고 더 나은 자아로 변화시키는 것을 목표로 한다…. 종교가 자아에 관심을 기울이는 것은 자아의 변화를 추구하기 때문이다". 맥나마라는 종교적 실천이 그가 말하는 "탈중심화decentering" 과정을 통해 어떻게 뇌에 영향을 끼치는지를 기술했다. 따라서 종교의 궁극적 목표는 개개인의 행동을 개선하고 사회적 협력을 증진시키는 것이다. "'실행하는 자아'가 곧 '사회적 자아'이며 사회적 협력의 주체"이기 때문이다.[14]

신이 친사회적 행동을 증진시키는 데 얼마나 큰 역할을 하는지는 논란의 여지가 있지만, 모종의 역할을 한다는 것은 명백해 보인다. 하지만 우리가 궁금해 하는 것은 신이 친사회적 행동과 협력을 증진시키는지 여부가 아니라, 그것이 바로 신의 기원인가 하는 것이다. 친사회적 행동 이론가들의 주장대로 신이 생겨난 것은 호모사피엔스가 친사회적 행동 증진과 의미를 필요로 했기 때문일까? 아니면 이 책의 주장대로, 호모사피엔스가 죽음과 내세를 이해하게 된 데 대한 반응으로서 신이 생겨났고 친사회적 행동은 나중에 획득하게 된 것일까?

심리적 이론과 위안 이론

신과 종교의 기원에 대해 가장 잘 알려진 심리적 이론은 정신분석학자 지그문트 프로이트가 제시한 것이다. 프로이트에 따르면, 오이디푸스 콤플렉스를 해소하려는 무의식적 욕구에서 아버지상으로서의 신을 창조하려는 욕구가 생겨났다고 한다. 이 욕구는 유년기의 남자아이가 그리스의 왕 오이디푸스Oedipus처럼 아버지를 죽이고 어머니와 결혼하기를 소망할 때 생겨난다. 따라서 프로이트에게 "종교는 '오로지' 깊은 정서적 갈등과 취약성에 대한 반응으로서만 생겨나는"것이며, 일단 정신분석을 통해 무의식적 갈등을 해소하고 나면 종교에 대한 욕구를 더 이상 갖지 않게 된다.[15]

종교가 무의식적 욕구의 충족이라는 프로이트의 이론은 신빙성을 잃었지만, 현대의 많은 이론가들은 위안을 얻고픈 의식적·무의식적 욕구를 충족시켜주는 종교의 역할을 강조한다. 천국에 가거나 환생하거나 어떤 다른 형태의 내세로 들어가길 기대하는 것은 죽음을 존재의 끝으로 받아들여야 하는 것보다 확실히 더 위안을 준다. 대부분의 종교에서 내세는 아주 매력적인 곳으로 묘사된다. 일례로 모르몬교에서 '해의 왕국Celestial Kingdom'은 천국에 있는 세 등급의 왕국 가운데 가장 높은 곳으로, 선지자 조지프 스미스Joseph Smith의 묘사에 의하면 "황금으로 포장된 듯 보이는… 아름다운 거리"가 있다고 한다. 신심 깊은 이들은 이곳에서 영원히 살게 된다.

한 모르몬교 신학자에 따르면, "우리 모두는 똥배, 무사마귀, 기형 등의 결함이 사라진 우리 자신처럼 보일 것이며, 완벽한 육체적 형상이―전세前世의 영혼이 취했던 형상이 이제 영생의 몸을 입어一바로 우리의 형상이 될 것이다". 사람들은 해의 왕국에서 가족으로 살 것이며, "아기나 아이 때 죽은 이들은, 아담까지 거슬러 올라가며 앞으로도 영원히 이어질 가족의 사슬 안에서, 영생을 얻은 그들의 부모에 의해 성년이 될 때까지 양육될 것이다".[16]

내세의 언약을 신의 기원에서 중요한 요소로 보는 종교학자들 대다수는 이것을 신의 기원을 설명하는 여러 요소 중 하나로 포함시키곤 한다. 영국 케임브리지 대학의 동물학자인 로버트 하인드Robert Hinde는《신들은 왜 계속 존재하는가Why Gods Persist》에서 이렇게 썼다. "신에 대한 믿음은 인간의 여러 가지 성향, 특히 사건의 원인을 이해하고, 자기 삶을 통제한다고 느끼며, 역경 속에서 안전을 추구하고, 죽음의 공포에 대처하고, 인간관계와 사회생활을 열망하고, 일관된 삶의 의미를 찾는 성향과 관계가 있다." 이와 비슷하게 존스홉킨스 대학의 신경과학자인 데이비드 린든David Linden 또한《우연한 마음The Accidental Mind》에서 "종교는 특히 사람들이 자신의 필멸을 마주할 수 있게 해준다는 점에서 위안을 준다"고 인정하면서도, "종교는 특정 사회질서를 유지할 수 있게 해준다", "종교는 난해한 문제에 대한 해답을 준다"는 등 종교의 다른 이점에도 동등한 무게를 부여했다.[17]

라이오넬 타이거Lionel Tiger와 마이클 맥과이어Michael McGuire는《신의 뇌God's Brain》에서 위안이라는 테마의 신경화학적 변주를 전개했다. 그들은 "불확실한 미지의 것을 대면하는 경험"이 우리 뇌의 화학적 변화로 이어지며, 이 변화가 "신체·심리적으로 불쾌한 상태를 유발한다"고 주장했다. 이런 스트레스에 대한 반응으로 우리의 뇌는 신경화학물질을 자동 조절하여, 저자들의 표현을 빌리면 "뇌를 진정시킨다brainsoothe". 종교는 다음 세 가지 메커니즘을 통해 "뇌를 진정시키는" 중요한 수단이 된다. 종교의 사회적 측면은 세로토닌, 도파민, 노르에피네프린을 상향 조절하여 쾌락을 유발한다. 종교의식은 신체를 이완시킨다. 종교적 믿음은 "존재와 사회생활의 복잡성"을 단순화시킨다. 따라서 종교를 이해하려면 "종교가 뇌에 무슨 일을 하는지를 들여다볼" 필요가 있다. 두 사람은 "종교가 뇌에 하는 일은 조깅이 다리에 하는 일과 같다…. 그것은 우리 머릿속의 장기를 단련하는 사회 정서적·제도적 형태의 운동"이라고 주장한다.[18]

죽음에 대한 공포와 내세에 대한 열망이 종교의 발달에서 특별히 중요하지 않다고 보는 학자들도 있다. 일례로 워싱턴 대학의 인류학자 파스칼 보이어Pascal Boyer는 이렇게 주장했다. "흔히 통용되는 성급한 설명—사람들은 죽음을 두려워하며, 종교는 사람들에게 죽음이 끝이 아니라는 믿음을 준다는 설명—은 확실히 불충분하다. 인간의 마음이 모든 스트레스나 공포 상황에서 적절한 위안을 주는 착각을 빚어내는 건 아니기 때문이다." 보이어는 죽음에 대한 공포를 인간이 느끼는 숱한 스트레스와 공포 가운데 하나에 불과한 것으로 분류한 듯하다. 이와 비슷하게 포덤 대학의 인류학자 스튜어트 거스리

Stewart Guthrie는 신앙 체계에 내세에 대한 믿음이 부재한 종교들도 있다고 주장했다. 그의 주장에 따르면, "내세의 부재, 혹은 행복한 내세의 부재는 많은 종교에서 발견된다. 따라서 두 가지 주요한 형태의 소망 충족[위안] 이론—영생에 대한 열망이 신앙의 동기라는 이론과, 사후의 응보에 대한 열망이 신앙의 동기라는 이론—은 그 근거가 취약해진다".[19]

죽음에의 공포와 내세에의 열망을 신의 출현에 가장 중요한 요소로 제시한다고 해서 신과 종교의 다른 측면들 또한 위안을 준다는 사실을 부인하는 것은 아니다. 하인드가 지적했듯이, "내 편에 서 있으며 내가 호소할 때마다 개입해주는 강한 존재를 믿는 일은 위안을 준다". 신에 대한 믿음은 내가 삶을 통제하고 있으며 세상사가 의미를 띠고 있음을 시사하기도 한다. 이런 믿음은 지진, 홍수, 토네이도, 태풍 같은 자연재해가 닥쳤을 때 특히 위안을 준다. 또한 신은 우리가 사랑하는 사람의 죽음 또는 무고한 아이들의 우발적인 죽음에 직면하거나 선한 사람이 교회에 가는 길에 벼락이나 쓰러지는 나무에 맞는 상황에서도 위안을 준다. 하인드는 이렇게 지적한다 "아마도 이런 문제들은, 종교 체계가 그것이 없었다면 혼돈처럼 보였을 광범위한 인간 경험에 질서 비슷한 것을 부여함으로써 '마음의 평화', 즉 일관된 세계관을 제공한다는 명제로 축약될 수 있을 것이다." 테오도시우스 도브잔스키가 말했듯이, "인간은 자기 자신보다 더 큰

어떤 힘에 의해 신비롭고 무시무시한 우주 속으로 내던져졌다. 종교
는 인간이 이러한 우주와 화해하고 자기 자신과 화해할 수 있게 해준
다".[20]

패턴 추구 이론

신과 종교의 기원에 대한 심리적 이론이 심리적 위안을 제공한다면,
패턴 추구 이론pattern-seeking theories은 지적·인지적 위안을 제공한다. 이
이론은 최근 들어 대두되고 있다.

　이 이론을 주창한 최초의 저서 중 하나는 1993년 출간된 스튜
어트 거스리의 《구름 속의 얼굴들: 종교에 대한 새로운 이론Faces in
the Clouds: A New Theory of Religion》이었다. 앞에서도 인용한 바 있는 거스리
의 주장에 따르면, "종교는 체계적인 의인화, 즉 인간이 아닌 사물이
나 사건에 인간적 특징을 부여하는 것으로 이해하는 편이 가장 좋
을지도 모른다". 실제로 "의인화는 종교적 경험의 핵심이다… [그것
은] 인간의 사고와 행동에 속속들이 배어 있으며… 종교는 그것의 가
장 체계적인 형태다". 그의 말에 따르면, 우리는 구름 속에서 얼굴들
을 식별하는 성향을 타고났을 뿐만 아니라 천둥과 벼락 같은 자연현
상을 신들의 탓으로 돌린다. 거스리는 "세상이 불확실하고 모호하며

해석을 요하기 때문에" 의인화에 진화적 이점이 있다고 주장했다. 진화적 관점에서 보면 "길 가던 사람이 바위를 곰으로 착각하는 편이 곰을 바위로 착각하는 것보다 낫다"는 지적이다.[21]

　지난 20년간 몇몇 패턴 추구 이론가들은 이러한 추론 방식을 따랐다. 심리학자이자 과학 저술가인 마이클 셔머Michael Shermer는 《우리는 어떻게 믿는가How We Believe》에서 이렇게 주장했다. "인류는 능숙하게 패턴을 추구하는 동물로 진화했다…. 인류는 패턴을 추구하고 인과 관계를 찾는 기능을 지닌 '믿음 엔진Belief Engine'으로 진화했다…. 패턴을 가장 잘 찾는 개체들이… 가장 많은 자손을 남겼다." 앞에서도 인용한 파스칼 보이어는 《종교, 설명하기Relogion Explained》에서 "정상적인 마음이 기능하는 방식의 핵심이 되는 부분, 모든 사람의 뇌에 공통된 인지 과정의 측면에서 종교를" 기술했다. "개념과 추론은 '여타 영역'과 대동소이한 방식으로 종교를 처리하며, 신앙과 믿음은 이런 처리 방식의 단순한 부산물로 보인다." 이와 비슷하게, 터프츠 대학의 철학자인 대니얼 데닛Daniel Dennett도 《주문을 깨다Breaking the Spell》에서 종교적 믿음이 인간이 지닌 "과민성 행위자 탐지 장치hyperactive agent detection device"의 결과물이라고 주장하며 이렇게 말했다. "신에 대한 믿음의 뿌리에는 본능적인 과민성이 놓여 있다. 이는 복잡하고 움직이는 모든 것에 '행위 능력agency'—믿음과 욕망 등의 정신 상태—을 부여하려는 성향이다."[22]

인간이 패턴을 추구하는 동물임은 사실이며, 이는 우리가 지난 200만 년간 발달시켜온 지능의 직접적 결과다. 하지만 4장에서 논의했듯이, 근본적으로 지적인 활동인 패턴 추구가 그 자체로서 신의 기원으로 이어질 수 있었을까? 2만 8,000년 전 숭기르에서 정교한 부장품과 함께 친족을 매장한 이들이나 1만 1,000년 전 괴베클리 테페를 건설한 이들은 이러한 노동에 엄청난 자원을 투여했던 만큼 필시 깊은 믿음에 의해 움직였을 것이다. 과연 그것이 패턴 추구만으로 충분했을까?

신경학적 이론

최근 뇌 기능 자기공명영상이 널리 활용되면서, 종교적 사고와 연관된 뇌 영역을 확인하려는 연구들이 쏟아져나왔다. 이런 연구들은 흔히 신경신학neurotheology으로 분류되며, 패트릭 맥나마라의《종교적 체험의 신경과학》에 잘 요약되어 있다.[23]

많은 연구들이 관자엽에 초점을 맞추고 있는데, 이따금 관자엽 간질 환자들이 발작 중에 하나님을 보는 등의 종교적 체험을 한다는 보고가 있기 때문이다. 캘리포니아 대학 샌디에이고의 신경과학자인 빌라야누르 라마찬드란Vilayanur Ramachandran은, 이런 환자의 4분의 1이 그러한 발작에 앞서 "신이 임한 듯한 느낌이나 하나님과 직접 소통하는 듯한 느낌 등 깊은 감동을 주는 영적 체험을 한다"고 보고했다. 이와 비슷하게《신에 대한 믿음의 신경심리학적 기초Neuropsychological Bases of God Beliefs》의 저자인 캐나다 로렌션 대학의 심리학자 마이클 퍼신저Michael Persinger도, "'신 체험God Experience'은 정상적이고 좀 더 조직적인 패턴의 관자엽 활동"이며 "개인적 스트레스, 사랑하는 사람의 상실, 예상되는 죽음의 딜레마 등 미묘한 심리적 요인으로 촉발되는" 일종의 소규모 발작이라고 주장했다. 퍼신저는 "신을 체험할 수 있는 생물학적 능력은 생물종의 생존에 결정적이었다…. 신 체험은 관자엽의 구축과 연관된 현상이다…. 관자엽이 다른 식으로 발달했다면 신 체험은 일어나지 않았을 것"이라고 믿는다.[24]

마루엽, 특히 위관자엽에 인접한 영역(관자마루이음부) 또한 신경신학 연구의 초점이다. 이 뇌 영역을 자극하면 흔히 종교적 맥락으로 해석되는 유체 이탈 경험 혹은 "다른 누군가가 존재하는 듯한 느낌the feeling of a presence"을 유발할 수 있다. 퍼신저의 연구에는 관자엽과 더불어 마루엽도 포함되었다. 이와 비슷하게, 이탈리아의 코시모 우르제시Cosimo Urgesi와 그의 동료들은 뇌종양 환자 88명을 연구한 뒤 "자기를 초월"한 듯한 종교적 감정이 아래마루소엽의 활동과 연관되어 있다고 발표했다. 철학자이자 작가인 매슈 앨퍼Matthew Alper는 그의 책《신의 뇌 부위The God Part of the Brain》에서 관자마루 영역에 "신의 뇌 부위"라는 별명을 붙이고, 언젠가는 "신 절제술Godectomy"을 통해 "신의 뇌 부위"를 수술적으로 제거할 수 있을 거라는 기발한 견해를 내놓기도 했다.[25]

가장자리계통(변연계)의 해마와 편도와 그 연관 부위들 또한 신경신학 연구의 주목을 끌었다. 팔로알토 보훈병원에서 일하는 심리학자 론 조지프Rhawn Joseph는 가장자리계통에 "신의 신경세포"와 "신의 신경전달물질"이 있다는 가설을 세웠다. 최근 듀크 대학의 연구자들이 수행한 한 연구에 따르면, "인생이 바뀔 만한 종교적 체험을 보고한 참가자들에게서" 해마의 위축이 관찰되었다고 한다. 패트릭 맥나마라는 "수백 건의 임상 사례와 몇 건의 뇌 영상 연구에서 편도, 이마앞엽의 상당 부분, 관자앞겉질이 종교적 체험의 발현에 반복적으로 관여했다는 것은 인상적인 사실"이라고 보고했다. 맥나마라는 이 부분에 '종교와 연관된 뇌 회로'라는 별명을 붙였다.[26]

맥나마라의 발견과 부합하게, 이마엽 또한 신경신학 연구에서 중요한 부분이다. 일례로 펜실베이니아 대학의 앤드루 뉴버그Andrew Newberg와 유진 다킬리Eugene d'Aquili는 프란치스코회 수녀와 불교 승려가 명상할 때 활성화되는 뇌 영역을 관찰한 뒤 "이마엽, 특히 이마앞겉질의 활성도가 증가했다"고 보고했다. 이와 동시에 수녀와 승려의 마루엽 활성도는 떨어졌는데, 그들은 자신들이 "무시간·무공간의 상태로 들어갔다"고 증언했다. 종교적 독실성을 눈확이마겉질이나 앞띠다발 같은 이마엽의 특정 부위들, 혹은 이마/마루 영역들의 조합과 연관시키는 다른 연구자들도 있다.[27]

또 다른 연구자들은 종교적 관념 작용을 시상이나 꼬리핵 같은 다른 뇌 영역, 또는 도파민과 세로토닌 같은 특정 신경화학 체계와 연결 짓기도 한다. 현 시점에서 분명한 사실은 뇌에 단일한 "신의 중심부" 같은 것은 없다는 것이다. 종교적 경험은 그보다 광범위한 뇌 네트워크에 의해 매개되며, 이는 (앞에서 기술한 대로) 자아 인식, 타인에 대한 인식, 자기성찰, 자전적 기억을 매개하는 네트워크—다시 말하자면 우리를 독특한 인간으로 만들어주는 뇌 네트워크—와 유사하다. 맥나마라 역시 "종교적 체험에 관여하는 뇌 부위와 자아 및 자의식 감각에 관여하는 뇌 부위는 해부학적으로 상당히 겹친다"고 지적했다. 종교적 체험에 의해 활성화되는 뇌 영역이 그 체험의 구체적 유형에 따라 달라진다는 것 또한 분명하다. 예를 들어 명상은 이마 영역을 활성화시키는 반면, 강렬한 감정이 수반되는 경험은 편도를 활성화시킨다. 이와 유사하게, 일부 피험자들에게는 "신과의 친밀한 관계"를 경험했는지 물어보고 또 다른 피험자들에게는 "신의 분노가 두려웠던" 경험을 물어본 연구에서도 서로 다른 뇌 영역이 활성화된 것이 확인되었다.[28]

유전학적 이론

쌍둥이 연구는 종교성에 유전적 요인이 있음을 시사한다. 십대인 일란성·이란성 쌍둥이에 대한 연구를 통해 "종교적 독실성의 정도에 유전적 요인이 20퍼센트 정도 기여한다는 것이 발견되었다". 분리 양육된 일란성·이란성 쌍둥이를 대상으로 한 또 다른 연구는 널리 보도되었는데, 종교성(예를 들어 종교적 믿음, 종교적 직업에 대한 관심 등)을 다양하게 평가한 뒤 "유전이 종교성에 미치는 영향이 50퍼센트"라고 발표했다. 하지만 이 연구를 수행한 연구자들은 유전적 영향이 "이를테면 전통을 중시하는 성격과 같은 성격적 특질을 통해 작용할 수도 있다"고 단서를 달았다. 다시 말해 유사한 성격 특질을 물려받은 개인들이 종교적 관념에 더 이끌릴 수 있다는 것이다. 이런 경우 유전은 종교성 그 자체가 아니라 성격적 특질에 영향을 끼치는 셈이다.[29]

나아가 몇몇 연구자들은 "우리의 보편적인 영적/종교적 성향이… 유전적으로 물려받은 특질을… 나타내며… 이를 '영성' 유전자라고 부를 수 있다"는 견해를 제시하기도 했다. 정말 그렇다면, "인간은 신, 영혼, 내세와 같은 영적 실재의 개념을 믿는 성향을 유전적으로 타고난" 셈이다.[30]

이러한 유전자를 확인하려고 가장 야심차게 시도한 사람은 유전학자인 딘 해머Dean Hamer였다. 그가 2004년 발표한《신의 유전자The God Gene》는《타임》지의 커버스토리로 실렸다. 해머는 자연과의 유대감, 초감각적 지각에 대한 관심 등에 대한 질문이 담긴 "자기초월성 영성 척도self-transcendence scale of spirituality"를 종교성의 정도를 측정하는 나름의 기준으로 활용했다. 그런 다음 피험자 간 테스트 점수 차이의 1퍼센트만을 설명해주는 한 유전자를 확인하고 이것을 "영적 대립유전자", 즉 "신의 유전자"로 지목했다. 지목된 유전자는 도파민과 세로토닌과 기타 뇌 화학물질에 영향을 끼치는데, 이런 화학물질이 분비되면 "큰 기쁨과 충족과 평화를 느끼게 된다"고 한다. 해머의 저서는 그가 채택한 종교성 척도, 그가 발견한 내용의 통계적 취약성, 그리고 어떤 인간 특질이 정말로 유전자에서 비롯되었다 해도 그 대부분은 수백 가지 유전자의 산물이라는 사실이 알려져 있는 마당에 한 특정 유전자를 "신의 유전자"로 지목했다는 점 등으로 인해 많은 비판을 받았다.[31]

1976년 발표된 심리학자 줄리언 제인스Julian Jaynes의 책《의식의 기원》또한 파격적이긴 해도 종교성의 유전적 근거를 확립하려는 시도로서 널리 인용되었다. 약 3,000년 전까지는 뇌의 두 반구, 즉 "양원적 정신bicameral mind"이 각각 독립적으로 작동했다는 것이 제인스의 주장이다. 그런데 그 시기에 유전적 변화가 일어나서 뇌의 두 반구가 통합되면서 환청이 생겨났고, 인간이 이를 신의 목소리로 해석해 종교가 생겨났다는 것이다. 제인스의 요약에 따르면 "이런 환청을 불러일으키는 신경 구조는 종교적 감정을 불러일으키는 기질基質과 신경학적으로 결부되어 있는데, 이는 종교와 신의 근원 자체가 양원적 정신 속에 있기 때문이다." 제인스의 가설은 사람 뇌의 진화에 대해 알려진 거의 모든 사실들과 상반된다.[32]

신은 진화의 산물인가, 부산물인가?

신의 기원 이론과 관련한 마지막 의문은 이것이다. 신의 출현은 진화적 적응에 해당하며 진화적으로 유리했을까? 아니면 단지 진화의 부산물, 한 작가가 쓴 대로 "원시적 마음의 잔존물"이었을까? 이 문제에 대한 논쟁은 뜨겁게 진행 중이며, 대다수 저자들은 적응주의적 입장을 선호한다.[33]

적응주의자들이 가장 흔히 내세우는 주장은 신이 집단의 생존 가능성을 높여준다는 것이다. 이 이론에 따르면, "믿음을 가진 집단이 협력이 잘된다는 이점을 고려할 때, 신에 대한 관념이 문화적으로 널리 퍼진 선조 사회는 그런 관념이 없는 사회를 경쟁에서 눌렀을 것이다". 이 주장은 신을 공유하는 집단이 자원도 더 잘 공유하고, 외부 위협에 대하여 집단을 더 잘 방어하며, 대체로 더 협력적일 것이라는 전제를 깔고 있다. 니컬러스 웨이드가 요약한 대로, "다른 조건이 같다고 가정할 때 종교적 성향이 강한 집단은 더 단결이 잘될 것이고, 응집력이 약한 집단보다 훨씬 더 유리할 것이다. 더 성공적인 집단에 속한 사람들은 생존율이 더 높은 자손을 남길 것이고, 종교적 행동 본능을 선호하는 유전자가 세대를 거듭할수록 점점 더 흔해져서 결국에는 인류 전체를 휩쓸었을 것이다". 이는 합리적인 가설이지만, 나는 이 가설을 뒷받침하는 데이터를 하나도 알지 못한다. 게다가 일부 유전학자들은 진화 이론이 오로지 개체에만 적용된다고 말하면서 집단 선택의 유효성에 의문을 제기하고 있다.[34]

개체 수준에서 신을 믿는 것의 진화적 이점이 존재한다는 주장도 있다. 딘 해머는 "신의 유전자"가 "태생적 낙관주의를 인간에게" 선사한다는 점에서 유리하다고 주장했다. "낙관주의는 궁극적으로 죽음이 불가피하다는 사실에도 불구하고 계속해서 살고 번식하려는 의지다." 매슈 앨퍼 역시 "죽음을 인식함으로써 초래되는 압도적 불안을 견딜 수 있는 어떤 유전적 돌연변이를 뇌에 지닌 개체들은 생존할 확률이 더 높았다"고 밝혔다. 그리고 패트릭 맥나마라는 종교를 통해 정립된 "통일된 자아unified Self"가 "목표한 행동을 추구하고… 포식자를 따돌리고… 전쟁과 전투를 치르는 데… 더 효율적"이며 더 협력을 잘한다고 주장했다.[35]

신이 진화적으로 유리하다는 또 다른 주장에 따르면 신은 신체·

정신 건강에 유익하다. 무수한 연구 결과에 따르면 정기적으로 교회에 출석하는 사람은 고혈압·심장병·폐기종·경화증·불안·우울증 발병률과 자살률이 더 낮다. 하지만 이러한 차이의 상당 부분은, 열심히 교회에 다니는 사람이 술·담배를 많이 할 확률 또한 적다는 사실로 설명할 수 있다. 게다가 이런 연구의 대부분은 나이 많은 성인들을 대상으로 수행되었는데, 이러한 차이가 진화적 우위를 가지려면 가임 연령대의 사람들에게도 적용되어야 할 것이다.[36]

○○○○○

이런 주장의 반대편에는 신을 진화의 부산물로 기술하는 소수의 학자들이 있다. 이 책에서 설명한 뇌 진화 이론은, 신이 자전적 기억 획득의 부산물이며 신의 출현 이후 인구가 증가하고 사회가 조직화되면서 종교가 뒤따랐다는 입장을 제시한다. 신이 부산물이라는 입장을 옹호하는 다른 연구자들 중에는 앞에서도 인용한 《종교, 설명하기》의 파스칼 보이어가 있다. 그는 신과 종교가 인간이 지닌 패턴 추구 성향의 부산물이라고 주장했다. 파리 국립과학연구센터의 인류학자 스콧 애트런Scott Atran은 《우리는 신들을 믿는다In Gods We Trust》에서 "종교 그 자체는 진화적 기능을 갖지 않는다"고 주장했다. 그리고 옥스퍼드 대학의 생물학자 리처드 도킨스Richard Dawkins는 《만들어진 신

The God Delusion》에서, 종교는 "그 자체로 직접적 생존 가치를 지닌 게 아니라, 생존 가치를 지닌 다른 무엇의 부산물"이라고 주장했다.[37]

진화의 부산물로서의 신은 일반적으로 중립적이며 엄밀한 의미의 진화에 영향을 끼치지 않았다고 전제되곤 한다. 이 전제가 맞을 수도 있고 틀릴 수도 있는 이유는, 궁극적으로는 신이 진화적으로 불리할 가능성도 있기 때문이다. 여기에서 가능한 한 가지 시나리오는 "신들의 경쟁god contest"이다. 누구의 신이 옳은 신인가를 결판내기 위해 전쟁을 벌이는 것이다. 6장에서 기술했듯이 바로 이런 전쟁이 고대 메소포타미아의 도시국가 사이에서 벌어졌고, 이 전쟁은 세계 최초의 문명이 종말을 맞는 데 기여한 듯 보인다. 구약성서에 기록되어 많은 이들에게 친숙한 신들의 경쟁은 가나안의 풍요신 바알Baal의 추종자와 이스라엘의 수호신 야훼의 추종자 사이에 벌어진 전투다. 여기서 승리한 야훼의 선지자 엘리야는 바알 추종자 450명을 죽였다.[38]

현생 호모사피엔스가 지금껏 걸어온 역사는 신들의 경쟁으로 점철되어 있다. 인간이 저지른 역사상 최악의 만행 100건을 열거한 《끔찍한 일들의 백과사전The Great Big Book of Horrible Things》에서 100건 중 25건이 신들의 경쟁이었다. 이러한 경쟁은 세상의 종말을 영광스러운 것으로 찬양하는 묵시록적 믿음, 그리고 현생 호모사피엔스의 존재에 종지부를 찍을 수 있는 대량 살상 무기와 결합되었을 때 특히 위험해진다. 샘 해리스는 《기독교 국가에 보내는 편지Letter to Christian

Nation》에서 그러한 망령을 소환했다.

> 미국 정부 내의 상당수가 세계 멸망이 임박했으며 그 멸망이 창대
> 하리라고 실제로 믿는다면 어떤 결과가 빚어질지 상상해보라. 미
> 국인의 거의 반수가 순전히 종교 교리를 근거로 이런 믿음을 신봉
> 하는 듯 보인다는 사실은 도덕적·지적 비상사태로 간주되어야 한
> 다…. 과거에 종교가 우리에게 필요한 어떤 기능을 수행했다고 해
> 서, 현재 글로벌 문명 건설의 최대 장애물일 가능성이 배제되는 건
> 아니다.

이런 시나리오에서라면, 신이라는 진화의 부산물은 단 한 차례의 핵
전쟁으로 마지막 〈진노의 날Dies Irae〉을 합창함으로써 인류의 존재에
종지부를 찍을 수도 있을 것이다.[39]

ooooo

인간은 신을 필요로 한다. 표도르 도스토옙스키Fyodor Dostoevsky의 표현
을 빌리면, "인간은 자신이 거주하는 이 작은 행성을 필요로 하는 만
큼 불가해하고 무한한 것 또한 필요로 한다". 신에 대한 욕구가 우리
를 독특한 인간으로 만들어주는 뇌 네트워크의 불가결한 일부이므

로, 또한 공식 종교가 우리 문화에 사회적으로 깊이 통합되어 있으므로, 신이나 종교가 더는 필요치 않다 하더라도 조만간에 그냥 사라져버릴 가능성은 희박하다. "아가샤 지혜 사원Agasha Temple of Wisdom"부터 "자이건 인터내셔널Zygon International"에 이르기까지 미국에만 1,500개 이상의 종파가 있다. 그중 대부분은 소규모지만, 25개 종파는 100만 명 이상의 신도를 거느리고 있다. 세계의 다른 어느 곳에 가도 신과 종교는 사람들의 삶에서 매우 중요한 역할을 계속 수행하고 있다. 칠레 산티아고의 '호타베체 감리교 오순절 교회The Jotabeche Methodist Pentecostal Church'는 1만 8,000명을 수용할 수 있는 좌석을 갖추고 있으며, 서울의 여의도순복음교회는 본당이 1만 2,000석이고 거기 다 앉지 못한 2만 명은 여러 별관에 나누어 수용하며 주일 예배만 일곱 번이다. 영국의 인류학자 제임스 프레이저 경Sir James Fraser이 지적한 대로, "우리 생물종의 절대다수는 인간의 허영심을 이토록 만족시키고 인간의 슬픔에 이토록 위안을 주는 믿음을 계속해서 묵종할 가능성이 높아 보인다". 계속해서 프레이저는 이렇게 말했다. "영생의 옹호자들이 난공불락은 아닐지라도 견고한 진지에 자리 잡고 있다는 것을 부인할 수 없다. 영혼의 불멸을 입증하기가 불가능하다면, 현재의 우리 지식수준에서 그것을 반증하는 것 또한 불가능하다."[40]

따라서 신들과 여기에 딸린 종교들은 앞으로도 태어났다 죽기를 거듭할 것이다. 지난 200년 사이에 새로 생겨나서 이미 수백만 신도를 거느린 종교의 예로는 파키스탄의 아마디야Ahmadiyya와 미국의 모르몬교Mormonism를 들 수 있다. 아마디야는 자신이 무슬림이 기다려온 약속된 메시아이자 마흐디Mahdi라고 주장하는 미르자 굴람 아마드Mirza Ghulam Ahmad가 창시한 교단이다. 아마디 교단은 예수가 선대의 선지자로서 십자가에 못 박혔지만 살아남았고, 그후 "이스라엘의 사라진 지파들Lost Tribes of Israel"을 찾아 카슈미르로 왔으며 이곳에서 늙어 죽었다고 가르친다. 아마디야는 아프리카계 미국인 무슬림 사이에서 영향력을 떨쳐왔다. 한편 공식적으로는 '예수 그리스도 후기성도 교회'라고 알려진 모르몬교의 창시자 조지프 스미스Joseph Smith는 천사가 파보라고 지시한 지점에 고대 종교의 기록인 금판이 묻혀 있는 것을 발견했다고 주장했다. 이 고대 종교는 2,600년 전 이스라엘인들이 아메리카에 와서 창시했다고 한다. 예수가 십자가에 못 박혀서 죽었다가 부활한 뒤에 아메리카로 와서 이곳을 새로운 '약속의 땅'으로 지명했다는 것이다. 따라서 모르몬교는 스스로가 이 고대 종교의 맥을 잇는다고 주장한다.[41]

새로운 신과 종교가 계속해서 태어나듯 기존의 종교들은 계속해서 죽어갈 것이다. 아누, 라, 제우스, 주피터Jupiter 같은 여러 옛 신들은 이제 신성한 창조물이 아닌 예술적 창조물로 전 세계의 미술관에 안치되어 숭배가 아닌 감상의 대상이 되고 있다. 이런 박물관들은 죽은 신들의 사당으로 간주되어야 적절할 것이다. 뉴에이지New Age 등의 현대 종교에서 옛 신들을 받아들이기도 한다. 거석 기념물들이 세워진 뒤로 2,000년간 드루이드교가 존재하지 않았다는 사실에도 불구하고, '재속 드루이드회Secular Order of Druids'는 에이브버리와 스톤헨지에서 드루이드 신들을 찬송하며 동지와 하지를 기념한다. 이와 비슷하게 터키의 차탈회위크도 여신 숭배자들의 순례지가 되었다.[42]

원래 옛 신들을 숭배하기 위해 세워진 기념물을 견학하는 것은 유익한 역사적 관점을 제시하기도 한다. 잉글랜드 글로스터셔Gloucestershire에 있는 5,000년 된 대규모 고분은 "이 지역에서 연과 모형 비행기를 날리기에 가장 좋은 장소 중 하나"라고들 한다. 24구의 유골이 발견된 그 인근의 고분에는 "여름철 일요일 오후면 어김없이 소풍객들이 찾아온다". 오하이오주 뉴어크Newark에 가면, 놀라운 '그레이트 서클 토축 유적지Great Circle Earthworks', 즉 2,000년 전 호프웰인들Hopewell people이 쌓은 신성한 고분군이 '마운트빌더스 컨트리클럽' 18홀 골프장의 일부가 되어 있다. 몇몇 봉분들은 티박스 구실을 하며, 홀을 둘러싼 벙커 구실을 하는 것들도 있다. 일례로 9번 티박스는 2.4미터 높이의 봉분 위에 있고, 219야드 파3 홀은 원래 고대의 거대한 팔각형 둑과 그레이트 서클을 분리하는 길, 즉 엄숙한 종교 행렬이 지나갔을 가능성이 높은 경로를 따라 조성되어 있다. 이 컨트리클럽 웹사이트에는 다음과 같은 문구가 적혀 있다. "2,000년 뒤에 이 고분들을 연구할 고고학자들은 그 속에서 잃어버린 골프공들을 발견하고 어리둥절해하지 않을까요?"[43]

하지만 옛 신들과 종교 기념물의 대부분은 인류의 역사 속으로 사라졌다. 마치 오지만디아스Ozymandias처럼, 그들은 "거대하지만 몸통은 없는 두 다리"가 되어 사막에 서 있다.

"강대하다는 자들아, 내 위업을 보라, 그리고 절망하라!"

그 옆에는 아무것도 남지 않았소.

거대한 폐허의 퇴락을 둘러싸고, 가없고 헐벗은

외롭고 평탄한 모래벌판만이, 멀리멀리 펼쳐져 있다오.[44]

부록 A
뇌의 진화

사람 뇌의 진화를 이해하려면 진화 중인 뇌 속에서 정확히 무슨 일이 일어나는지를 아는 것이 유용하다. 물론 가장 명백한 것은 뇌의 크기이며, 여기에는 절대적 크기와 상대적 크기가 모두 포함된다. 절대적인 의미에서 고래와 코끼리의 뇌는 사람보다 훨씬 크지만, 몸 크기와 상대적으로 비교했을 때는 사람에 비해 훨씬 작다. 뇌의 전체 크기보다 더 중요한 것은 특정 뇌 영역의 크기다. 일례로 사람의 경우 이 책에서 논의한 많은 인지 기능과 결부된 이마극(BA 10)은 "예상 크기의 2배"라고 한다. 뇌 크기에 대해서는 2장에서 길게 논의한 바 있다.[1]

인류 진화 과정에서 신경세포와 신경아교세포, 연결섬유가 모두 변화를 겪었다. 신경세포는 수가 늘어나고 더 조밀해져서, 사람 뇌의 겉질 1입방밀리미터 안에 2만 5,000~3만 개나 들어 있다. 그에 비해 고래와 코끼리 뇌의 겉질 1입방밀리미터 안에 든 신경세포는 6,000~7,000개에 불과하다. 신경세포보다 수가 10배나 더 많은 신경아교세포도 진화적 변화를 겪었다. 특히 중요한 것은 연결섬유를 둘러싼 말이집을 만드는 신경아교세포다. 말이집이 신경섬유의 지름과 결합하여* 연결 섬유를 통한 정보 전달 속도를 높여주기 때문이다. 사람 뇌의 연결 섬유는 두툼한 말이집으로 감싸여 있는 반면 고래와 코끼리의 말이집은 매우 얇다. 이는 사람 뇌의 정보 전달 속도가 고래와 코끼리보다 최대 5배나 빠른 주된 이유다.[2]

사람 뇌 진화에서 신경아교세포와 연결섬유의 상대적 중요성은 침팬지와 사람 뇌의 이마앞 영역에 있는 회색질(신경세포)과 백색질(신경아교세포와 연결섬유)을 비교 연구함으로써 드러났다. 처음에는 침팬지와 사람의 주된 차이가 회색질에 있을 거라고 예상했다.

그런데 사람의 회색질은 침팬지보다 겨우 2퍼센트 더 많았던 반면, 백색질은 31퍼센트나 더 많았다. 이와 관련된 한 연구는 사람 영아의 뇌 연결이 침팬지 영아보다 훨씬 빨리 발달한다고 보고하기도 했다. 이런 연구들이 시사하는 것은, "인간은 서로 다른 종류의 정보를 통합하는 능력이 다른 영장류에 비해 월등"하며, 회색질 신경세포보다는 백색질 연결로가 우리를 독특한 인간으로 만드는 데 더 크

---

* 신경섬유의 지름이 클수록 정보전달 속도가 빨라진다.

게 기여한다는 것이다.[3]

○○○○○

호미닌 진화에서 어떤 뇌 영역이 초기에 발달했고 어떤 뇌 영역이 최근에 발달했는지를 확인하는 것은 중요하다. 이를 확인하는 데는 다음 세 가지 척도가 가장 많이 쓰인다.

가장 널리 활용되는 방법은 연결신경섬유를 감싼 말이집의 발달을 살펴보는 것이다. 말이집은 신경섬유를 통한 정보 전달 속도를 높여준다. 말이집 형성 과정은 뇌가 아직 자궁 안에서 발달하고 있을 때부터 시작되어 출생 이후에도 청소년기를 거쳐 20대까지 계속된다. 신경섬유에 말이집이 형성되는 순서는 해당 뇌 영역이 발달한 순서를 반영한다고 간주된다. 말이집 형성 과정을 상세히 연구한 존스홉킨스 대학의 발생학자 오셀로 랭워디Orthello Langworthy에 따르면, "신경계 경로의 말이집 형성 순서는 그 계통발생적 발달 순서를 따른다".[4]

1890년대에 독일의 연구자인 파울 에밀 플레시히는 말이집 형성에 대한 결정적 연구를 수행했다. 그는 사망한 영아들의 뇌를 연구하여 그 말이집 형성 정도에 따라 각각의 뇌 영역에 45개 등급을 매겼다. 전체의 20퍼센트에 해당하는 9개 영역은 영아의 뇌에서 말이집 형성이 가장 덜 된 부분이었다. 플레시히는 이 영역들을 가장 최근에 진화한 부분으로 간주하고 "[말이집 형성] 지연 구역"이라고 지칭했다. "지연 구역"은 플레시히가 열거한 뇌 영역들 가운데 20퍼센트에 불과하지만, 의미심장하게도 우리를 독특한 인간으로 만들어주는 인지 능력과 결부된 대부분의 영역들이 여기에 포함되어 있다. 이 규칙의 예외는 해마와 소뇌 등 진화적으로 더 오래된 몇몇 영역들로, 6장에서 기술한 대로 진화의 나중 단계에 가서, 보다 최근에 파생된 기능에 맞게끔 변경되었다.[5]

인간의 사후 뇌는 어떤 뇌 영역이 가장 최근에 발달했는지를 평가하는 두 번째 척도를 제공한다. 바로 다양한 뇌 부위들이 상대적으로 얼마나 많이 접혀 있는가, 즉 주름짐gyrification 정도를 측정하는 것이다. 영장류의 뇌가 진화하면서 주름도 더 많이 발달했다. 이 주름 덕분에 뇌는 크기를 더 키우지 않고도 표면적을 늘릴 수 있었다. 그래서 사람 뇌의 주름은 붉은털원숭이보다 49퍼센트, 침팬지보다 17퍼센트 더 많다. 또 사람 뇌의 부위마다 접힌 정도가 다르다. 독일의 해부학자 카를 칠레스Karl Zilles와 그의 동료들은 이것을 연구하면서 주름지표gyrification index를 활용하여 사람 뇌 부위들의 등급을 매겼다. 그중 가장 많이 접힌 두 부위, 따라서 가장 최근에 진화한 두 부위는 이마앞겉질과 마루엽이며, 둘 다 우리를 독특한 인간으로 만들어주는 인지 능력에 매우 중요한 영역들을 포함하고 있다. 칠레스와 동료들은 "접힌 정도가 크다는 것은… 그 겉질 부위의 점진적 진화 지표로 해석된다"고 결론 내렸다. 이와 관련된 세 번째 성숙 척도는 사람들의 뇌 주름이 어느 정도로 유사한지의 여부이다. 개체 간의 해부적 편차가 "어느 좁은 범위를 벗어나면 이는 해당 장기나 구조가 아직 완전한 발달에 이르지 않았음을 암시한다"는 것이 거의 1세기 전에 지적된 바 있다. 다시 말해서 주름 패턴의 개인차가 클수록 그 뇌 영역은 더 최근에 진화했다는 것이다. 우리 논의에서 매우 중요한 아래마루 영역은 "고랑 패턴이 도무지 갈피를 못 잡을 만큼 다양한" 것으로 신경해부학자들 사이에서 유명한데, 이는 아래마루 영역이 최근에 생겨났다는 것을 시사한다. 다른 연구자들은 사람 뇌의 이마 영역과 마루 영역의 주름 패턴이 둘 다 "매우 큰 편차"를 보인다고 언급하기도 했다.[6]

부록 B
영계와 저승이 존재한다는 증거로서의 꿈

인간관계지역파일(HRAF)은 예일 대학의 비영리조직이다. 이 조직은 전 세계 문화에 대한 19~20세기의 민족지 서술들을 집대성하기 위해 1949년 설립되었다. 이 민족지들은 1994년부터 온라인에서 찾아볼 수 있게 되었다(http://ehrafworldcultures.yale.edu). 2016년 현재 HRAF 파일은 생계 유형에 따라 분류된 295개 문화를 망라하고 있으며, 이 295개 문화 중 71개는 수렵, 어로, 채집에 생계를 거의 전적으로 의존하는 수렵채집문화다. 다음은 이 수렵채집 사회들의 꿈에 대한 서술을 HRAF 파일에서 발췌한 것이다.

미국 남동부의 크릭 인디언 Creek Indians

시신을 매장할 때 저승길에 지참할 개인 소지품과 공양 음식을 껴묻고, 첫해에는 매달 무덤에 제물을 놓는다. 망자의 혼령이 꿈에 나타나서 산 사람에게 조언을 해준다고 믿는다.

Richard A. Sattler, *Culture Summary: Creek* [New Haven, CT: Human Relations Area Files, 2009], http://ehrafworldcultures.yale.edu/document?id=nn11-000.

대평원의 코만치 인디언 Comanche Indians

종교 패턴 중에 '위대한 영 Great Spirit'에 대한 믿음이 있는데, 이 '위대한 영'은 모든 힘의 근원이지만 인간사에 개입하지는 않는다고 모호하게 정의된다. 인간은 꿈을 통해 이 힘을 획득할 수 있었다. 꿈에 나타난 초자연적 수호령이 의술을 다루는 데 필요한 일정량의 힘과 여러 가지 노래와 절차를 청원자에게 전수해주었다.

David E. Jones, *Sanapia, Comanche Medicine Woman* [New York: Holt, Rinehart and Winston, 1972], http://ehrafworldcultures.yale.edu/document?id=no06-031.

유타와 콜로라도의 유트 인디언 Ute Indians

죽은 친척인 '은사카 n'saka'가 꿈에 나왔다면 그들은 꿈꾼 사람에게 무엇무엇을 하라고 일러주려는 것이다. 대부분의 경우 꿈은 인격화된 영적 존재에서 기인한다고 여겨지지만, 이따금 비인격적인 힘의 원천 그 자체로부터 나올 때도 있다.

Joseph G. Jorgensen, *Ethnohistory and Acculturation of the Northern Ute* [Ann Arbor, MI: University Microfilms, 1980], http://ehrafworldcultures.yale.edu/document?id=nt19-019.

미국 남서부의 동부 아파치 인디언 Eastern Apache Indians

망자를 똑똑히 볼 수 있는 가장 흔한 경우는 꿈이다.

> 유령들은 잘 때 꿈에서도 나타난다. 내 생각에는 이것이 가장 안 좋
> 은 형태다. 꿈에서는 진짜로 그들을 본다. 내 경우가 그렇다. 문이
> 열리고 그들이 점점 더 가까이 다가온다. 일어나서 싸우고 싶지만
> 몸이 움직이지 않는다. "아!" 소리만 겨우 낼 수 있을 뿐이다. 치리
> 카후아족The Chiricahua은 이것을 유령병이라고 한다. 이 병에 걸리면
> 심하게 앓을 수 있다. 너무 자주 그러면 악령에 시달린다는 신호이
> 므로 무당한테 가봐야 한다.

Morris Edward Opler, *An Apache Life-Way: The Economic, Social, and Religious Institutions of the Chiricahua Indians* [Chicago: University of Chicago Press, 1941], http://ehrafworldcultures.yale.edu/document?id=nt08–001.

캘리포니아의 포모 인디언 Pomo Indians

망자의 소지품을 태우는 이유는 망자가 유령 세계에서 그 물건을 쓸
수도 있기 때문이 아니라, 망령이 찾아와서 소지품이 부정을 탈 수
있기 때문이었다. 망령들은 꿈의 형태로 되돌아와서 자신이 아끼는
소지품에 깃들었다.

Edwin Meyer Loeb, *Pomo Folkways*, Publications in American Archaeology and Ethnology [Berkeley: University of California Press, 1926], http://ehrafworldcultures.yale.edu/document?id=ns18–003.

캘리포니아의 유로크 인디언Yurok Indians

[유로크족의] 예언자들이 꿈속에서 망자들을 찾아가 그들의 메시지를 가져왔다. 심지어 한 번은 망자들이 그다음 날 나타날 것이라는 메시지를 가져오기도 했다.

A. L. [Alfred Louis] Kroeber, *Handbook of the Indians of California*, bulletin [Washington: Government Printing Office, 1925], http://ehrafworldcultures.yale.edu/document?id=ns31–009.

알래스카의 틀링깃 인디언Tlingit Indians

어떤 경우든, 이것은 죽은 뒤에도 "살아 있어서" 산 사람들의 꿈속으로 찾아오고 환생하게 되는 존재를 의미한다. 그러므로 이것은 그 사람의 본질적 "자아"에 적용되는 말인 듯하다.

Frederica De Laguna, *Under Mount Saint Elias: The History and Culture of the Yakutat Tlingit*, Smithsonian Contributions to Anthropology [Washington, DC: Smithsonian Institution Press, 1972; for sale by the Supt. of Docs., U.S. Govt. Print. Off.], http://ehrafworldcultures.yale.edu/document?id=na12–020.

캐나다의 오지브와 인디언Ojibwa Indians

이 범주의 존재들*과 조부모 대의 사람들 사이를 잇는 또 다른 연결고리는, 인간 외의 존재들other-than-human persons을 "우리 할아버지들"이라고 집합적으로 지칭한다는 사실이다. 뿐만 아니라 오지브와인은 자신들이 인간 외의 존재들과 꿈에서 직접 개인적으로 접촉한다고

---

* 영적 존재나 인간 외의 존재들.

믿었다.

A. Irving [Alfred Irving] Hallowell, "Northern Ojibwa Ecological Adaptation and Social Organization," in *Contributions to Anthropology: Selected Papers of A. Irving Hallowell* [Chicago: University of Chicago Press, 1976], http://ehrafworldcultures.yale.edu/document?id=ng06–067.

캐나다의 스토니(나코다) 인디언 Stoney(Nakoda) Indians

구하는 자에게 특정한 계시가 내려오지 않을지라도 위대한 영이 존재한다는 데는 한 치의 의심도 없었다. 과거에 그는 현현하여 다양한 방식으로 스스로를 드러냈다. 그는 꿈속에, 환상 속에 나타났고 때로는 야생동물, 새, 바람, 천둥, 혹은 계절의 변화를 통해 우리에게 말을 걸었다.

John Snow, *These Mountains Are Our Sacred Places: The Story of the Stoney Indians* [Toronto, Ontario, Canada: Samuel-Stevens, 1977], http://ehrafworldcultures.yale.edu/document?id=nf12–027.

캐나다의 크리 인디언 Cree Indians

매너투Manitou, 즉 영은 모든 생명체뿐만 아니라 무생물이나 (바람과 천둥 같은) 힘에도 깃들 수 있으며, 그들 중 상당수는 살아 움직인다고 여겨졌다. 매너투는 꿈에 나타나서 개개인에게 특별한 힘을 부여하거나 보호를 제공했다. 매너투로부터 큰 힘을 얻은 일부 사람들은 매너투에게 도움을 청하여 병을 치료했다.

James G. E. Smith, "Western Woods Cree," in *Handbook of North American Indians: Subarctic*, ed. June Helm [Washington, DC: Smithsonian Institution, 1981; for sale by the Supt. of Docs., U.S. G.P.O.], http://ehrafworldcultures.yale.edu/document?id = ng08–002.

캐나다 서부의 벨라쿨라 인디언 Bella Coola Indians

모든 일이 최고신인 알쿤탐Älquntäm과 그 측근들의 회의에서 결정되기 때문에*, 사람은 꿈을 통해 자신의 초자연적 대리인의 운명을 알게 되고, 꿈을 통해서 이듬해에 어떤 일이 기다리고 있을지를 판단하며, 탄생과 죽음, 비밀 결사의 일들과 사실상 인간 활동의 모든 국면에 대한 통지를 받는다. 1년 중 이 시기**의 꿈은 특히 중요하게 여겨지며, 이때 꾼 꿈에서 얻은 정보는 아마도 몸의 일부가 실제로 하늘로 올라간다는 굳은 확신의 근거가 될 것이다.

T. F. [Thomas Forsyth] McIlwraith, *Bella Coola Indians: Volume One* [Toronto: University of Toronto Press, 1948], http://ehrafworldcultures.yale.edu/document?id=ne06–001.

캐나다 서부의 누트카 인디언 Nootkan Indians

사람들은 꿈에서 망자를 자주 보며, 이는 망자의 삶이 어떠한가를 알려주는 좋은 증거로 간주된다.

Elizabeth Colson, *The Makah Indians: A Study of an Indian Tribe in Modern American Society* [Minneapolis: University of Minnesota Press, 1953], http://ehrafworldcultures.yale.edu/document?id=ne11–002.

캐나다 북부의 치페와이언 인디언 Chipewyan Indians

치페와이언족은 애니미즘을 믿었고 지금도 대체로 그러하다. 동물

---

* 벨라쿨라 인디언들은 매년 동지 때마다 사람 몸의 생기life가 영들의 회합에 참석하러 올라가서 알쿤탐을 만나고 온다고 믿었다.

** 동지.

과 영과 기타 생명을 띤 것들은 물리적으로 존재하는 동시에 '인코제 INKOZE'의 영역에도 존재한다. 인간은 원래 '인코제' 영역의 일부였는데, 출생 이후 물리적 존재로 있는 동안에는 이 더 큰 영역에서 분리되어 있다. '인코제'에 대한 지식은 동물 등의 영들이 내려주는 꿈과 환상을 통해 사람에게 전해진다…. 망자는 식별 가능한 정체성을 유지하며, 꿈이나 환상을 통해 산 사람들을 찾아올 수 있다. 기독교의 영혼 개념은 사람의 영적 구성에 대한 전통적 믿음을 몰아내지 않고 오히려 보완해주었다.

Henry S. Sharp and John Beierle, *Culture Summary: Chipewyans* [New Haven, CT: Human Relations Area Files, 2001], http://ehrafworldcultures.yale.edu/document?id=nd07–000.

캐나다 북극권의 이누이트 Inuit

[주술사인] 키를루아요크 Kirluayok가 당신들의 의술이 우리를 죽일 것이라고 경고했기 때문이다. '바다와 땅의 영'이 그의 꿈에 나타나서 말하길, 당신들의 물건을 만지거나 받아서는 안 된다고, 그러면 우리 모두 죽을 거라고 했다.

Raymond De Coccola, Paul King, and James Houston, *Incredible Eskimo: Life Among the Barren Land Eskimo* [Surrey, BC: Hancock House, 1986], http://ehrafworldcultures.yale.edu/document?id=nd08–035.

영국령 기아나의 바라마강 카리브족 Barama River Caribs

망자의 꿈을 꾸는 사람은 지금 실제로 자기 옆을 지나쳐 가는 망자의 유령을 보고 있다고 믿는다.

John Gillin, *The Barama River Caribs of British Guiana*, Papers of the Peabody Museum of American Archaeology and Ethnology [Cambridge, MA: Museum, 1936], http://ehrafworldcultures.yale.edu/document?id=sr09–001.

볼리비아의 마타코 인디언 Mataco Indians

'혼하트Honhat'는 자연적·초자연적 힘의 본거지이기도 하다. 사람은 꿈이나 황홀경을 통해서만 그곳에 갈 수 있다. 이곳은 망자와 질병이 머무는 장소이므로 훨씬 사악한 곳으로 간주된다.

Jan-åke Alvarsson, *The Mataco of the Gran Chaco: An Ethnographic Account of Change and Continuity in Mataco Socio-Economic Organization*, Acta Universitatis Upsaliensis, Uppsala Studies in Cultural Anthropology [Uppsala, Sweden: Academiae Upsaliensis, 1988; distributed by Almqvist and Wiskell International], http://ehrafworldcultures.yale.edu/document?id=si07–009.

ooooo

꿈에서 죽은 친척을 보는 일은 매우 흔하다. [잠든 사람의] 영혼이 명계로 내려가서 그들을 만난다. 때로는 망자가 밤을 틈타 산 사람의 집으로 되돌아와서 산 사람이 망자의 꿈을 꾸기도 한다.

Alfred Métraux, *Myths and Tales of the Mataco Indians (The Gran Chaco, Argentina)*, Ethnological Studies [Gothenburg, Sweden: Walter Kaudern, 1939], http://ehrafworldcultures.yale.edu/document?id=si07–003.

브라질의 카넬라 인디언 Canela Indians

혼령들은 진지하게 샤먼이 되고자 하는 일부 젊은이들에게만 찾아온다. 어떤 사람이 아플 때 예고 없이 찾아와서 그를 샤먼으로 만들기도 한다. 사먼들은 꿈이나 환상을 통해 저세상을 여행하며, 망자의 땅으로 가서 방황하는 영혼을 데려와 제 몸으로 돌려보냄으로써 그의 목숨을 구하기도 한다.

William H. [William Henry] Crocker and John Beierle, *Culture Summary: Canela* [New Haven, CT: Human Relations Area Files, 2012], http://ehrafworldcultures.yale.edu/document?id=so08–000.

중앙아프리카의 음부티 피그미족 Mbuti Pygmies

환각과 꿈은 대개 이 세상에서 저세상으로 우연히 미끄러져 들어간 결과다…. 그러니까 꿈은 신성한 징조로서의 권위를 전달하는 것이 아니라 이 세상의 거울상을 실제로 경험하는 일로, 모든 경험이 그렇듯 이 경험을 통해서도 뭔가를 습득할 수 있다.

Colin M. Turnbull, *Wayward Servants: The Two Worlds of the African Pygmies* [Garden City, NY: Natural History Press, 1965], http://ehrafworldcultures.yale.edu/document?id=fo04–002.

남아프리카 칼라하리의 산족 Kalahari San

꿈이나 황홀경이나 대낮에 혼령과 맞닥뜨린 상태는 저세상에서 이 세상으로 새로운 의미를 전달하는 믿을 만한 경로로 간주된다.

Megan Biesele, *Women Like Meat: The Folklore and Foraging Ideology of the Kalahari Ju/'Hoan* [Johannesburg, South Africa: Witwatersrand University Press; Bloomington: Indiana University Press, 1993], http://ehrafworldcultures.yale.edu/document?id=fx10–067.

실론의 베다족 Veddahs

가까운 친척들은 죽어서 모두 혼령이 되어 이승에 남은 이들의 안녕을 보살핀다. 조상과 그 자손들을 포함한 이런 혼령을 "네햐 야쿤 néhya yakoon", 즉 "친척 혼령"이라고 부른다. 이 혼령들은 "언제나 지켜 보며 아플 때 찾아오고 꿈에 나타나고 사냥할 때 살코기를 준다"고들 한다.

John Bailey, "An Account of the Wild Tribes of the Veddahs of Ceylon: Their Habits, Customs, and Superstitions," *Transactions* 2 [1863]: 278–320, http://ehrafworldcultures.yale. edu/document?id=ax05–002.

안다만제도 사람들 Andaman Islanders

그는 꿈속에서 망자의 혼령들과 교신할 수 있다.

A. R. [Alfred Reginald] Radcliffe-Brown, *The Andaman Islanders: A Study in Social Anthropology* [Cambridge: Cambridge University Press, 1922], http://ehrafworldcultures.yale. edu/document?id=az02–001.

마누스섬 사람들 Manus Islanders

한때 몇몇 사람들이 발루안섬으로 건너갈 계획까지 세웠지만, 그때 예기치 않은 일이 터졌다. 갑자기 섬사람들 중 일부가 몸이 심하게 떨리는 구리아 guira라는 발작에 시달리게 된 것이다. 이 구리아 현상 에는 꿈이 수반되었는데, 이 꿈을 통해 마을 사람들은 조상들이 대량 의 화물을 가지고 되돌아와서 새로운 사회 건설을 도울 것이라는 메 시지를 받았다.

Berit Gustafsson, *Houses and Ancestors: Continuities and Discontinuities in Leadership Among the Manus* [Göteborg: IASSA, 1992], http://ehrafworldcultures.yale.edu/ document?id=om06–010.

말레이시아의 바텍족Batek

대체로 '레비르 바텍 데Lebir Batek Dè'*족은 인간과 '할라 아살hala'asal'**
의 차이점보다는 유사점을 더 강조한다. 그들은 인간이 죽은 뒤 망자
의 음기shadow-souls가 젊은 육체와 물의 생기water life-souls를 얻어 사실상
'할라 아살'과 같아진다고 믿는다. 이렇게 회춘한 망자는 할라와 함
께 창공 위에 거한다. 할라처럼 그들도 노래하고 꽃으로 몸을 장식하
면서 많은 시간을 보내며, 때때로 지상으로 내려와 산 사람들의 꿈에
나타난다.

Kirk M. Endicott, *Batek Negrito Religion: The World-View and Rituals of a Hunting and
Gathering People of Peninsular Malaysia* [Oxford: Clarendon; Oxford University Press, 1979],
http://ehrafworldcultures.yale.edu/document?id=an07-004.

러시아 동부의 코랴크족Koryak

나는 코랴크의 뱀파이어***가 일종의 샤먼으로 알려져 있음을 지적
하고 싶다. 그들은 치료나 점술 목적으로 토착 혼령들과 교류하며,
황홀경이나 꿈속에서 저승으로 여행한다.

Alexander D. King, "Soul Suckers: Vampiric Shamans in Northern Kamchatka, Russia,"
Anthropology of Consciousness 10, no. 4 [1999]: 57–68, http://ehrafworldcultures.yale.edu/
document?id=ry04-032.

---

*   레비르강 유역에 거주하는 바텍족의 한 집단.

**   '최초의 초자연적 존재'.

*** 이 경우에는 주로 방금 죽은 사람의 몸에서 남아 있는 정기를 빨아들여 젊음을 유지
     하는 사람을 가르킨다.

러시아 사할린섬의 아이누족Ainu

사람들이 꿈을 꿀 때 그들의 영혼은 잠든 주인의 몸에서 빠져나와 시공간적으로 멀리 떨어진 곳까지 여행한다. 우리가 한 번도 가보지 못한 곳을 꿈속에서 방문하는 건 바로 그 때문이다. 마찬가지로 죽은 사람도 우리 꿈에 나타날 수 있다. 영혼이 저세상으로부터 건너와서 꿈꾸는 우리를 방문할 수 있기 때문이다.

Emiko Ohnuki-Tierney, *Illness and Healing Among the Sakhalin Ainu: A Symbolic Interpretation* [Cambridge: Cambridge University Press, 1981], http://ehrafworldcultures.yale.edu/document?id=ab06–013.

머리말

1. Carl Zimmer, *Soul Made Flesh: The Discovery of the Brain—and How It Changed the World* (New York: Free, 2005)([국역] 칼 짐머 지음, 조성숙 옮김,《영혼의 해부: 뇌의 발견이 어떻게 세상을 변화시켰나》, 해나무, 2007), 174. 짐머의 책은 윌리스의 업적을—크리스토퍼 렌(Christopher Wren)이 윌리스의 책에 삽화를 그려 준 사실을 포함하여—대단히 훌륭하게 서술했다.

2. 후기 구석기시대는 지금까지 발견된 해당 시기의 문화 유물을 기준으로 하여 흔히 오리냐시안(4만 5,000년 전~2만 8,000년 전), 그라베티안(2만 8,000년 전~2만 1,000년 전), 솔뤼트레안(2만 1,000년 전~1만 9,000년 전), 막달레니안(1만 8,000년 전~1만 1,000년 전)의 네 시기로 나뉜다. 일부 저자들은 1만 4,000년 전부터 1만 2,000년 전까지의 시기를 준구석기(Epipaleolithic) 시대로 지칭하기도 한다. 후기 구석기시대 뒤에는 약 1만 1,000년 전부터 시작된 신석기시대가 이어졌다.

3. William James, *The Varieties of Religious Experience* (New York: Random House, 1929)([국역] 윌리엄 제임스 지음, 김재영 옮김,《종교적 경험의 다양성》, 한길사, 2000), 31 – 34.

서론

1. Carl Jung, *The Integration of the Personality* (London: Routledge and Kegan Paul, 1950), 72; Patrick McNamara, *The Neuroscience of Religious Experience* (New York: Cambridge University Press, 2009), ix.

2. Pew Forum on Religion and Public Life, *"Nones" on the Rise: One-in-Five Adults Have No Religious Affiliation* (Washington, DC: Pew Forum on Religion and Public Life, 2012), www.pewforum.org/unaffiliated/nones-on-the-rise. aspx; Harris Poll #90, The Religious and Other Beliefs of Americans, 2005, Harris Interactive, December 14, 2005, www.harrisinteractive.com/harris_ poll/index.asp?PID=618; M. Lilla, "The Politics of God," *New York Times Magazine*, August 19, 2007, 28 – 35, 50, 54 – 55에서 Rousseau의 말을 재인용; Francis Collins, *The Language of God: A Scientist Presents Evidence for Belief* (New York: Free, 2006)([국역] 프랜시스 콜린스 지음, 이창신 옮김, 《신의 언어》, 김영사, 2009), 38, 149; S. Begley, "In Our Messy, Reptilian Brains," *Newsweek*, April 9, 2007, 53에서 Homer의 말을 재인용.

3. 아후라 마즈다는 고대 페르시아의 신, 비에마는 나이지리아 티브족의 신, 츠웨지는 우간다 반요로족의 신, 닥기파는 방글라데시 가로족의 신, 에누납은 미크로네시아연방 트루크 제도에 사는 추크족의 신, 푼동딩은 인도 시킴 주에 사는 렙차족의 신, 위대한 영은 미국 이로쿼이족의 신, 혹시 타곱은 캐나다 아시니보인족의 신, 이즈왈라는 아르헨티나 마타코족의 신, 야훼는 고대 히브리족의 신, 카슈군야는 미국 틀링깃족의 신, 라타는 폴리네시아 산타크루즈 인디언의 신, 음보리는 중앙아프리카공화국 잔데족의 신, 은카이는 케냐 마사이족의 신, 오순두는 말레이시아 룽구스족의 신, 팝둠맛은 파나마 쿠나족의 신, 케찰코아틀은 멕시코 톨텍족의 신, 라는 고대 이집트의 신, 센갈랑 부롱은 말레이시아 이반족의 신, 티라와는 미국 포니족의 신, 우가타메는 인도네시아 카파우쿠족의 신, 보두는 프랑스령 기아나에 사는 은쥬카족의 신, 위라코차는 페루 잉카족의 신, 희화(羲和)는 고대 중국의 신, 유루파리는 브라질 투피남바족의 신, 제우스는 고대 그리스의 신이다. 예일 대학의 온라인 인간관계지역파일(www.yale.edu.hraf)은 신들을 연구하는 데 매우 유용한 자료다. 몽테뉴의 *Essays*([국역] 몽테뉴 지음, 손우성 옮김, 《몽테뉴 수상록》, 동서문화사, 2016), 2권 12장 '레이몽 스봉의 변

호'는 Robert J. Wenke and Deborah I. Olszewski, *Patterns in Prehistory* (New York: Oxford University Press, 2007), 315에서 재인용.

4. Annemarie De Waal Malefijt, *Religion and Culture* (New York: Macmillan, 1968), 153.

5. Nora Barlow, *The Autobiography of Charles Darwin, 1809 – 1882* (New York: Norton, 1958), 85; David Quammen, *The Reluctant Mr. Darwin* (New York: Norton, 2006)([국역] 데이비드 쾀멘 지음, 이한음 옮김, 《신중한 다윈씨》, 승산, 2008), 42, 49; Paul H. Barrett, Peter J. Gautrey, Sandra Herbert et al., eds., *Charles Darwin's Notebooks, 1836 – 1844* (New York: Cambridge University Press, 1987), 291.

6. Charles Darwin, *The Descent of Man, and Selection in Relation to Sex* (London: John Murray, 1871)([국역] 찰스 다윈 지음, 김관선 옮김, 《인간의 유래》, 한길사, 2006), pt. 1, pp. 67, 68, and pt. 2, pp. 394 – 395, http://darwin-online.org. uk/content/frameset?viewtype=text&itemID=F937.2&pageseq=1.

7. Barlow, *The Autobiography of Charles Darwin* , 87, 90; Quammen, *The Reluctant Mr. Darwin* , 120. 다윈은 자칭 불가지론자였지만, 이는 독실한 신자였던 아내의 마음을 거스르지 않기 위해서였음이 거의 확실하다.

8. David J. Linden, *The Accidental Mind: How Brain Evolution Has Given Us Love, Memory, Dreams, and God* (Cambridge: Belknap Press of Harvard University Press, 2007)([국역] 데이비드 J. 린든 지음, 김한영 옮김, 《우연한 마음: 아이스크림콘처럼 진화한 우리 뇌의 경이와 불완전함》, 시스테마, 2009), 28; Macdonald Critchley, *The Divine Banquet of the Brain, and Other Essays* (New York: Raven, 1979), 267. 사람 뇌의 아교세포가 신경세포보다 10배 더 많다는 주장에는 의문이 제기된 바 있다. 일부 뇌 영역에서는 그렇지만 다른 뇌 영역에서는 그렇지 않을 수도 있다.; F. A. C. Azevedo, L. R. B. Carvalho, L. T. Grinberg et al., "Equal Numbers of Neuronal and Nonneuronal Cells Make the Human Brain an Isometrically Scaled-Up Primate Brain," *Journal of Comparative Neurology* 513 (2009): 532 – 541를 참조하라.

9. 원래 현미경으로 본 세포의 차이를 근거로 하여 정의된 브로드만 영역이 기능적 영역과 반드시 대응하지는 않는다는 점을 지적해야겠다. 촉각 정보를 받는 주된 감각수용영역인 중심뒤이랑(BA 3) 등의 몇몇 영역은 기능적 영역과 대응한다. 하지만 대부분의 브로드만 영역은 서로 다른 여러 가

지 기능에 관여하며, 특히 연합겉질이라고 알려진 부분에 위치한 영역들은 더더욱 그렇다. 2016년 뇌 영역에 더욱 정밀한 방식으로 번호를 매기는 새로운 체계가 도입되었다. 이는 브로드만 체계처럼 현미경으로 본 뇌의 모습이 아니라, 기능적 MRI로 얻은 영상에 기반한 것이다. 따라서 이 새로운 번호 체계는 MRI, 기능적 MRI, 기타 뇌영상 연구의 기준이 될 터이나, 적어도 가까운 미래에 브로드만 체계를 대체하지는 않을 것이다.

10. M.-M. Mesulam, "Large-Scale Neurocognitive Networks and Distributed Processing for Attention, Language, and Memory," *Annals of Neurology* 28 (1990): 597–613; M.-M. Mesulam, "A Cortical Network for Directed Attention and Unilateral Neglect," *Annals of Neurology* 10 (1981): 309–325; M.-M. Mesulam, "From Sensation to Cognition," *Brain* 121 (1998): 1013–1052; J. K. Rilling, "Neuroscientific Approaches and Applications Within Anthropology," *Yearbook of Physical Anthropology* 51 (2008): 2–32. 다음의 글도 참조하라. M. D. Fox, A. Z. Snyder, J. L. Vincent et al., "The Human Brain Is Intrinsically Organized Into Dynamic, Anticorrelated Functional Networks," *Proceedings of the National Academy of Sciences USA* 102 (2005): 9673–9678. 언어 네트워크에 포함되는 기타 영역들로는 바닥핵(기저핵), 아래마루소엽, 중간관자이랑, 아래섬엽, 이마겉질(브로드만 영역 6, 9, 45, 47)을 들 수 있다.

11. N. Gogtay, J. N. Giedd, L. Lusk et al., "Dynamic Mapping of Human Cortical Development During Childhood Through Early Adulthood," *Proceedings of the National Academy of Sciences USA* 101 (2004): 8174–8179.

12. Harry J. Jerison, *Evolution of the Brain and Intelligence* (New York: Academic, 1973), 9. 인류학자 토머스 쇠네만은 이 원칙을 다음과 같이 설명했다. "일반적인 가정은 이러하다....더 많은 조직은 어떤 면에서 더 복잡한 신경 처리로 해석되며, 이는 그러한 특정 영역(들)이 더 복잡한 행동을 매개함을 암시한다는 것이다."

13. Gogtay et al., "Dynamic Mapping."

14. S. Wakana, H. Jiang, L. M. Nagae-Poetscher et al., "Fiber Track-Based Atlas of White Matter Human Anatomy," *Radiology* 230 (2004): 77–87; C. Lebel, L. Walker, A. Leemans et al., "Microstructural Maturation of the Human Brain from Childhood to Adulthood," *NeuroImage* 40 (2008):

1044 – 1055; W. Men, D. Falk, T. Sun et al., "The Corpus Callosum of Albert Einstein's Brain: Another Clue to His High Intelligence?" *Brain* 137 (2014): pt. 4, p. e268 (letter).

15. Stephen Jay Gould, *Ontogeny and Phylogeny* (Cambridge: Harvard University Press, 1977), 6; John C. Eccles, *Evolution of the Brain: Creation of the Self* (New York: Routledge, 1989)([국역] 존 에클스 지음, 박찬웅 옮김, 《뇌의 진화》, 민음사, 1998), 203; D. Povinelli, "Reconstructing the Evolution of the Mind," *American Psychologist* 48 (1993): 493 – 509; S. T. Parker, "Comparative Developmental Evolutionary Biology, Anthropology, and Psychology," in *Biology, Brains, and Behavior*, ed. Sue Taylor Parker, Jonas Langer, and Michael L. McKinney (Santa Fe: School of American Research Press, 2000), 1 – 24, at 22.

16. J. W. Lichtman and Winfried Denk, "The Big and Small: Challenges of Imaging the Brain's Circuits," *Science* 334 (2011): 618 – 623. 2010년 미국 국립보건원에서 착수한 '인간 커넥톰 프로젝트(Human Connectome Project)'는 현재 뇌의 백색질 연결 구조를 매핑하고 있으며 향후 이에 대한 우리의 이해를 현저히 높여 줄 것이다.

17. Charles Darwin, *Origin of Species* (New York: Collier, 1902)([국역] 찰스 다윈 지음, 김관선 옮김, 《종의 기원》, 한길사, 2014), 126.

18. R. W. Scotland, "What Is Parallelism?," *Evolution and Development* 13 (2011): 214 – 227; David L. Smail, *On Deep History and the Brain* (Berkeley: University of California Press, 2008), 199. 수렴진화는 공통된 유전적 조상을 전제하지 않는다는 점에서 평행진화와 다르다. 하지만 "심층적 상동(deep homology, 상동인 유전 메커니즘이 광범위한 생물종의 깊숙한 곳에 존재하며 생물종의 성장과 분화를 제어하는 경우를 설명하기 위해 고안된 개념—역주)"의 발견으로 둘의 차이가 모호해졌다. 이에 대한 논의로는 다음을 참조하라. Gerhard Roth, *The Long Evolution of Brains and Minds* (New York: Springer, 2013), 37; and Stephen Jay Gould, *The Structure of Evolutionary Theory* (Cambridge: Harvard University Press, 2002), 1061 – 1089.

19. M. R. Leary and N. R. Buttermore, "The Evolution of the Human Self: Tracing the Natural History of Self-Awareness," *Journal for the Theory of Social*

Behaviour 33 (2003): 365 – 404. 이와 유사한 설명으로는 다음을 참조하라. Steven Mithen, *The Prehistory of the Mind: The Cognitive Origins of Art, Religion and Science* (London: Thames and Hudson, 1996)([국역] 스티븐 미슨 지음, 윤소영 옮김, 《마음의 역사: 인류의 마음은 어떻게 진화되었는가?》, 영림카디널, 2001)

20 . M. Mesulam, "Brain, Mind, and the Evolution of Connectivity," *Brain and Cognition* 42 (2000): 4 – 6.

1. 호모 하빌리스

1. Stephen J. Gould, *Wonderful Life: The Burgess Shale and the Nature of History* (New York: Norton, 1989)([국역] 스티븐 제이 굴드 지음, 김동광 옮김, 《원더풀 라이프: 버제스 혈암과 역사의 본질》, 궁리, 2018), 318. 앞뇌는 사이뇌(시상과 시상하부)와 끝뇌(후각망울, 해마, 편도, 띠다발, 바닥핵, 겉질)로 발달했다. 중간뇌는 대뇌다리와 둔덕으로 발달했다. 마름뇌(후뇌)는 숨뇌, 다리뇌, 소뇌로 발달했다. 초기 뇌의 발달에 대한 자세한 분석은 다음 책에서 찾아 볼 수 있다. Georg F. Striedter, *Principles of Brain Evolution* (Sunderland, MA: Sinauer, 2005).

2. Gould, *Wonderful Life*, 318, 44.

3. D. C. Van Essen and D. L. Dierker, "Surface-Based and Probabilistic Atlases of Primate Cerebral Cortex," *Neuron* 56 (2007): 209 – 225; Striedter, *Principles of Brain Evolution*, 287.

4. C. Zimmer, "A Twist on Our Ancestry," *New York Times*, October 29, 2013.

5. John S. Allen, *The Lives of the Brain: Human Evolution and the Organ of Mind* (Cambridge: Harvard University Press, 2009), 59 – 61; "Three of a Kind," *Economist*, September 10, 2005, 77.

6. Frederick L. Coolidge and Thomas Wynn, *The Rise of* Homo sapiens *: The Evolution of Modern Thinking* (New York: Wiley Blackwell, 2009), 87 – 90; R. L. Holloway, "The Casts of Fossil Hominid Brains," *Scientific American* 231 (1974): 106 – 115. 오스트랄로피테쿠스 화석의 두개 내 주형(endocast, 두개골 안쪽 면을 본뜬 모형—역주)에 대한 논쟁은 30년 넘게 계속되고 있다. 다음은 그 데이터를 잘 요약한 논문들이다. D. Falk, J. C. Redmond,

J. Guyer et al., "Early Hominid Brain Evolution: A New Look at Old Endocasts," *Journal of Human Evolution* 38 (2000): 695 – 717; M. M. Skinner, N. B. Stephens, Z. J. Tsegai et al., "Human-Like Hand Use in Australopithecus Africanus," *Science* 347 (2015): 395 – 399; M. Dominguez-Rodrigo, R. R. Pickering, and H. T. Bunn, "Configurational Approach to Identifying the Earliest Hominin Butchers," *Proceedings of the National Academy of Sciences USA* 107 (2010): 20929 – 20934; Coolidge and Wynn, *Rise of* Homo sapiens, 106.

7. Lewis Wolpert, *Six Impossible Things Before Breakfast: The Evolutionary Origins of Belief* (New York: Norton, 2006)([국역] 루이스 월퍼트 지음, 황소연 옮김, 《믿음의 엔진: 천사, 귀신, 부적, 종교, 징크스, 점성술… 이성을 뛰어넘는 인간 믿음에 관한 진화론적 탐구》, 에코의서재, 2007), 57; Michael C. Corballis, *From Hand to Mouth: The Origins of Language* (Princeton: Princeton University Press, 2002), 83 – 84; Jane Goodall, *The Chimpanzees of Gombe: Patterns of Behavior* (Cambridge: Harvard University Press, 1986), 535 – 545; Steven Mithen, *The Prehistory of the Mind: The Cognitive Origins of Art and Science* (London: Thames and Hudson, 1996), 96; Gerhard Roth, *The Long Evolution of Brains and Minds* (New York: Springer, 2013)([국역] 게르하르트 로트 지음, 김미선 옮김, 《뇌와 마음의 오랜 진화》, 시그마프레스, 2015), 199.

8. Richard G. Klein and Blake Edgar, *The Dawn of Human Culture: A Bold New Theory on What Sparked the "Big Bang" of Human Consciousness* (New York: Wiley, 2002), 73 – 74; Mithen, *The Prehistory of the Mind*, 96 – 98.

9. Kenneth L. Feder, *The Past in Perspective: An Introduction to Human History* (Mountain View, CA: Mayfield, 2000), 81; D. Brown, "Arsenal Confirms Chimp's Ability to Plan, Study Says," *Washington Post*, March 10, 2009.

10. Nicholas Humphrey, *Consciousness Regained: Chapters in the Development of the Mind* (New York: Oxford University Press, 1984), 5, 48 – 49.

11. T. M. Preuss, "The Human Brain: Rewired and Running Hot," *Annals of the New York Academy of Sciences* 1225, supplement 1 (2011): E182 – 191; Richard Passingham, *What Is Special About the Human Brain?* (Oxford: Oxford University Press, 2008), 33; P. V. Tobias, "The Brain of Homo habilis: A New Level of Organization in Cerebral Evolution," *Journal of*

Human Evolution 16 (1987): 741‒761; Michael R. Rose, *Darwin's Spectre: Evolutionary Biology in the Modern World* (Princeton: Princeton University Press, 1998), 165.

12. Tobias, "The Brain of Homo habilis"; Holloway, "The Casts of Fossil Hominid Brains"; S. F. Witelson, D. L. Kigar, and T. Harvey, "The Exceptional Brain of Albert Einstein," *Lancet* 353 (1999): 2149‒2153. 중증 정신장애 연구에 활용되는 스탠리의학연구소의 뇌 컬렉션에는 정상통제군 뇌 117점(남성 91점, 여성 26점)이 소장되어 있다. 그 평균 중량은 1,472그램이지만 1,060그램에서 1,980그램까지 다양하게 걸쳐 있다. 뇌 조직 1입방센티미터가 약 1그램으로 간주되므로, 입방센티미터와 그램 단위는 대략 동일하다. R. E. Passingham, "The Origins of Human Intelligence," in *Human Origins*, ed. John R. Durant (Oxford: Clarendon, 1989), 123‒136. 하지만 사람이 신체 대비 뇌 크기가 가장 큰 동물은 아니다. 소형 영장류인 작은쥐여우원숭이의 뇌는 몸무게의 3퍼센트인 반면, 사람 뇌는 몸무게의 2퍼센트도 안 된다. Steve Jones, Robert Martin, David Pilbeam, eds., *The Cambridge Encyclopedia of Human Evolution* (Cambridge: Cambridge University Press, 1992), 107.

13. Tobias, "The Brain of Homo habilis."

14. R. E. Jung and R. J. Haier, "The Parieto-Frontal Integration Theory(P-FIT) of Intelligence: Converging Neuroimaging Evidence," *Behavioral and Brain Sciences* 30 (2007): 135‒187. 다음의 글도 참조하라. J. Gläscher, D. Tranel, L. K. Paul et al., "Lesion Mapping of Cognitive Abilities Linked to Intelligence," *Neuron* 61 (2009): 681‒691; J. Gläscher, D. Rudrauf, R. Colom et al., "Distributed Neural System for General Intelligence Revealed by Lesion Mapping," *Proceedings of the National Academy of Sciences USA* 107 (2010): 4705‒4709; and A. K. Barbey, R. Colom, J. Solomon et al., "An Integrative Architecture for General Intelligence and Executive Function Revealed by Lesion Mapping," *Brain* 135 (2012): 1154‒1164.

15. Jung and Haier, "The Parieto-Frontal Integration Theory."

16. Preuss, "The Human Brain"; M. L. McKinney, "Evolving Behavioral Complexity by Extending Development," in *Biology, Brains, and Behavior: The Evolution of Human Development*, ed. Sue Taylor Parker, Jonas Langer,

and Michael L. McKinney (Santa Fe: School of American Research Press, 2000), 25 – 40, at 32; John C. Eccles, *Evolution of the Brain* (New York: Routledge, 1989), 42; Richard E. Passingham, *The Human Primate* (San Francisco: Freeman, 1982), 83; P. T. Schoenemann, "Evolution of the Size and Functional Areas of the Human Brain," *Annual Review of Anthropology* 35 (2006): 379 – 406.

17.   K. Semendeferi, K. Teffer, D. P. Buxhoeveden et al., "Spatial Organization of Neurons in the Frontal Pole Sets Humans Apart from Great Apes," *Cerebral Cortex* 21 (2011): 1485 – 1497; S. Bludau, S. B. Eickhoff, H. Mohlberg et al., "Cytoarchitecture, Probability Maps and Functions of the Human Frontal Pole," *NeuroImage* 93 (2014): 260 – 275; K. Semendeferi, E. Armstrong, A. Schleicher et al., "Prefrontal Cortex in Humans and Apes: A Comparative Study of Area 10," *American Journal of Physical Anthropology* 114 (2001): 224 – 241; R. Muhammad, J. D. Wallis, and E. K. Miller, "A Comparison of Abstract Rules in the Prefrontal Cortex, Premotor Cortex, Inferior Temporal Cortex, and Striatum," *Journal of Cognitive Neuroscience* 18 (2006): 974 – 989; P. J. Brasted and S. P. Wise, "Comparison of Learning- Related Neuronal Activity in the Dorsal Premotor Cortex and Striatum," *European Journal of Neuroscience* 19 (2004): 721 – 740; J. M. Fuster, "Frontal Lobe and Cognitive Development," *Journal of Neurocytology* 31 (2002): 373 – 385; J. Jonides, E. E. Smith, R. A. Koeppe et al., "Spatial Working Memory in Humans as Revealed by PET (Letter)," *Nature* 363 (1993): 623 – 625.

18.   A. E. Cavanna and M. R. Trimble, "The Precuneus: A Review of Its Functional Anatomy and Behavioural Correlates," *Brain* 129 (2006): 564 – 583; Witelson et al., "The Exceptional Brain of Albert Einstein"; W. Men, D. Falk, T. Sun et al., "The Corpus Callosum of Albert Einstein's Brain: Another Clue to His High Intelligence?," *Brain* 137 (2014): pt. 4, p. e268 (letter).

19.   N. Makris, D. N. Kennedy, S. McInerney et al., "Segmentation of Subcomponents Within the Superior Longitudinal Fascicle in Humans: A Quantitative, In Vivo, DTMRI Study," *Cerebral Cortex* 15 (2005): 854 –

869; T. Sakai, A. Mikami, M. Tomonaga et al., "Differential Prefrontal White Matter Development in Chimpanzees and Humans," *Current Biology* 21 (2011): 1397 – 1402; J. S. Schneiderman, M. S. Buchsbaum, M. M. Haznedar et al., "Diffusion Tensor Anistrophy in Adolescents and Adults," *Neuropsychobiology* 55 (2007): 96 – 111; J. Zhang, A. Evans, L. Hermoye et al., "Evidence of Slow Maturation of the Superior Longitudinal Fasciculus in Early Childhood by Diffusion Tensor Imaging," *NeuroImage* 38 (2007): 239 – 247; G. Roth and U. Dicke, "Evolution of the Brain and Intelligence," *Trends in Cognitive Science* 29 (2005): 250 – 257.

20. Ian Tattersall, *Becoming Human: Evolution and Human Uniqueness* (New York: Harcourt Brace, 1998)([국역] 이언 태터솔 지음, 전성수 옮김, 《인간 되기》, 해 나무, 2007), 194. 슈트리터는 《뇌 진화의 법칙》에서 이렇게 말했다. "[뇌] 부위들이 불균형하게 커짐에 따라, (불균형하게 커진 부위에서 뻗어 나 온 축삭이) 조상의 뇌에서는 신경분포가 이루어지지 않았던 부위들까 지 "침범하는" 경향이 있다."(11); P. V. Tobias, "Recent Advances in the Evolution of the Hominids with Special Reference to Brain and Speech," in *Recent Advances in the Evolution of Primates*, ed. Carlos Chagas (Vatican City: Pontificiae Academiae Scientiarum Scripta Varia 50, 1983), 85 – 140. Tobias 는 다음의 논문들을 인용했다. N. Geschwind, "Disconnexion Syndromes in Animals and Nan," *Brain* 88 (1965): 237 – 294, and N. W. Ingalls, "The Parietal Region in the Primate Brain," *Journal of Comparative Neurology* 24 (1914): 291 – 341. 또 다음 글들도 참조하라. MacDonald Critchley, *The Parietal Lobes* (New York: Hafner, 1969), 16; M.-M. Mesulam, "A Cortical Network for Directed Attention and Unilateral Neglect," *Annals of Neurology* 10 (1981): 309 – 325; and Striedter, *Principles of Brain Evolution*, 327. 아래 마루소엽은 브로드만 분류 체계의 39와 40영역으로 구성된다.

21. R. I. M. Dunbar, "The Social Brain Hypothesis and Its Implications for Social Evolution," *Annals of Human Biology* 36 (2009): 562 – 572; M. Balter, "Why Are Our Brains So Big?," *Science* 338 (2012): 33 – 34.

2. 호모 에렉투스

1. F. Spoor, M. G. Leakey, P. N. Gathogo et al., "Implications of New Early *Homo* Fossils from Ileret, East of Lake Turkana, Kenya (Letter)," *Nature* 448 (2007): 688 – 691; J. N. Wilford, "New Fossils Indicate Early Branching of Human Family Tree," *New York Times*, August 9, 2012. 아직 우리가 가진 화석이 너무 적은 까닭에, 우리는 어느 종이 어느 종으로부터 진화했는지에 대해 여전히 놀랄 만큼 모른다. 고고학자들은 이런 문제에 대해 끊임없이 논쟁 중이지만, 이는 고작 27피스만을 가지고서 500피스 직소 퍼즐의 생김새에 대해 논쟁하는 것과 같다.

2. Andrew Shyrock and Daniel Loed Smail, *Deep History: The Architecture of Past and Present* (Berkeley: University of California Press, 2011), 69 – 70.

3. Kenneth L. Feder, *The Past in Perspective: An Introduction to Human History* (Mountain View, CA: Mayfield, 2000), 120 – 121. 호모 에렉투스의 석기는 호모 하빌리스의 (올두바이 협곡에서 이름을 딴) 올도완 석기와 대비하여 보통 아슐리안 석기로 분류된다. 우리가 이 도구를 "주먹도끼"라고 부르기는 하지만 이것이 실제로 어떻게 활용되었는지를 알지는 못한다는 점을 지적해야겠다. 다음을 참조하라. R. G. Klein, "Archeology and the Evolution of Human Behavior," *Evolutionary Anthropology* 9 (2000): 17 – 36.

4. Frederick L. Coolidge and Thomas Wynn, *The Rise of* Homo sapiens*: The Evolution of Modern Thinking* (New York: Wiley Blackwell, 2009), 151; Z. Zorich, "The First Spears," *Archaeology*, March – April 2013, 16; M. Balter, "The Killing Ground," *Science* 344 (2014): 1080 – 1083.

5. A. Gibbons, "Food for Thought: Did the First Cooked Meals Help Fuel the Dramatic Evolutionary Expansion of the Human Brain," *Science* 316 (2007): 1558 – 1560; J. Gorman, "Chimps Would Cook If Given Chance, Research Says," *New York Times*, June 3, 2015. 다음의 글도 참조하라. Richard Wrangham, *Catching Fire: How Cooking Made Us Human* (New York: Basic, 2009)([국역] 리처드 랭엄 지음, 조현욱 옮김, 《요리 본능》, 사이언스북스, 2011)

6. 일례로 다음의 책을 참조하라. Terrence C. Deacon, *The Symbolic Species: The Co-Evolution of Language and the Brain* (New York: Norton, 1997).

7. Merlin Donald, *Origins of the Modern Mind* (Cambridge: Harvard University

Press, 1991), 112.

8. M. Lewis, "Myself and Me," in *Self-Awareness in Animals and Humans: Developmental Perspectives*, ed. Sue Taylor Parker, Robert W. Mitchell, and Maria L. Boccia (New York: Cambridge University Press, 1994), 20 – 34.

9. B. Amsterdam, "Mirror Self-Image Reactions Before Age Two," *Developmental Psychobiology* 5 (1972): 297 – 305.

10. J. R. Anderson, "To See Ourselves as Others See Us: A Response to Mitchell," *New Ideas in Psychology* 11 (1993): 339 – 346; J. R. Anderson, "The Development of Self-Recognition: A Review," *Developmental Psychobiology* 17 (1984): 37 – 49; M. Lewis and J. Brooks-Gunn, "Toward a Theory of Social Cognition: The Development of Self," in *Social Interaction and Communication During Infancy*, ed. Ina C. Užgiris (Washington, DC: Jossey-Bass, 1979), 1 – 20; L. Mans, D. Cicchetti, and L. A. Sroufe, "Mirror Reactions of Down's Syndrome Infants and Toddlers: Cognitive Underpinnings of Self-Recognition," *Child Development* 49 (1978): 1247 – 1250; G. Dawson and F. C. McKissick, "Self-Recognition in Autistic Children," *Journal of Autism and Developmental Disorders* 14 (1984): 383 – 394; C. J. Neuman and S. D. Hill, "Self-Recognition and Stimulus Preference in Autistic Children," *Developmental Psychobiology* 11 (1978): 571 – 578.

11. A. D. Craig, "How Do You Feel—Now? The Anterior Insula and Human Awareness," *Nature Reviews Neuroscience* 10 (2009): 59 – 70; Antonio Damasio, "The Person Within," *Nature* 423 (2003): 227; A. D. Craig, "The Sentient Self," *Brain Structure and Function* 214 (2010): 563 – 577; G. Gallup, "Self-Awareness and the Emergence of Mind in Primates," *American Journal of Primatology* 2 (1982): 237 – 248.

12. S. D. Hill and C. Tomlin, "Self-Recognition in Retarded Children," *Child Development* 52 (1981): 145 – 150; T. F. Pechacek, K. F. Bell, C. C. Cleland et al., "Self-Recognition in Profoundly Retarded Males," *Bulletin of the Psychonomic Society* 1 (1973): 328 – 330; L. P. Harris, "Self-Recognition Among Institutionalized Profoundly Retarded Males: A Replication," *Bulletin of the Psychonomic Society* 9 (1977): 43 – 44.

13. E. F. Torrey, "Schizophrenia and the Inferior Parietal Lobule," *Schizophrenia*

Research 97 (2007): 215 – 225; D. Simeon, O. Guralnik, E. A. Hazlett et al., "Feeling Unreal: A PET Study of Depersonalization Disorder," *American Journal of* Psychiatry 157 (2000): 1782 – 1788; F. Biringer, J. R. Anderson, and D. Strubel, "Self-Recognition in Senile Dementia," *Experimental Aging Research* 14 (1988): 177 – 180; F. Biringer and J. R. Anderson, "Self-Recognition in Alzheimer's Disease: A Mirror and Video Study," *Journal of Gerontology* 47 (1992): P385 – P388; E. H. Rubin, W. C. Drevets, and W. J. Burke, "The Nature of Psychotic Symptoms in Senile Dementia of the Alzheimer Type," *Journal of Geriatric Psychiatry and Neurology* 1 (1988): 16 – 20; Todd E. Feinberg, *Altered Egos: How the Brain Creates the Self* (New York: Oxford University Press, 2001), 73; L. K. Gluckman, "A Case of Capgras Syndrome," *Australian and New Zealand Journal of Psychiatry* 2 (1968): 39 – 43.

14. G. G. Gallup Jr., "Chimpanzees: Self-Recognition," *Science* 167 (1970): 86 – 87.

15. Gerhard Roth, *The Long Evolution of Brains and Minds* (New York: Springer, 2013), 210; H. L. W. Miles, "Me Chantek: The Development of Self-Awareness in a Signing Orangutan," in Parker, Mitchell, and Boccia, *Self-Awareness in Animals and Humans*, 254 – 272; Michael Lewis and Jeanne Brooks-Gunn, *Social Cognition and the Acquisition of Self* (New York: Plenum, 1979), 182.

16. H. Prior, A. Schwarz, and O. Güntürkün, "Mirror-Induced Behavior in the Magpie (*Pica pica*): Evidence of Self-Recognition," *PLoS Biology* 6 (2008): e202; J. M. Plotnik, F. B. M. de Waal, and D. Reiss, "Self-Recognition in an Asian Elephant," *Proceedings of the National Academy of Sciences USA* 103 (2006): 17063 – 17057; D. Reiss and L. Marino, "Mirror Self-Recognition in the Bottlenose Dolphin: A Case of Cognitive Convergence," *Proceedings of the National Academy of Sciences USA* 98 (2001): 5937 – 5942; Nicholas Humphrey, *The Inner Eye: Social Intelligence in Evolution* (New York: Oxford University Press, 2002)([국역] 니컬러스 험프리 지음, 김은정 옮김, 《감정의 도서관: 인간의 의식 진화에 관한 다큐멘터리》, 이제이북스, 2003), 84.

17. Roth, *The Long Evolution of Brains and Minds*, 210; C. W. Hyatt and W. D.

Hopkins, "Self-Awareness in Bonobos and Chimpanzees: A Comparative Perspective," in Parker, Mitchell, and Boccia, *Self-Awareness in Animals and Humans*, 248‒253; Miles, "Me Chantek"; F. B. M. de Waal, M. Dindo, A. Freeman et al., "The Monkey in the Mirror: Hardly a Stranger," *Proceedings of the National Academy of Sciences USA* 102 (2005): 11140‒11147. 자기인식은 몇 차례에 걸쳐 독립적으로 진화했을 수 있다. 이런 일은 진화에서 종종 일어난다. 일례로 눈은 동물계의 진화 과정에서 적어도 40번 이상 독립적으로 진화했다고 한다. 다음을 참조하라. Steven Pinker, *The Language Instinct* (New York: HarperCollins, 1995)([국역] 스티븐 핑커 지음, 김한영·문미선·신효식 옮김, 《언어본능》, 동녘사이언스, 2008), 349; Richard Dawkins, *The Ancestor's Tale: A Pilgrimage to the Dawn of Evolution* (Boston: Houghton Mifflin, 2004)([국역] 리처드 도킨스 지음, 이한음 옮김, 《조상 이야기: 생명의 기원을 찾아서》, 까치, 2018), 589; E. Pennisi, "Mining the Molecules That Made Our Mind, *Science* 313 (2006): 1908‒1911; H. E. Hoekstra and T. Price, "Parallel Evolution Is in the Genes," *Science* 303 (2004): 1779‒1781; M. R. Leary and N. R. Buttermore, "The Evolution of the Human Self: Tracing the Natural History of Self-Awareness," *Journal for the Theory of Social Behaviour* 33 (2003): 365‒404 (이와 유사한 해석으로 다음의 책도 참조하라. Steven Mithen, *The Prehistory of the Mind: The Cognitive Origins of Art, Religion and Science* [London: Thames and Hudson, 1996]([국역] 스티븐 미슨 지음, 윤소영 옮김, 《마음의 역사: 인류의 마음은 어떻게 진화되었는가?》, 영림카디널, 2001)); Richard G. Klein and Blake Edgar, *The Dawn of Human Culture: A Bold New Theory on What Sparked the "Big Bang" of Human Consciousness* (New York: Wiley, 2002), 8; John Hawks, Eric T. Wang, Gregory M. Cochran et al., "Recent Acceleration of Human Adaptive Evolution," *Proceedings of the National Academy of Sciences USA* 104 (2007): 20753‒20758; 다음의 글도 참조하라. Patrick Evans, Sandra L. Gilbert, Nitzan Mekel-Bobrov et al., "*Microcephalin*, a Gene Regulating Brain Size, Continues to Evolve Adaptively in Humans," *Science* 309 (2005): 1717‒1720.

18. S. T. Parker, "A Social Selection Model for the Evolution and Adaptive Significance of Self-Conscious Emotions," in *Self-Awareness: Its Nature and Development*, ed. Michael Ferrari and Robert J. Sternberg (New York:

Guilford, 1998), 108 – 136; Ian Tattersall, *Becoming Human: Evolution and Human Uniqueness* (New York: Harcourt Brace, 1998), 48; Raymond Tallis, *The Kingdom of Infinite Space: A Fantastical Journey Around Your Head* (New Haven: Yale University Press, 2008)([국역] 레이먼드 탤리스 지음, 이은주 옮김, 《무한 공간의 왕국: 머리, 인간을 이해하는 열쇠》, 동녘사이언스, 2011), 220 – 221.

19. Feder, *The Past in Perspective*, 106; Donald, *Origins of the Modern Mind*, 113. 가장 최근에 발견된 호모 에렉투스 두개골에 대한 비슷한 분석으로는 다음을 참조하라. X. Wu, L. A. Schepartz, and W. Liu, "A New *Homo erectus* (Zhoukoudian V) Brain Endocast from China," *Proceedings of the Royal Society B* 277 (2009): 337 – 344; Coolidge and Wynn, *The Rise of* Homo Sapiens, 114.

20. John S. Allen, *The Lives of the Brain: Human Evolution and the Organ of Mind* (Cambridge: Harvard University Press, 2009), 98; Craig, "How Do You Feel—Now?"

21. C. Lebel, L. Walker, A. Leemans et al., "Microstructural Maturation of the Human Brain from Childhood to Adulthood," *NeuroImage* 40 (2008).

22. D. T. Stuss, "Disturbance of Self-Awareness After Frontal System Damage," in *Awareness of Deficit After Brain Injury: Clinical and Theoretical Issues*, ed. George P. Prigatano and Daniel L. Schacter (New York: Oxford University Press, 1991), 63 – 83, 65, 68; K. P. Wylie and J. R. Tregallas, "The Role of the Insula in Schizophrenia," *Schizophrenia Research* 123 (2010): 93 – 104; Craig, "How Do You Feel—Now?"

23. K. Zilles, "Architecture of the Human Cerebral Cortex," in *The Human Nervous System*, ed. George Paxinos and Juergen K. Mai, 2nd ed. (Amsterdam: Elsevier, 2004), 997 – 1042. 실제로 아래마루소엽의 기능은 유달리 복잡하고 다양하다. 더 오래된 리뷰로는 다음을 참조하라. MacDonald Critchley, *The Parietal Lobes* (New York: Hafner, 1969); and D. Denny-Brown and R. A. Chambers, "The Parietal Lobe and Behavior," in *The Brain and Human Behavior*, ed. Harry C. Solomon, Stanley Cobb, and Wilder Penfield (Baltimore: Williams and Wilkins, 1958), 35 – 117.

24. T. W. Kjaer, M. Nowak, and H. C. Lou, "Reflective Self-Awareness and Conscious States: PET Evidence for a Common Midline Parietofrontal

Core," *NeuroImage* 17 (2002): 1080 – 1086; P. Ruby and J. Decety, "Effect of Subjective Perspective Taking During Simulation of Action: A PET Investigation of Agency," *Nature Neuroscience* 4 (2001): 546 – 550; L. Q. Uddin, J. T. Kaplan, I. Molnar-Szakacs et al., "Self-Face Recognition Activates a Frontoparietal 'Mirror' Network in the Right Hemisphere: An Event-Related fMRI Study," *NeuroImage* 25 (2005): 926 – 935; H. C. Lou, B. Luber, M. Crupain et al., "Parietal Cortex and Representation of the Mental Self," *Proceedings of the National Academy of Sciences USA* 101 (2004): 6827 – 6832; S. M. Platek, J. W. Loughead, R. C. Gur et al., "Neural Substrates for Functionally Discriminating Self-Face from Personally Familiar Faces," *Human Brain Mapping* 27 (2006): 91 – 98; Simeon et al., "Feeling Unreal."

25. C. Butti, M. Santos, N. Uppal et al., "Von Economo Neurons: Clinical and Evolutionary Perspectives," *Cortex* 49 (2013): 312 – 326; J. M. Allman, N. A. Tetreault, A. Y. Hakeem et al., "The Von Economo Neurons in Frontoinsular and Anterior Cingulate Cortex in Great Apes and Humans," *Brain Structure and Function* 214 (2010): 495 – 517.

26. F. Cauda, G. C. Geminiani, and A. Vercelli, "Evolutionary Appearance of Von Economo's Neurons in the Mammalian Cerebral Cortex," *Frontiers in Human Neuroscience* 8 (2014): 104; C. Fajardo, M. I. Escobar, E. Buriticá et al., "Von Economo Neurons Are Present in the Dorsolateral (Dysgranular) Prefrontal Cortex of Humans," *Neuroscience Letters* 435 (2008): 215 – 218; C. Butti, C. C. Sherwood, A. Y. Hakeem et al., "Total Number and Volume of Von Economo Neurons in the Cerebral Cortex of Cetaceans," *Journal of Comparative Neurology* 515 (2009): 243 – 259; Allman et al., "The Von Economo Neurons."

27 V. E. Sturm, H. J. Rosen, S. Allison et al., "Self-Conscious Emotion Deficits in Frontotemporal Lobar Degeneration," *Brain* 129 (2006): 2508 – 2516; W. W. Seeley, D. A. Carlin, J. M. Allman et al., "Early Frontotemporal Dementia Targets Neurons Unique to Apes and Humans, *Annals of Neurology* 60 (2006): 660 – 667.

28. Allman et al., "The Von Economo Neurons"; J. Allman, Atiya Hakeem,

and K. Watson, "Two Phylogenetic Specializations in the Human Brain," *Neuroscientist* 8 (2002): 335 – 346; J. M. Allman, N. A. Tetreault, A. Y. Hakeem et al., "The Von Economo Neurons in the Frontoinsular and Anterior Cingulate Cortex," *Annals of the New York Academy of Sciences* 1225 (2011): 59 – 71.

3. 옛 호모 사피엔스(네안데르탈인)

1. N. Wade, "Genetic Data and Fossil Evidence Tell Differing Tales of Human Origins," *New York Times*, July 27, 2012; J.-J. Hublin, "How to Build a Neandertal," *Science* 344 (2014): 1338 – 1339; A. Gibbons, "Who Were the Denisovans?," *Science* 333 (2011): 1084 – 1087; E. Culotta, "Likely Hobbit Ancestors Lived 600,000 Years Earlier," *Science* 352 (2016): 1260 – 1261; A. Gibbons, "A Crystal-Clear View of an Extinct Girl's Genome," *Science* 337 (2012): 1028 – 1029; M. Meyer, M. Kircher, M.-T. Gansauge et al., "A High-Coverage Genome Sequence from an Archaic Denisovan Individual," *Science* 338 (2012): 222 – 226; A. Cooper and C. B. Stringer, "Did Denisovans Cross Wallace's Line?," *Science* 342 (2013): 321 – 323.

2. A. W. Briggs, J. M. Good, R. E. Green et al., "Targeted Retrieval and Analysis of Five Neandertal mtDNA Genomes," *Science* 325 (2009): 318 – 320.

3. Richard G. Klein and Blake Edgar, *The Dawn of Human Culture: A Bold New Theory on What Sparked the "Big Bang" of Human Consciousness* (New York: Wiley, 2002), 272.

4. Brian Fagan, *Cro-Magnon: How the Ice Age Gave Birth to the First Modern Humans* (New York: Bloomsbury, 2010)([국역] 브라이언 페이건 지음, 김수민 옮김, 《크로마뇽: 빙하기에서 살아남은 현생인류로부터 우리는 무엇을 배울 수 있는가》, 더숲, 2012), 47.

5. K. Bouton, "If Cave Men Told Jokes, Would Humans Laugh?," *New York Times*, December 28, 2011; D. S. Adler, K. N. Wilkinson, S. Blockley et al., "Early Levallois Technology and the Lower to Middle Paleolithic Transition

in the Southern Caucasus," *Science* 345 (2014): 1609 – 1613; Carl Zimmer, *Evolution: The Triumph of an Idea* (New York: HarperCollins, 2001)([국역] 칼 짐머 지음, 이창희 옮김, 《진화: 모든 것을 설명하는 생명의 언어》, 웅진지식하우 스, 2018), 301; M. Soressi, S. P. McPherron, M. Lenoir et al., "Neandertals Made the First Specialized Bone Tools in Europe," *Proceedings of the National Academy of Sciences USA* 110 (2013): 14186 – 14190. 다음의 글도 참조하라. Christopher Stringer and Clive Gamble, *In Search of the Neanderthals* (London: Thames and Hudson, 1993). 네안데르탈인이 석기 제작에 활용한 방법을 보통 르발루아 기법이라고 한다.

6.   Fagan, *Cro-Magnon*, 80; D. Bickerton, "From Protolanguage to Language," in *The Speciation of Modern* Homo sapiens, ed. Tim J. Crow (Oxford: Oxford University Press, 2002), 103 – 120.

7.   W. Roebroeks, M. J. Sier, T. K. Nielsen et al., "Use of Red Ochre by Early Neandertals," *Proceedings of the National Academy of Sciences USA* 109 (2012): 1889 – 1894; J. Zilhão, D. E. Angelucci, E. Badal-Garcia et al., "Symbolic Use of Marine Shells and Mineral Pigments by Iberian Neandertals," *Proceedings of the National Academy of Sciences USA* 107 (2010): 1023 – 1028; M. Peresani, M. Vanhaeren, E. Quaggiotto et al., "An Ochered Fossil Marine Shell from the Mousterian of Fumane Cave, Italy," *PLoS ONE* 8 (2013): e68572; E. Morin and V. Laroulandie, "Presumed Symbolic Use of Diurnal Raptors by Neanderthals," *PLoS ONE* 7 (2012): e32856; C. Finlayson, K. Brown, R. Blasco et al., "Birds of a Feather: Neanderthal Exploitation of Raptors and Corvids," *PLoS ONE* 7 (2012): e45927; M. Peresani, I. Fiore, M. Gala et al., "Late Neandertals and the Intentional Removal of Feathers as Evidenced from Bird Bone Taphonomy at Fumane Cave 44 ky BP., Italy," *Proceedings of the National Academy of Sciences USA* 108 (2011): 3888 – 3893; J. Rodriguez-Vidal, F. d'Errico, F. G. Pacheco et al., "A Rock Engraving Made by Neanderthals in Gibraltar," *Proceedings of the National Academy of Sciences USA* 111 (2014): 13301 – 13306; M. Romandini, M. Peresani, V. Laroulandie et al., "Convergent Evidence of Eagle Talons Used by Late Neanderthals in Europe: A Further Assessment on Symbolism," *PLoS ONE* 9 (2014): e101278.

8.	Stringer and Gamble, *In Search of the Neanderthals*, 94; Kenneth L. Feder, *The Past in Perspective: An Introduction to Human History* (Mountain View, CA: Mayfield, 2000), 161; Chris Stringer, *Lone Survivors: How We Came to Be the Only Humans on Earth* (New York: Times, 2012), 153 – 154; Robert J. Wenke and Deborah I. Olszewski, *Patterns in Prehistory: Mankind's First Three Million Years* (Oxford: Oxford University Press, 2007), 162; Gregory Curtis, *The Cave Painters: Probing the Mysteries of the World's First Artists* (New York: Anchor, 2006), 34.

9.	A. Belfer-Cohen and E. Hovers, "In the Eye of the Beholder: Mousterian and Natufian burials in the Levant," *Current Anthropology* 33 (1992): 463 – 471; Ian Tattersall, *Becoming Human: Evolution and Human Uniqueness* (New York: Harcourt Brace, 1998), 161, 162 – 163; Fagan, *Cro-Magnon*, 77.

10.	R. N. Spreng, R. A. Mar, and S. N. Kim, "The Common Neural Basis of Autobiographical Memory, Prospection, Navigation, Theory of Mind, and the Default Mode: A Quantitative Meta-Analysis," *Journal of Cognitive Neuroscience* 21 (2009): 489 – 510; Nicholas Humphrey, *The Inner Eye: Social Intelligence in Evolution* (New York: Oxford University Press, 2002), 71.

11.	C. D. Frith, "Schizophrenia and Theory of Mind (Editorial)," *Psychological Medicine* 34 (2004): 385 – 389.

12.	D. J. Povinelli and C. G. Prince, "When Self Met Other," in *Self-Awareness: Its Nature and Development*, ed. Michael Ferrari and Robert J. Sternberg (New York: Guilford, 1998), 62; C. D. Frith and U. Frith, "Interacting Minds—a Biological Basis," *Science* 286 (1999): 1692 – 1695; J. I. M. Carpendale and C. Lewis, "Constructing an Understanding of Mind: The Development of Children's Social Understanding Within Social Interaction," *Behavioral and Brain Sciences* 27 (2004): 79 – 151. 다음의 글도 참조하라. Robin Dunbar, *The Human Story: A New History of Mankind's Evolution* (London: Faber and Faber, 2004), 43. 소설 읽기가 성인의 마음이론 기술을 증진시킨다는 연구는 마음이론의 획득이 훈련을 통해 향상될 수 있다는 추가 증거다. 다음을 참조하라. D. C. Kidd and E. Castano, "Reading Literary Fiction Improves Theory of Mind," *Science* 342 (2013): 377 – 380.

13.	A. Y. Hakeem, C. C. Sherwood, C. J. Bonar et al., "Von Economo Neurons in the Elephant Brain," *Anatomical Record* 292 (2009): 242 – 248.

14. A. Jolly, "The Social Origin of Mind (Book Review)," *Science* 317 (2007): 1326 – 1327.

15. 일례로 다음을 보라. Jane Goodall, *The Chimpanzees of Gombe: Patterns of Behavior* (Cambridge: Harvard University Press, 1986), 36 – 38, 578 – 583; and Barbara J. King, *Evolving God: A Provocative View on the Origins of Religion* (New York: Doubleday, 2007), 36.

16. Zimmer, *Evolution*, 271; Dunbar, *The Human Story*, 59; M. Tomasello, J. Call, and B. Hare, "Chimpanzees Understand Psychological States—the Question Is Which Ones and to What Extent," *Trends in Cognitive Sciences* 7 (2003): 153 – 156; Povinelli and Prince, "When Self Met Other," 93. 이 논쟁을 요약한 요긴한 문헌으로 다음의 논문들도 참조하라. D. J. Povinelli and J. M. Bering, "The Mentality of Apes Revisited," *Current Directions in Psychological Science* 11 (2002): 115 – 119; D. J. Povinelli and T. M. Preuss, "Theory of Mind: Evolutionary History of a Cognitive Specialization," *Trends in Neurosciences* 18 (1995): 418 – 424; D. C. Penn and D. J. Povinelli, "On the Lack of Evidence That Non-Human Animals Possess Anything Remotely Resembling a 'Theory of Mind,'" *Philosophical Transactions of the Royal Society* 362 (2007): 731 – 744; J. B. Silk, S. F. Brosnan, J. Vonk et al., "Chimpanzees Are Indifferent to the Welfare of Unrelated Group Members," *Nature* 437 (2005): 1357 – 1359. 이 문제에 대한 최근의 논의로는 다음을 참조하라. Thomas Suddendorf, *The Gap: The Science of What Separates Us from Other Animals* (New York: Basic, 2013), 126 – 132.

17. Richard M. Restak, *The Modular Brain* (New York: Touchstone, 1994), 107.

18. A. M. Leslie, "The Theory of Mind Impairment in Autism: Evidence for a Modular Mechanism of Development?," in *Natural Theories of Mind: Evolution, Development and Simulation of Everyday Mindreading*, ed. Andrew Whiten (Oxford: Basil Blackwell, 1991), 63 – 77; Simon Baron-Cohen, *Mindblindness: An Essay on Autism and Theory of Mind* (Cambridge: MIT Press, 1997).

19. Y. Yang, A. L. Glenn, and A. Raine, "Brain Abnormalities in Antisocial Individuals: Implications for the Law," *Behavioral Sciences and the Law* 26

(2008): 65 – 83; M. Macmillan, "Inhibition and the Control of Behavior: From Gall to Freud via Phineas Gage and the Frontal Lobes," *Brain and Cognition* 19 (1992): 72 – 104; E. L. Hutton, "Personality Changes After Leucotomy," *Journal of Mental Science* 93 (1947): 31 – 42; Jack El-Hai, *The Lobotomist* (New York: Wiley, 2005), 168.

20.   C. B. Stringer, "Evolution of Early Humans," in *The Cambridge Encyclopedia of Human Evolution*, ed. Steve Jones, Robert D. Martin, and David R. Pilbeam (Cambridge: Cambridge University Press, 1992), 245; MacDonald Critchley, *The Parietal Lobes* (New York: Haffner, 1969), 54.

21.   Percival Bailey and Gerhardt von Bonin, *The Isocortex of Man* (Champagne: University of Illinois Press, 1951), 218; R. M. Carter, D. L. Bowling, C. Reeck et al., "A Distinct Role of the Temporal–Parietal Junction in Predicting Socially Guided Decisions," *Science* 337 (2012): 109 – 111; G. D. Pearlson, "Superior Temporal Gyrus and Planum Temporale in Schizophrenia: A Selective Review," *Progress in Neuro-Psychopharmacology and Biological Psychiatry* 21 (1997): 1203 – 1229.

22.   N. Makris, D. N. Kennedy, S. McInerney et al., "Segmentation of Subcomponents Within the Superior Longitudinal Fascicle in Humans: A Quantitative, In Vivo, DT–MRI Study," *Cerebral Cortex* 15 (2005); J. K. Rilling, M. F. Glasser, T. M. Preuss et al., "The Evolution of the Arcuate Fasciculus Revealed with Comparative DTI," *Nature Neuroscience* 11 (2008): 426 – 428.

23.   R. Saxe and A. Wexler, "Making Sense of Another Mind: The Role of the Right Temporo–Parietal Junction," *Neuropsychologia* 43 (2005): 1391 – 1399; J. S. Rabin, A. Gilboa, D. T. Stuss et al., "Common and Unique Neural Correlates of Autobiographical Memory and Theory of Mind," *Journal of Cognitive Neuroscience* 22 (2010): 1095 – 1111; J. Decety and J. Grèzes, "The Power of Stimulation: Imagining One's Own and Other's Behavior," *Brain Research* 1079 (2006): 4 – 14; Martin Brüne and Ute Brüne-Cohrs, "Theory of Mind—Evolution, Ontogeny, Brain Mechanisms and Psychopathology," *Neuroscience and Biobehavioral Reviews* 30 (2006): 437 – 455. 다음의 글도 참조하라. R. Saxe and N. Kanwisher, "People Thinking About People: The

Role of the Temporo-Parietal Junction in 'Theory of Mind,'" *NeuroImage* 19 (2003): 1835–1842.

24. John S. Allen, *The Lives of the Brain: Human Evolution and the Organ of Mind* (Cambridge: Harvard University Press, 2009), 97; Spreng et al., "The Common Neural Basis"; L. Carr, M. Iacoboni, M.-C. Dubeau et al., "Neural Mechanisms of Empathy in Humans: A Relay from Neural Systems for Imitation to Limbic Areas," *Proceedings of the National Academy of Sciences USA* 100 (2003): 5497–5502; K. N. Ochsner, J. Zaki, J. Hanelin et al., "Your Pain or Mine? Common and Distinct Neural Systems Supporting the Perception of Pain in Self and Other," *Social Cognitive and Affective Neuroscience* 3 (2008): 144–160.

25. D. Falk, C. Hildebolt, K. Smith et al., "The Brain of LB1, *Homo florensiensis*," *Science* 308 (2005): 242–245; C. D. Frith and U. Frith, "Interacting Minds—a Biological Basis," *Science* 286 (1999): 1692–1695; C. D. Frith and U. Frith, "The Neural Basis of Mentalizing," *Neuron* 50 (2006): 531–534; P. C. Fletcher, F. Happé, U. Frith et al., "Other Minds in the Brain: A Functional Imaging Study of 'Theory of Mind' in Story Comprehension," *Cognition* 57 (1995): 109–128; D. T. Stuss, G. G. Gallup Jr., and M. P. Alexander, "The Frontal Lobes Are Necessary for 'Theory of Mind,'" *Brain* 124 (2001): 279–286.

26. G. Rizzolatti and L. Craighero, "The Mirror-Neuron System," *Annual Review of Neuroscience* 27 (2004): 169–192; Decety, and Grèzes, "The Power of Stimulation"; Andrew Shryock and Daniel L. Smail, *Deep History* (Berkeley: University of California Press, 2011), 63.

27. Jesse Bering, *The Belief Instinct: The Psychology of Souls, Destiny, and the Meaning of Life* (New York: Norton, 2011)([국역] 제시 베링 지음, 김태희·이윤 옮김, 《종교 본능: 마음이론은 어떻게 신을 창조하였는가?》, 필로소픽, 2012), 190; Ara Norenzayan, *Big Gods: How Religion Transformed Cooperation and Conflict* (Princeton: Princeton University Press, 2013)([국역] 아라 노렌자얀 지음, 홍지수 옮김, 《거대한 신, 우리는 무엇을 믿는가》, 김영사, 2016); Dominic Johnson, *God Is Watching You: How the Fear of God Makes Us Human* (New York: Oxford University Press, 2016).

28. Bering, *The Belief Instinct*, 190, 192.

29. W. M. Gervais, "Perceiving Minds and Gods: How Mind Perception Enables, Constrains, and Is Triggered by Belief in Gods," *Perspectives on Psychological Science* 8 (2013): 380–394.

30. D. Kapogiannis, A. K. Barbey, M. Su et al., "Cognitive and Neural Foundations of Religious Belief," *Proceedings of the National Academy of Sciences USA* 106 (2009): 4876–4881.

4. 초기 호모 사피엔스

1. J. R. Stewart and C. B. Stringer, "Human Evolution out of Africa: The Role of Refugia and Climate Change," *Science* 335 (2012): 1317–1321; Chris Stringer, *Lone Survivors: How We Came to Be the Only Humans on Earth* (New York: Times, 2012), 130.

2. V. Mourre, P. Villa, and C. S. Henshilwood, "Early Use of Pressure Flaking on Lithic Artifacts at Blombos Cave, South Africa," *Science* 330 (2010): 659–662; P. Mellars, "Archeology and the Origins of Modern Humans: European and African Perspectives," in *The Speciation of Modern Homo sapiens*, ed. Tim J. Crow (Oxford: Oxford University Press, 2002), 37, 39; C. S. Henshilwood, J. C. Sealy, R. Yates et al., "Blombos Cave, Southern Cape, South Africa: Preliminary Report on the 1992–1999 Excavations of the Middle Stone Age Levels," *Journal of Archaeological Science* 28 (2001): 421–448; L. Wadley, C. Sievers, M. Bamford et al., "Middle Stone Age Bedding Construction and Settlement Patterns at Sibudu, South Africa," *Science* 334 (2011): 1388–1391; M. Balter, "South African Cave Slowly Shares Secrets of Human Culture," *Science* 332 (2011): 1260–1261; S. McBrearty and A. S. Brooks, "The Revolution That Wasn't: A New Interpretation of the Origin of Modern Human Behavior," *Journal of Human Evolution* 39 (2000): 453–563; M. Lombard, "Quartz-Tipped Arrows Older Than 60 Ka: Further Use-Trace Evidence from Sibudu, KwaZulu-Natal, South Africa," *Journal of Archaeological Science* 38 (2011): 1918–1930.

3. Wadley et al., "Middle Stone Age Bedding Construction."

4. M. Balter, "First Jewelry? Old Shell Beads Suggest Early Use of Symbols," *Science* 312 (2006): 173; M. Vanhaeren, F. d'Errico, C. Stringer et al., "Middle Paleolithic Shell Beads in Israel and Algeria," *Science* 312 (2006): 1785 – 1788; C. S. Henshilwood, F. d'Errico, K. L. van Niekerk et al., "A 100,000-Year-Old Ochre-Processing Workshop at Blombos Cave, South Africa," *Science* 334 (2011): 219 – 222; F. d'Errico, M. Vanhaeren, N. Barton et al., "Additional Evidence on the Use of Personal Ornaments in the Middle Paleolithic of North America," *Proceedings of the National Academy of Sciences USA* 106 (2009): 16051 – 16056; E. A. Powell, "In Style in the Stone Age," *Archaeology* (July – August 2013): 18.

5. C. S. Henshilwood, F. d'Errico, R. Yates et al., "Emergence of Modern Human Behavior: Middle Stone Age Engravings from South Africa," *Science* 295 (2002): 1278 – 1280; M. Balter, "Early Start for Human Art? Ochre May Revise Timeline," *Science* 323 (2009): 569; Stringer, *Lone Survivors*, 157.

6. R. Kittler, M. Kayser, and M. Stoneking, "Molecular Evolution of *Pediculus humanus* and the Origin of Clothing," *Current Biology* 13 (2003): 1414 – 1417; "Is This a Man?," *Economist*, December 24, 2005, 7; J. Travis, "The Naked Truth? Lice Hint at a Recent Origin of Clothing," *Science News Online* 164 (2003): 118, www.sciencenews.org/articles/20030823/fob7.asp.

7. Carl Zimmer, *Evolution: The Triumph of an Idea* (New York: HarperCollins, 2001), 305.

8. C. Zimmer, "How We Got Here: DNA Points to a Single Migration from Africa," *New York Times*, September 22, 2016; Brian Fagan, *People of the Earth: An Introduction to World Prehistory* (Upper Saddle River, NJ: Prentice Hall, 2004), 104; A. Lawler, "Did Modern Humans Travel out of Africa Via Arabia?," *Science* 331 (2011): 387.

9. A. Gibbons, "A New View of the Birth of *Homo sapiens*," *Science* 331 (2011): 392 – 394.

10. G. Hadjashov, T. Kivisild, P. A. Underhill et al., "Revealing the Prehistoric Settlement of Australia by Y Chromosome and mtDNA Analysis,"

Proceedings of the National Academy of Sciences USA 104 (2007): 8726 – 8730; N. Wade, "From DNA Analysis, Clues to a Single Australian Migration," *New York Times*, May 8, 2007; Robert J. Wenke and Deborah I. Olszewski, *Patterns in Prehistory: Mankind's First Three Million Years* (Oxford: Oxford University Press, 2007), 178. C. Gosden, "When Humans Arrived in the New Guinea Highlands," *Science* 330 (2010): 41 – 42; Andrew Shryock and Daniel L. Smail, *Deep History* (Berkeley: University of California Press, 2011), 203.

11. A. Gibbons, "Oldest *Homo sapiens* Genome Pinpoints Neandertal Input," *Science* 343 (2014): 1417; M. V. Anikovich, A. A. Sinitsyn, and J. F. Hoffecker, "Early Upper Paleolithic in Eastern Europe and Implications for the Dispersal of Modern Humans," *Science* 315 (2007): 223 – 225; "Modern Humans' First European Tour," *Science* 334 (2011): 576.

12. Zimmer, *Evolution*, 297; M. Balter, "Mild Climate, Lack of Moderns Let Last Neandertals Linger in Gibraltar," *Science* 313 (2006): 1557; P. Mellars and J. C. French, "Tenfold Population Increase in Western Europe at the Neandertal-to-Modern Human Transition," *Science* 333 (2011): 623 – 627; Steven Mithen, *The Prehistory of the Mind: The Cognitive Origins of Art, Religion and Science* (London: Thames and Hudson, 1996), 203에서 Andrew Whiten 의 말을 재인용.

13. H. Wimmer and J. Perner, "Beliefs About Beliefs: Representation and Constraining Function of Wrong Beliefs in Young Children's Understanding of Deception," *Cognition* 13 (1983): 103 – 128.

14. J. Perner and H. Wimmer, "'John *Thinks* That Mary *Thinks* That...': Attribution of Second-Order Beliefs by 5- to 10-Year-Old Children," *Journal of Experimental Child Psychology* 39 (1985): 437 – 471.

15. Nicholas Humphrey, *The Inner Eye: Social Intelligence in Evolution* (New York: Oxford University Press, 2002), 70 – 71; Zygmunt Bauman, *Mortality, Immortality and Other Life Strategies* (Stanford: Stanford University Press, 1992), 12.

16. Theodosius Dobzhansky, *The Biology of Ultimate Concern* (New York: New American Library, 1967), 52, 68; John C. Eccles, *Evolution of the Brain* (New

York: Routledge, 1989), 236; Pierre Teilhard de Chardin, *The Phenomenon of Man* (New York: Harper and Row, 1965)([국역] 테야르 드 샤르댕 지음, 양명수 옮김, 《인간현상》, 한길사, 1997), 165, 180. 테야르 드 샤르댕은 중국에서 호모 에렉투스 화석을 발굴하는 데 참여했고, 그래서 새로운 발견들이 기독교 신학에 띠는 함의를 음미하기에 독특한 위치에 있었다. 그는 1938년 《인간현상》을 집필했지만 가톨릭교회는 1955년까지 이 책의 출판을 허가하지 않았다.

17. L. C. Aiello and R. I. M. Dunbar, "Neocortex Size, Group Size, and the Evolution of Language," *Current Anthropology* 34 (1993): 184–193; Robin Dunbar, *The Human Story: A New History of Mankind's Evolution* (London: Faber and Faber, 2004), 114–115, 125.

18. T. J. Crow, "Introduction," in Crow, *The Speciation of Modern* Homo sapiens, 7–8에서 Bickerton의 말을 재인용; Terrence C. Deacon, *The Symbolic Species: The Co-Evolution of Language and the Brain* (New York: Norton, 1997); P. T. Schoenemann, "Evolution of the Size and Functional Areas of the Human Brain," *Annual Review of Anthropology* 35 (2006).

19. Steven Pinker, *How the Mind Works* (New York: Norton, 1997)([국역] 스티븐 핑커 지음, 김한영 옮김, 《마음은 어떻게 작동하는가》, 동녘사이언스, 2007), 15, 362; Richard Passingham, *What Is Special About the Human Brain?* (Oxford: Oxford University Press, 2008), 9; Perner and Wimmer, "John *Thinks*."

20. Simon Baron-Cohen, *Mindblindness: An Essay on Autism and Theory of Mind* (Cambridge: MIT Press, 1997), 131; Mark Leary, *The Curse of Self: Self-Awareness, Egotism, and the Quality of Human Life* (Oxford: Oxford University Press, 2004), 390.

21. Pullum의 말은 P. Raffaele, "Speaking Bonobo," *Smithsonian*, November 2006, 74에서 인용. Pinker의 말은 Michael R. Trimble, *The Soul in the Brain: The Cerebral Basis of Language, Art and Belief* (Baltimore: Johns Hopkins University Press, 2007), 57에서 인용. George Washington Carver의 말은 P. V. Tobias, "Recent Advances in the Evolution of the Hominids with Special Reference to Brain and Speech," in *Recent Advances in the Evolution of Primates*, ed. Carlos Chagas (Vatican City: Pontificiae Academiae Scientiarum Scripta Varia 50, 1983), 85–140에서 인용.

22. Deacon, *The Symbolic Species*, 281 – 292; Gerhard Roth, *The Long Evolution of Brains and Minds* (New York: Springer, 2013), 257.

23. Q. D. Atkinson, "Phonemic Diversity Supports a Serial Founder Effect Model of Language Expansion from Africa," *Science* 332 (2011): 346 – 349.

24. Zimmer, *Evolution*, 291에서 Dunbar의 말을 재인용.

25. Mithen, *The Prehistory of the Mind*, 185.

26. de Chardin, *The Phenomenon of Man*, 165.

27. D. Bickerton, "From Protolanguage to Language," in *The Speciation of Modern* Homo sapiens, ed. Tim J. Crow (Oxford: Oxford University Press, 2002), 108.

28. L. van der Meer, S. Costafreda, A. Aleman et al., "Self-Reflection and the Brain: A Theoretical Review and Meta-Analysis of Neuroimaging Studies with Implications for Schizophrenia," *Neuroscience and Biobehavioral Reviews* 34 (2010): 935 – 946.

29. D. T. Stuss, "Disturbance of Self-Awareness After Frontal System Damage," in *Awareness of Deficit After Brain Injury: Clinical and Theoretical Issues*, ed. George P. Prigatano and Daniel L. Schacter (New York: Oxford University Press, 1991), 68; D. M. Amodio and C. D. Frith, "Meeting of Minds: The Medial Frontal Cortex and Social Cognition," *Nature Reviews: Neuroscience* 7 (2006): 268 – 277.

30. G. Northoff and F. Bermpohl, "Cortical Midline Structures and the Self," *Trends in Cognitive Sciences* 8 (2004): 102 – 107; K. Tsapkini, C. E. Frangakis, and A. E. Hillis, "The Function of the Left Anterior Temporal Pole: Evidence from Acute and Stroke Infarct Volume," *Brain* 134 (2011): 3094 – 3105. 앞관자극은 축구와 같은 접촉성 스포츠에서의 반복적 외상으로 흔히 손상되는 영역이기도 하다.; 다음을 참조하라. K. Willeumier, D. V. Taylor, and D. G. Amen, "Elevated Body Mass in National Football League Players Linked to Cognitive Impairment and Decreased Prefrontal Cortex and Temporal Pole Activity," *Translational Psychiatry* 2 (2012): e68; I. R. Olson, A. Plotzker, and Y. Ezzyat, "The Enigmatic Temporal Pole: A Review of Findings on Social and Emotional Processing," *Brain* 130 (2007): 1718 – 1731.

5. 현생 호모 사피엔스

1. P. Villa, S. Soriano, T. Tsanova et al., "Border Cave and the Beginning of the Later Stone Age in South Africa," *Proceedings of the National Academy of Sciences USA* 109 (2012): 13208 – 13213; R. Dale Guthrie, *The Nature of Paleolithic Art* (Chicago: University of Chicago Press, 2005), 29; C. Desdemaines-Hugon, *Stepping Stones: A Journey Through the Ice Age Caves of the Dordogne* (New Haven: Yale University Press, 2010), 75.

2. Chris Stringer, *Lone Survivors: How We Came to Be the Only Humans on Earth* (New York: Times, 2012), 150; Brian Fagan, *Cro-Magnon: How the Ice Age Gave Birth to the First Modern Humans* (New York: Bloomsbury, 2010), 167; 다음의 글도 참조하라. M. Balter, "Clothes Make the (Hu) Man," *Science* 325 (2009): 1329.

3. David Lewis-Williams, *The Mind in the Cave* (London: Thames and Hudson, 2002), 221 – 222; S. A. de Beaune and R. White, "Ice Age Lamps," *Scientific American*, March 1993, 108 – 113.

4. S. O'Connor, R. Ono, and C. Clarkson, "Pelagic Fishing at 42,000 Years Before the Present and the Maritime Skills of Modern Humans," *Science* 334 (2011): 1117 – 1121.

5. Gregory Cochran and Henry Harpending, *The 10,000 Year Explosion: How Civilization Accelerated Human Evolution* (New York: Basic, 2009)([국역] 그 레고리 코크란 · 헨리 하펜딩 지음, 김명주 옮김, 《1만 년의 폭발: 문명은 어떻게 인 류 진화를 가속화시켰는가》, 글항아리, 2010), 30; Steven Mithen, *The Prehistory of the Mind: The Cognitive Origins of Art, Religion and Science* (London: Thames and Hudson, 1996), 169.

6. Alexander Marshack, *The Roots of Civilization*, rev. ed. (1972; Mount Kisco, NY: Moyer Bell, 1991), 79; John C. Eccles, *Evolution of the Brain* (New York: Routledge, 1989), 135 – 136; Frederick L. Coolidge and Thomas Wynn, *The Rise of* Homo sapiens: *The Evolution of Modern Thinking* (New York: Wiley Blackwell, 2009), 234 – 235.

7. Lewis-Williams, *The Mind in the Cave*, 78; R. White, "Toward a Contextual

Understanding of the Earliest Body Ornaments," in *The Emergence of Modern Humans*, ed. Erik Trinkaus (New York: Cambridge University Press, 1989), 211 – 231, at 213, 225 – 226; R. White, "Rediscovering French Ice-Age Art," *Nature* 320 (1986): 683 – 684.

8.   S. McBrearty and A. S. Brooks, "The Revolution That Wasn't: A New Interpretation of the Origin of Modern Human Behavior," *Journal of Human Evolution* 39 (2000): 453 – 563. 다음의 글도 참조하라. R. White, "Beyond Art: Toward an Understanding of the Origins of Material Representation in Europe," *Annual Review of Anthropology* 21 (1992): 537 – 564; R. White, "Technological and Social Dimensions of 'Aurignacian-Age' Body Ornaments Across Europe," in *Before Lascaux: The Complex Record of the Early Upper Paleolithic*, ed. Heidi Knecht, Anne Pike-Tay, and Randall White (Ann Arbor: CRC, 1992), 277 – 299; S. L. Kuhn, M. C. Stiner, D. S. Reese et al., "Ornaments of the Earliest Upper Paleolithic: New Insights from the Levant," *Proceedings of the National Academy of Sciences USA* 98 (2001): 7641 – 7646.

9.   D. L. Smail and A. Shryock, "History and the 'Pre,'" *American Historical Review* 118 (2013): 709 – 737.

10.   Ian Tattersall, *Becoming Human: Evolution and Human Uniqueness* (New York: Harcourt Brace, 1998), 162; Steve Olson, *Mapping Human History: Genes, Race, and Our Common Origins* (Boston: Houghton Mifflin, 2002)([국역] 스티브 올슨 지음, 이영돈 옮김, 《우리 조상은 아프리카인이다》, 몸과마음, 2004), 73 – 76.

11.   Tattersall, *Becoming Human*, 10.

12.   Robin Dunbar, *The Human Story: A New History of Mankind's Evolution* (London: Faber and Faber, 2004), 187; B. Klima, "A Triple Burial from the Upper Paleolithic of Dolní Věstonice, Czechoslovakia," *Journal of Human Evolution* 16 (1988): 831 – 835; Brian Fagan, *People of the Earth: An Introduction to World Prehistory* (Upper Saddle River, NJ: Prentice Hall, 2004), 134; Guthrie, *The Nature of Paleolithic Art*, 142; Cochran and Harpending, *The 10,000 Year Explosion*.

13.   T. Einwogerer, H. Friesinger, M. Handel et al., "Upper Palaeolithic Infant

Burials," *Nature* 444 (2006): 285; Desdemaines-Hugon, *Stepping Stones*, 87; N. Wade, "24,000-Year-Old Body Shows Kinship to Europeans and American Indians," *New York Times*, November 21, 2013.

14. F. B. Harrold, "A Comparative Analysis of Eurasian Palaeolithic Burials," *World Archaeology* 12 (1980): 195 – 211.

15. Richard G. Klein and Blake Edgar, *The Dawn of Human Culture: A Bold New Theory on What Sparked the "Big Bang" of Human Consciousness* (New York: Wiley, 2002), 247 – 251. 다음의 글도 참조하라. P. B. Beaumont, H. de Villiers, and J. C. Vogel, "Modern Man in Sub-Saharan Africa Prior to 49,000 Years B.P.: A Review and Evaluation with Particular Reference to Border Cave," *South African Journal of Science* 74 (1978): 409 – 419; A. Sillen and A. Morris, "Diagenesis of Bone from Border Cave: Implications for the Age of the Border Cave Hominids," *Journal of Human Evolution* 31 (1996): 499 – 506; J. Parkington, "A Critique of the Consensus View on the Age of Howieson's Poort Assemblages in South Africa," in *The Emergence of Modern Humans: An Archaeological Perspective*, ed. Paul Mellars (Ithaca: Cornell University Press, 1990), 34 – 55; Harrold, "A Comparative Analysis"; Harrold의 입장을 지지하는 다음의 글도 참조하라. B. Hayden, "The Cultural Capacities of Neandertals: A Review and Re-Evaluation," *Journal of Human Evolution* 24 (1993): 113 – 146; Tattersall, *Becoming Human*, 162; Tattersall의 입장을 지지하는 다음의 글도 참조하라. Christopher Stringer and Clive Gamble, *In Search of the Neanderthals* (London: Thames and Hudson, 1993), 158 – 161; Mithen, *The Prehistory of the Mind*, 135 – 136; and M. Balter, "Did Neandertals Truly Bury Their Dead?," *Science* 337 (2012): 1443 – 1444.

16. Tattersall, *Becoming Human*, 161; Klein and Edgar, *The Dawn of Human Culture*, 192 – 193.

17. Jean Clottes and David Lewis-Williams, *The Shamans of Prehistory: Trance and Magic in the Painted Caves* (New York: Abrams, 1998), 114.

18. Klein and Edgar, *The Dawn of Human Culture*, 196에서 Mellars의 말을 재인용; Fagan, *Cro-Magnon*, 234.

19. Gregory Curtis, *The Cave Painters: Probing the Mysteries of the World's First*

Artists (New York: Anchor, 2006), 96; Claire Golomb, *Child Art in Context: A Cultural and Comparative Perspective* (Washington, DC: American Psychological Association, 2002), 100.

20. M. Aubert, A. Brumm, M. Ramli et al., "Pleistocene Cave Art from Sulawesi, Indonesia (Letter)," *Nature* 514 (2014): 223 – 227; J. Marchant, "The Awakening," *Smithsonian*, January – February 2016, 80 – 95; A. W. G. Pike, D. L. Hoffmann, M. Garciá-Diez et al., "U-Series Dating of Paleolithic Art in 11 Caves in Spain," *Science* 336 (2012): 1409 – 1413; David S. Whitley, *Cave Paintings and the Human Spirit: The Origin of Creativity and Belief* (Amherst, NY: Prometheus, 2009), 53; Evan Hadingham, *Secrets of the Ice Age: The World of the Cave Artists* (New York: Walker, 1979), 260 – 271.

21. C. Walker, "First Artists," *National Geographic*, January 2015, 33 – 57; N. J. Conard, "A Female Figurine from the Basal Aurignacian of Hohle Fels Cave in Southwestern Germany (Letter)," *Nature* 459 (2009): 248 – 252; Dunbar, *The Human Story*, 6; E. Culotta, "On the Origin of Religion," *Science* 326 (2009): 784 – 787에서 Mellars의 말을 재인용; J. N. Wilford, "Flute's Revised Age Dates the Sound of Music Earlier," *New York Times*, May 29, 2012; M. Balter, "Early Dates for Artistic Europeans," *Science* 336 (2012): 1086 – 1087; Stringer, *Lone Survivors*, 122.

22. Fagan, *People of the Earth*, 129. 다음의 글도 참조하라. Lyn Wadley, "The Pleistocene Later Stone Age South of the Limpopo River," *Journal of World Prehistory* 7 (1993): 243 – 296; D. Bruce Dickson, *The Dawn of Belief* (Tucson: University of Arizona Press, 1990); Paul G. Bahn, "New Advances in the Field of Ice Age Art," in *Origins of Anatomically Modern Humans*, ed. M. H. Nitecki and D. V. Nitecki (New York: Plenum, 1994), 121 – 132.

23. Clottes and Lewis-Williams, *The Shamans of Prehistory*, 115; J. Clottes, "Thematic Changes in Upper Paleolithic Art: A View from the Grotte Chauvet," *Antiquity* 70 (1996): 276 – 288; J. Clottes, "The 'Three Cs': Fresh Avenues Toward European Paleolithic Art," in *The Archaeology of Rock-Art*, ed. Christopher Chippindale and Paul S. C. Taçon (Cambridge: Cambridge University Press, 1998), 114; Curtis, *The Cave Painters*, 17.

24. Golomb, *Child Art in Context*, 106; M. Pruvost, R. Bellone, N. Benecke

et al., "Genotypes of Predomestic Horses Match Phenotypes Painted in Paleolithic Works of Cave Art," *Proceedings of the National Academy of Sciences USA* 108 (2011): 18626 – 18630; W. Hunt, "Cave Painters Had a Leg up on Modern Painters," *Discover*, December 2013, 18.

25. Jean-Marie Chauvet, Eliette Brunel Deschamps, and Christian Hillaire, *Dawn of Art: The Chauvet Cave* (London: Thames and Hudson, 1996); John Pfeiffer, *The Creative Explosion: An Inquiry Into the Origins of Art and Religion* (New York: Harper and Row, 1982), 1, 146; K. Turner, "Art with a Dark Past," *Washington Post*, July 30, 2000; J.-P. Rigaud, "Lascaux Cave: Art Treasures from the Ice Age," *National Geographic*, October 1988, 499; Andrew Shryock and Daniel L. Smail, *Deep History* (Berkeley: University of California Press, 2011), 131.

26. Curtis, *The Cave Painters*, 96, 114.

27. Brian Hayden, *Shamans, Sorcerers, and Saints* (Washington, DC: Smithsonian, 2003), 136; Curtis, *The Cave Painters*, 183 – 184.

28. Whitley, *Cave Paintings and the Human Spirit*, 65; M. Balter, "New Light on the Oldest Art," *Science* 283 (1999): 920 – 922; L.-H. Fage, "Hands Across Time: Exploring the Rock Art of Borneo," *National Geographic*, August 2005, 32 – 43; Paul Bahn, *Prehistoric Art* (Cambridge: Cambridge University Press, 1998), 112 – 115; M. Jenkins, "Last of the Cave People," *National Geographic*, February 2012, 127 – 141.

29. Clottes and Lewis-Williams, *The Shamans of Prehistory*, 46.

30. White, "Beyond Art," 558.

31. S. McBrearty and A. S. Brooks, "The Revolution That Wasn't: A New Interpretation of the Origin of Modern Human Behavior," *Journal of Human Evolution* 39 (2000): 453 – 563.

32. P. Schilder and D. Wechsler, "The Attitudes of Children Toward Death," *Journal of Genetic Psychology* 45 (1934): 406 – 451; D. J. Povinelli, K. R. Landau, and H. K. Perilloux, "Self-Recognition in Young Children Using Delayed Versus Live Feedback: Evidence of a Developmental Asynchrony," *Child Development* 67 (1996): 1540 – 1554. 다음의 글도 참조하라. K. Nelson, "The Psychological and Social Origins of Autobiographical

Memory," *Psychological Science* 4 (1993): 7–14; D. J. Povinelli, "The Unduplicated Self," in *The Self in Infancy: Theory and Research*, ed. P. Rochat (New York: Elsevier, 1995), 161–192; William James, *The Principles of Psychology* (1890; New York: Dover, 1950)([국역] 윌리엄 제임스 지음, 정양은 옮김,《심리학의 원리》, 아카넷, 2005), 335.

33. J. S. DeLoache and N. M. Burns, "Early Understanding of the Representational Function of Pictures," *Cognition* 52 (1994): 83–110; J. DeLoache, "Mindful of Symbols," *Scientific American* 293 (2005): 72–77.

34. Gerhard Roth, *The Long Evolution of Brains and Minds* (New York: Springer, 2013), 11; C. M. Atance and D. K. O'Neill, "The Emergence of Episodic Future Thinking in Humans," *Learning and Motivation* 36 (2005): 126–144. 자전적 기억에 대한 진지한 연구는 1970년대에 캐나다의 신경과학자 엔델 툴빙(Endel Tulving)의 연구로부터 시작되었다. 예를 들어 다음을 참조하라. E. Tulving, "Episodic Memory: From Mind to Brain," *Annual Review of Psychology* 53 (2002): 1–25; Marcel Proust, *Swann's Way*, vol. 1, *Remembrance of Things Past*([국역] 마르셀 프루스트 지음, 김희영 옮김,《잃어버린 시간을 찾아서 1: 스완네 집 쪽으로 1》, 민음사, 2012), trans. C. K. Scott-Moncrieff, Project Gutenberg, www.gutenberg.org/etext/7178.

35. Atance and O'Neill, "The Emergence of Episodic Future Thinking"; T. Suddendorf, "Episodic Memory Versus Episodic Foresight: Similarities and Differences," *WIREs Cognitive Science* 1 (2010): 99–107; J. Busby and T. Suddendorf, "Recalling Yesterday and Predicting Tomorrow," *Cognitive Development* 20 (2005): 362–372; T. Suddendorf, "Linking Yesterday and Tomorrow: Preschoolers' Ability to Report Temporally Displaced Events," *British Journal of Developmental Psychology* 28 (2010): 491–498; Eccles, *Evolution of the Brain*, 229; T. Suddendorf, D. R. Addis, and M. C. Corballis, "Mental Time Travel and the Shaping of the Human Mind," *Philosophical Transactions of the Royal Society B* 364 (2009): 1317–1324. 서든도프는 선견(foresight) 및 선견과 기억 간의 관계의 중요성에 대한 연구가 2007년《사이언스》가 선정한 가장 중대한 발견 중 하나였음을 지적했다 (Suddendorf, "Episodic Memory"를 참조하라).

36. T. S. Eliot, *The Complete Poems and Plays, 1909–1950* (New York: Harcourt,

Brace, 1952)([국역] T. S. 엘리엇 지음, 윤혜준 옮김, 《사중주 네 편》, 문학과지
성사, 2019); Lewis Carroll, *Alice's Adventures in Wonderland* and *Through the Looking Glass* (New York: Airmont, 1965)([국역] 루이스 캐럴 지음, 김경미 옮
김, 《거울 나라의 앨리스》, 비룡소, 2010), 181 – 182.

37. D. R. Addis, D. C. Sacchetti, B. A. Ally et al., "Episodic Stimulation of Future Events Is Impaired in Mild Alzheimer's Disease," *Neuropsychologia* 47 (2009): 2660 – 2671; Carl Zimmer, "The Brain," *Discover*, April 2011, 24 – 26; S. B. Klein and J. Loftus, "Memory and Temporal Experience: The Effects of Episodic Memory Loss on the Amnesic Patient's Ability to Remember the Past and Imagine the Future," *Social Cognition* 20 (2002): 353 – 379. 이에 대한 유용한 논의가 담긴 다음의 글도 참조하라. Thomas Suddendorf, *The Gap: The Science of What Separates Us from Other Animals* (New York: Basic, 2013), 91.

38. 이 주제에 대한 활발한 논쟁을 요약한 논문으로는 다음을 참조하라. W. A. Roberts, "Mental Time Travel: Animals Anticipate the Future," *Current Biology* 17 (2007): R418 – R420; N. S. Clayton, T. J. Bussey, and A. Dickenson, "Can Animals Recall the Past and Plan for the Future?," *Nature Reviews: Neuroscience* 4 (2003): 685 – 691; T. Suddendorf and M. C. Corballis, "Behavioural Evidence for Mental Time Travel in Nonhuman Animals," *Behavioural Brain Research* 215 (2010): 292 – 298; M. Balter, "Can Animals Envision the Future? Scientists Spar Over New Data," *Science* 340 (2013): 909.

39. Mithen, *The Prehistory of the Mind*, 168; Lewis-Williams, *The Mind in the Cave*, 78.

40. Lewis-Williams, *The Mind in the Cave*, 79; M. W. Conkey, "The Identification of Prehistoric Hunter-Gatherer Aggregation Sites: The Case of Altamira," *Current Anthropology* 21 (1980): 609 – 620.

41. Suddendorf, Addis, and Corballis, "Mental Time Travel"; Suddendorf, "Episodic Memory."

42. Edward B. Tylor, *Primitive Culture: Researches Into the Development of Mythology, Philosophy, Religion, Language, Art and Custom*, 2 vols. (1871; New York: Holt, 1874). Tylor는 vol. 2, pp. 152 와 223에서 Darwin의 발견을 인

용했다.

43. Mary Roach, *Stiff: The Curious Lives of Human Cadavers* (New York: Norton, 2003)([국역] 메리 로치 지음, 권루시안 옮김, 《인체재활용: 당신이 몰랐던 사체 실험 리포트》, 세계사, 2010), 68, 70; Karina Croucher, *Death and Dying in the Neolithic Near East* (New York: Oxford University Press, 2012), 306; Raymond Tallis, *The Kingdom of Infinite Space* (New Haven: Yale University Press, 2008), 249.

44. William Shakespeare, *Hamlet*, act 5, scene 1; Theodosius Dobzhansky, *The Biology of Ultimate Concern* (New York: New American Library, 1967), 69.

45. Mike Parker Pearson, *The Archeology of Death and Burial* (College Station: Texas A and M University Press, 1999)([국역] 마이크 파커 피어슨 지음, 이희준 옮김, 《죽음의 고고학》, 사회평론아카데미, 2017), 145. Tillich의 말은 Matthew Alper in *The "God" Part of the Brain* (New York: Rogue, 2001), 96에서 재인용. Baudelaire's *Les Fleurs Du Mal*은 Bauman in Zygmunt Bauman, *Mortality, Immortality and Other Life Strategies* (Stanford: Stanford University Press, 1992), 20에서 재인용. Vladimir Nabokov, *Speak, Memory* (New York: Vintage, 1989)([국역] 블라디미르 나보코프 지음, 오정미 옮김, 《말하라, 기억이여》, 플래닛, 2008), 19. T. S. Eliot의 시구는 "The Waste Land" in *The Complete Poems and Plays*에서 인용.

46. Daniel L. Pals, *Seven Theories of Religion* (New York: Oxford University Press, 1996), 24–25.

47. Nabakov, *Speak, Memory*, 77; M. H. Nagy, "The Child's View of Death," in *The Meaning of Death*, ed. Herman Feifel (New York: McGraw-Hill, 1959), 79–98. 다음의 글도 참조하라. D. Y. Poltorak and J. P. Glazer, "The Development of Children's Understanding of Death: Cognitive and Psychodynamic Considerations," *Child and Adolescent Psychiatric Clinics of North America* 15 (2006): 567–573.

48. Nagy, "The Child's View of Death."

49. 예를 들어 다음을 참조하라. Cynthia Moss, *Elephant Memories: Thirteen Years in the Life of an Elephant Family* (New York: Fawcett Columbine, 1988), 270–271; and D. Joubert, "Eyewitness to an Elephant Wake," *National Geographic*, May 1991, 39–41.

50. 다음을 참조하라. G. Teleki, "Group Response to the Accidental Death of a Chimpanzee in Gombe National Park, Tanzania," *Folia Primatologica* 20 (1973): 81 – 94; and Jane Goodall, *The Chimpanzees of Gombe: Patterns of Behavior* (Cambridge: Harvard University Press, 1986), 330 (다음의 내용도 참조하라. 109, 283 – 285); Edgar Morin의 말은 Bauman, *Mortality, Immortality and Other Life Strategies*, 13에서 재인용.

51. Poems, in *Petronius, with an English translation by Michael Heseltine, and Seneca Apocolocynto, with an English translation by William Henry Denham Rouse*, 1913, 343, http://books.google.com/books?id=9DNJAAAAIAAJ&printsec=frontcover&dq=petroniu; Thomas Hobbes, *Leviathan*([국역] 토머스 홉스 지음, 진석용 옮김, 《리바이어던》, 나남출판, 2008), chapter 12, 1651, Project Gutenberg EBook, www.gutenberg.org/ebooks/3207. 다음의 글도 참조하라. Annemarie de Waal Malefijt, *Religion and Culture: An Introduction to Anthropology of Religion* (New York: Macmillan, 1968), 27 – 28; Erich Fromm, *The Anatomy of Human Destructiveness*([국역] 에리히 프롬 지음, 《인간의 본성은 파괴적인가》, 종로서적, 1983), 302은 Bauman, *Mortality, Immortality and Other Life Strategies*, 22에서 재인용; William Butler Yeats, "Death," in *Selected Poetry* (London: Pan, 1974)([국역] 윌리엄 버틀러 예이츠 지음, 김상무 옮김, 《예이츠 서정시 전집 1: 아일랜드》, 서울대학교출판문화원, 2014), 142.

52. Ernest Becker, *The Denial of Death* (New York: Free, 1973)([국역] 어네스트 베커 지음, 김재영 옮김, 《죽음의 부정》, 인간사랑, 2008), ix; P. T. P. Wong and A. Tomer, "Beyond Terror and Denial: The Positive Psychology of Death Acceptance (Editorial)," *Death Studies* 35 (2011): 99 – 106.

53. B. L. Burke, A. Martens, and E. H. Faucher, "Two Decades of Terror Management Theory: A Meta-Analysis of Mortality Salience Research," *Personality and Social Psychology Review* 14 (2010): 155 – 195; A. Rosenblatt, J. Greenberg, S. Solomon et al., "Evidence for Terror Management Theory: I. The Effects of Mortality Salience on Reactions to Those Who Violate or Uphold Cultural Values," *Journal of Personality and Social Psychology* 57 (1989): 681 – 690.

54. Tylor, *Primitive Culture*, 2:1.

55. A. Irving Hallowell, "The Role of Dreams in Ojibwa Culture," in *The*

Dream and Human Societies, ed. G. E. Van Gruenbaum and Roger Caillois (Berkeley: University of California Press, 1966), 269.

56. Tylor, *Primitive Culture*, 1:441 – 443, 2:2.

57. Patrick McNamara, *The Neuroscience of Religious Experience* (Cambridge: Cambridge University Press, 2009), 203; Patrick McNamara and Kelly Bulkeley, "Dreams as a Source of Supernatural Agent Concepts," *Frontiers in Psychology* 6 (2015): 1 – 8.

58. Elizabeth Colson, *The Makah Indians: A Study of an Indian Tribe in Modern American Society* (Minneapolis: University of Minnesota Press, 1953), http://ehrafworldcultures.yale.edu/document?id=ne11 – 002; Alfred Métraux, *Myths and Tales of the Matako Indians (The Gran Chaco, Argentina)* (Gothenburg, Sweden: Walter Kaudern, 1939), http://ehrafworldcultures.yale.edu/document?id=si07 – 003.

59. Effie Bendann, *Death Customs: An Analytic Study of Burial Rites* (New York: Holt, 1930), 171, 257.

60. Christopher Chippendale and Paul S. C. Taçon, *The Archaeology of Rock Art* (Cambridge: Cambridge University Press, 1998), 125에서 인용한 Clottes의 말.

61. Curtis, *The Cave Painters*, 21; E. O. Wilson, "On the Origins of the Arts," *Harvard Magazine*, May – June 2012.

62. Curtis, *The Cave Painters*, 47.

63. 같은 책, 210 – 211.

64. E. Fuller Torrey, *The Mind Game: Witchdoctors and Psychiatrists* (New York: Emerson Hall, 1972), 4 – 6.

65. Clottes and Lewis-Williams, *The Shamans of Prehistory*, 99; Lewis-Williams, *The Mind in the Cave*, 220; Whitley, *Cave Paintings and the Human Spirit*, 41 – 42; Hayden, *Shamans, Sorcerers, and Saints*, 142. 브뢰유가 그린 "주술사" 그림은 사실상 모든 인간발달 및 고고학 교과서에 수록되었는데, 실제 원본인 동굴 벽화 그림보다 월등히 인상적이라 일부 관찰자들은 브뢰유가 일부 특징을 과장했다는 결론을 내리기도 했다. 다음을 참조하라. Pfeiffer, *The Creative Explosion*, 108.

66. É. Durkheim, "The Elementary Forms of Religious Life," in *A Reader in the*

Anthropology of Religion, ed. Michael Lambek (Malden, Mass.: Blackwell, 2002)([국역] 에밀 뒤르켐 지음, 노치준 옮김, 《종교생활의 원초적 형태》, 민영사, 1992), 46; William A. Lessa and Evon Z. Vogt, *Reader in Comparative Religion*, 4th ed. (New York: Harper and Row, 1979), 27, 9; William James, *The Varieties of Religious Experience* (1902; New York: Random House, 1929), 31 – 34.

67. Curtis, *The Cave Painters*, 209, 195, 99, 142 – 144; Whitley, *Cave Paintings and the Human Spirit*, 32 – 33.

68. Clottes and Lewis-Wilson, *The Shamans of Prehistory*, 69 – 71.

69. Guthrie, *The Nature of Paleolithic Art*, 9 – 10.

70. Tylor, *Primitive Culture*, 1:483.

71. Tattersall, *Becoming Human*, 10; Mithen, *The Prehistory of the Mind*, 175 – 176; Tylor, *Primitive Culture*, 1:486.

72. R. N. Spreng, R. A. Mar, and S. N. Kim, "The Common Neural Basis of Autobiographical Memory, Prospection, Navigation, Theory of Mind, and the Default Mode: A Quantitative Meta-Analysis," *Journal of Cognitive Neuroscience* 21 (2009): 489 – 510; J. S. Rabin, A. Gilboa, D. T. Stuss et al., "Common and Unique Neural Correlates of Autobiographical Memory and Theory of Mind," *Journal of Cognitive Neuroscience* 22 (2010): 1095 – 1111; H. C. Lou, B. Luber, M. Crupain et al., "Parietal Cortex and Representation of the Mental Self," *Proceedings of the National Academy of Sciences USA* 101 (2004): 6827 – 6832.

73. P. Pioline, G. Chételat, V. Matuszewski et al., "In Search of Autobiographical Memories: A PET Study in the Frontal Variant of Frontotemporal Dementia," *Neuropsychologia* 45 (2007): 2730 – 2743; S. Oddo, S. Lux, P. H. Weiss et al., "Specific Role of Medial Prefrontal Cortex in Retrieving Recent Autobiographical Memories: An fMRI Study of Young Female Subjects," *Cortex* 46 (2010): 29 – 39; D. Stuss and B. Levine, "Adult Clinical Neuropsychology: Lessons from Studies of the Frontal Lobes," *Annual Review of Psychology* 53 (2002): 401 – 433; D. T. Stuss, "Disturbance of Self-Awareness After Frontal System Damage," in *Awareness of Deficit After Brain Injury: Clinical and Theoretical Issues*, ed. George

P. Prigatano and Daniel L. Schacter (New York: Oxford University Press, 1991).

74.   J. Okuda, T. Fujii, H. Ohtake et al., "Thinking of the Future and Past: The Roles of he Frontal Pole and the Medial Temporal Lobes," *NeuroImage* 19 (2003): 1369 – 1380; D. R. Addis, A. T. Wong, and D. L. Schacter, "Remembering the Past and Imagining the Future: Common and Distinct Neural Substrates During Event Construction and Elaboration," *Neuropsychologia* 45 (2007): 1363 – 1377; D. L. Schacter and D. R. Addis, "The Ghosts of the Past and Future," *Nature* 445 (2007): 27.

75.   C. Lebel, L. Walker, A. Leemans et al., "Microstructural Maturation of the Human Brain from Childhood to Adulthood," *NeuroImage* 40 (2008).

76.   N. C. Andreasen, D. S. O'Leary, S. Paradiso et al., "The Cerebellum Plays a Role in Conscious Episodic Memory Retrieval," *Human Brain Mapping* 8 (1999): 226 – 234; G. R. Fink, H. J. Markowitsch, M. Reinkemeier et al., "Cerebral Representation of One's Own Past: Neural Networks Involved in Autobiographical Memory," *Journal of Neuroscience* 16 (1996): 4275 – 4282. 다음의 글도 참조하라. E. Svoboda, M. C. McKinnon, and B. Levine, "The Functional Neuroanatomy of Autobiographical Memory: A Meta-Analysis," *Neuropsychologia* 44 (2006): 2189 – 2208; Coolidge and Wynn, *The Rise of Homo sapiens*, 24; J. H. Balsters, E. Cussans, J. Diedrichsen et al., "Evolution of the Cerebellar Cortex: The Selective Expansion of Prefrontal-Projecting Cerebellar Lobules," *NeuroImage* 49 (2010): 2045 – 2052; A. H. Weaver, "Reciprocal Evolution of the Cerebellum and Neocortex in Fossil Humans," *Proceedings of the National Academy of Sciences USA* 102 (2005): 3576 – 3580.

77.   Addis et al., "Remembering the Past"; Schacter and Addis, "The Ghosts of the Past."

---

6. 조상과 농경

1.   P. Kareiva, S. Watts, R. McDonald et al., "Domesticated Nature: Shaping Landscapes and Ecosystems for Human Welfare," *Science* 316 (2007):

1866 - 1869.

2.   R. Dale Guthrie, *The Nature of Paleolithic Art* (Chicago: University of Chicago Press, 2005), 406; W. Dansgaard, J. W. C. White, and S. J. Johnsen, "The Abrupt Termination of the Younger Dryas Climate Event," *Nature* 339 (1989): 532 - 534; Peter Bellwood, *First Farmers: The Origin of Agricultural Societies* (Malden, MA: Blackwell, 2005), 19 - 25. 날씨가 다시 추워진 이 1천 년간을, 북극에 피는 꽃의 학명(드리아스 옥토페탈라Dryas octopetala — 옮긴이)을 따서 '영거 드리아스(Younger Dryas)'라고 부른다. 북대서양으로 쏟아져 들어온 대량의 빙하수가 날씨 패턴을 크게 변화시킨 것이 그 원인으로 여겨진다.

3.   O. Dietrich, C. Köksal-Schmidt, J. Notroff et al., "First Came the Temple, Later the City," *Actual Archaeology Magazine*, Summer 2012, 32 - 51; Klaus Schmidt, *Göbleki Tepe: A Stone Age Sanctuary in South-Eastern Anatolia* (Munich: Beck, 2012).

4.   A. Curry, "The World's First Temple?," *Smithsonian*, November 2008, 54 - 60; Patrick E. McGovern, *Uncorking the Past: The Quest for Wine, Beer, and Other Alcoholic Beverages* (Berkeley: University of California Press, 2009)([국역] 패트릭 E. 맥거번 지음, 김형근 옮김, 《술의 세계사: 알코올은 어떻게 인류 문명을 발효시켰나》, 글항아리, 2016), 81.

5.   A. Curry, "Seeking the Roots of Ritual," *Science* 319 (2008): 278 - 280; Curry, "The World's First Temple?"

6.   M. Rosenberg, "Hallan Çemi," in *Neolithic in Turkey*, ed. M. Ozdoğan (Istanbul: Arkeoloji ve Sanat Yayinlari, 1999), 25 - 33.

7.   Schmidt, *Göbleki Tepe*, 69 - 76; McGovern, *Uncorking the Past*, 77 - 78.

8.   Schmidt, *Göbleki Tepe*, 57 - 58; Karina Croucher, *Death and Dying in the Neolithic Near East* (Oxford: Oxford University Press, 2012), 221.

9.   Alan H. Simmons, *The Neolithic Revolution in the Near East: Transforming the Human Landscape* (Tucson: University of Arizona Press, 2007), 151.

10.   Schmidt, *Göbleki Tepe*, 231; Croucher, *Death and Dying*, 134; C. C. Mann, "The Birth of Religions," *National Geographic*, June 2011, 39 - 59.

11.   Croucher, *Death and Dying*, 139; Schmidt, *Göbleki Tepe*, 69; Dietrich et al., "First Came the Temple"; Curry, "The World's First Temple?"

12. Edward B. Tylor, *Primitive Culture: Researches Into the Development of Mythology, Philosophy, Religion, Language, Art and Custom*, 2 vols. (1871; New York: Holt, 1874), 1:427; James L. Cox, *The Invention of God in Indigenous Societies* (Durham: Acumen, 2014), 4; H. C. People, P. Duda, and F. W. Marlowe, "Hunter-Gatherers and the Origin of Religion," *Human Nature* 27 (2016): 261 – 282.

13. John Bailey, "Account of the Wild Tribes of the Veddahs of Ceylon: Their Habits, Customs, and Superstitions," in *Transactions*, vol. 2 (London: Ethnological Society of London, 1863), 301 – 302, http://ehrafworldcultures.yale.edu/document?id=ax05 – 002; C. G. Seligman, Brenda Z. Seligman, Charles Samuel Myers et al., Gunasekara, *The Veddas*, Cambridge Archaeological and Ethnological Series (Cambridge: Cambridge University Press, 1911), 30, http://ehrafworldcultures.yale.edu/document?id=ax05 – 001; Allan R. Holmberg, *Nomads of the Long Bow: The Siriono of Eastern Bolivia*, Smithsonian Institution, Institute of Social Anthropology (Washington, DC: Government Printing Office, 1950), 89, http://ehrafworldcultures.yale.edu/document?id=sf21 – 001; Pew Forum on Religion and Public Life Survey, August 2009, question 292a (Pew Research Center for People and the Press, 2012), 54.

14. Charles A. Bishop, *The Northern Ojibwa and the Fur Trade: An Historical and Ecological Study*, Cultures and Communities, Native Peoples (Toronto: Holt, Rinehart and Winston of Canada, 1974), 7, http://ehrafworldcultures.yale.edu/document?id=ng06 – 054; A. Irving Hallowell and Jennifer S. H. Brown, *The Ojibwa of Berens River, Manitoba: Ethnography Into History*, Case Studies in Cultural Anthropology (Fort Worth: Harcourt Brace Jovanovich, 1991), 76, http://ehrafworldcultures.yale.edu/document?id=ng06 – 058; Clark Wissler, *Societies and Dance Associations of the Blackfoot Indians*, Anthropological Papers of the American Museum of Natural History (New York: Trustees, 1913), 443, http://ehrafworldcultures.yale.edu/document?id=nf06 – 018; Kaj Birket-Smith, *The Chugach Eskimo*, Nationalmuseets Skrifter, Etnografisk Række (Kobenhavn: Nationalmuseets publikationsfond, 1953), 112 – 113, http://ehrafworldcultures.yale.edu/

document?id=na10 – 001; Frederica De Laguna, *Under Mount Saint Elias: The History and Culture of the Yakutat Tlingit*, Smithsonian Contributions to Anthropology (Washington, DC: Smithsonian, 1972), 606, http:// ehrafworldcultures.yale.edu/document?id=na12 – 020.

15. Geoffrey Parrinder, *African Traditional Religion* (London: Hutchinson University Library, 1954), 57 – 66; Lorna Marshall, "!Kung Bushman Religious Beliefs," in *Africa*, vol. 32 (London: Oxford University Press, 1962), 241, http://ehrafworldcultures.yale.edu/document?id=fx10 – 013; Lorna Marshall, *The !Kung of Nyae Nyae* (Cambridge: Harvard University Press, 1976), 53, http://ehrafworldcultures.yale.edu/ document?id=fx10 – 017; Tylor, *Primitive Culture*, 1:422. 다음의 글도 참조 하라. L. B. Steadman, C. T. Palmer, and C. T. Tilley, "The Universality of Ancestor Worship," *Ethnology* 35 (1996): 63 – 76.

16. Jacques Cauvin, *The Birth of the Gods and the Origins of Agriculture* (Cambridge: Cambridge University Press, 2000), 11, 원본은 1994년 출간된 *Naissance des Divinities, Naissance de l'Agriculture* (Paris, CNRS); Jared Diamond, *Guns, Germs, and Steel: The Fates of Human Societies* (New York: Norton, 1997)([국역] 제레드 다이아몬드 지음, 김진준 옮김, 《총 균, 쇠》, 문학사상사, 2005), 140.

17. Robert J. Wenke and Deborah I. Olszewski, *Patterns in Prehistory: Mankind's First Three Million Years* (Oxford: Oxford University Press, 2007), 250; Steven Mithen, *The Prehistory of the Mind: The Cognitive Origins of Art, Religion and Science* (London: Thames and Hudson, 1996), 218; M. Balter, "Seeking Agriculture's Ancient Roots," *Science* 316 (2007): 1830 – 1835에서 오리건 대학교 Douglas Kennett의 말을 재인용.

18. G. Willcox, "The Roots of Civilization in Southwestern Asia," *Science* 341 (2013): 39 – 40; Wenke and Olszewski, *Patterns in Prehistory*, 251.

19. McGovern, *Uncorking the Past*, 82, 13.

20. B. Hayden, N. Canuel, and J. Shanse, "What Was Brewing in the Natufian? An Archaeological Assessment of Brewing Technology in the Epipaleolithic," *Journal of Archaeological Method and Theory* 20 (2013): 102 – 150.

21. 같은 책; McGovern, *Uncorking the Past*, xiii, 81.

22. Chris Stringer, *Lone Survivors: How We Came to Be the Only Humans on Earth* (New York: Times, 2012), 166; Guthrie, *The Nature of Paleolithic Art*, 407 – 408; E. Pennisi, "Old Dogs Teach a New Lesson About Canine Regions," *Science* 342 (2013): 785 – 786.

23. "Sheep Domestication Caught in the Act," *Science* 344 (2014): 456; Juliet Clutton-Brock, *Domesticated Animals from Early Times* (Austin: University of Texas Press, 1981), 57 – 58.

24. Croucher, *Death and Dying*, 3, 24. 고고학자들은 토기 및 기타 유물의 존재 유무를 기준으로 하여, 신석기시대를 나투프(Natufian)(1만 4,500년 전~1 만 2,000년 전), 선토기(先土器) 신석기 A(prepottery Neolithic A)(1만 2,000 년 전~1만 500년 전), 선토기 신석기 B 초기(1만 500년 전~1만 100년 전), 선토기 신석기 B 중기(1만 100년 전~9,300년 전), 선토기 신석기 B 후기 (9,300년 전~8,700년 전), 선토기 신석기 B 말기(8,700년 전~8,300년 전), 토기 신석기(8,300년 전~7,200 년 전) 시대로 나눈다.

25. P. Skoglund, H. Malmström, M. Raghavan et al., "Origins and Genetic Legacy of Neolithic Farmers and Hunter-Gatherers in Europe," *Science* 336 (2012): 466 – 469; R. Bouckaert, P. Lemey, M. Dunn et al., "Mapping the Origins and Expansion of the Indo-European Language Family," *Science* 337 (2012): 957 – 960; Greger Larson, "How Wheat Came to Britain," *Science* 347 (2015): 945 – 946.

26. M. Balter, "New Light on Revolutions That Weren't," *Science* 336 (2012): 530 – 531; Wenke and Olszewski, *Patterns in Prehistory*, 375.

27. Gregory Cochran and Henry Harpending, *The 10,000 Year Explosion: How Civilization Accelerated Human Evolution* (New York: Basic, 2009), 31; Wenke and Olszewski, *Patterns in Prehistory*, 230.

28. X. Wu, C. Zhang, P. Goldberg et al., "Early Pottery at 20,000 Years Ago in Xianrendong Cave, China," *Science* 336 (2012): 1696 – 1700; G. Shelach, "On the Invention of Pottery," *Science* 336 (2012): 1644 – 1645; Wenke and Olszewski, *Patterns in Prehistory*, 261; Andrew Shryock and Daniel L. Smail, *Deep History* (Berkeley: University of California Press, 2011), 211; McGovern, *Uncorking the Past*, 39; A. Tucker, "Dig, Drink and Be Merry," *Smithsonian*, July – August 2011, 38 – 48.

29. Bellwood, *First Farmers*, 141 – 145.

30. Richard L. Burger, *Chavin and the Origins of Andean Civilization* (London: Thames and Hudson, 1992), 42; Wenke and Olszewski, *Patterns in Prehistory* 538 – 539, 262 – 268; Bellwood, *First Farmers*, 106 – 110.

31. Croucher, *Death and Dying*, 303; M. J. Rossano, "Supernaturalizing Social Life," *Human Nature* 18 (2007): 272 – 294; Brian Hayden, *Shamans, Sorcerers, and Saints* (Washington, DC: Smithsonian, 2003), 184 – 185; Mike Parker Pearson, *The Archaeology of Death and Burial* (College Station: Texas A and M University Press, 1999), 161.

32. Croucher, *Death and Dying*, 56, 238, 290.

33. 같은 책, 243.

34. Steve Olson, *Mapping Human History: Genes, Race, and Our Common Origins* (Boston: Houghton Mifflin, 2002), 97; Parker Pearson, *The Archaeology of Death and Burial*, 158.

35. Croucher, *Death and Dying*, 36, 41, 213.

36. Cauvin, *The Birth of the Gods*, 81.

37. Croucher, *Death and Dying*, 94 – 95; Cauvin, *The Birth of the Gods*, 113. 회반 죽을 바른 두개골이 농업혁명기의 서남아시아 사람들에게만 특유한 물건이 아니었고 세계 다른 지역에서도 이따금 발견된다는 사실을 지적해야겠다. 일례로 20세기 초 파푸아뉴기니의 회반죽 바른 두개골이 2012년 파리의 케브랑리 박물관에서 전시된 바 있다.

38. Jacquetta Hawkes, *The Atlas of Early Man* (New York: St. Martin's, 1976), 41; Michael Balter, *The Goddess and the Bull: Çatalhöyük: An Archeological Journey to the Dawn of Civilization* (Walnut Creek, CA: Left Coast, 2006), 282에서 Kathleen Kenyon, *Digging Up Jericho*; Croucher, *Death and Dying*, 152 – 153 를 재인용.

39. Croucher, *Death and Dying*, 143, 145, 214; Parker Pearson, *The Archaeology of Death and Burial*, 159.

40. Parker Pearson, *The Archaeology of Death and Burial*, 161; Schmidt, *Göblecki Tepe*, 38; Croucher, *Death and Dying*, 45, 124; "The Nahal Hemar Mask," *Current World Archeology* 66 (2014): 66; H.-D. Bienert, "The Er-Ram Stone Mask at the Palestine Exploration Fund, London," *Oxford Journal of*

Archaeology 9 (1990): 257 – 261.

41. Croucher, *Death and Dying*, 150.

42. 같은 책, 47; Simmons, *The Neolithic Revolution in the Near East*, 154 – 155.

43. Hawkes, *The Atlas of Early Man*, 41; Balter, *The Goddess and the Bull*, 42.

44. M. Balter, "The Seeds of Civilization," *Smithsonian*, May 2005, 68 – 74; Hawkes, *The Atlas of Early Man*, 41 – 42.

45. Croucher, *Death and Dying*, 111, 188; Wenke and Olszewski, *Patterns in Prehistory* 332 – 333; Balter, *The Goddess and the Bull*, 30, 37; Cauvin, *The Birth of the Gods*, 31; Hawkes, *The Atlas of Early Man*, 41.

46. Wenke and Olszewski, *Patterns in Prehistory*, 333; Croucher, *Death and Dying*, 111.

47. McGovern, *Uncorking the Past*, 33.

48. 같은 책, 40 – 41.

49. Michael E. Moseley, *The Incas and Their Ancestors: The Archaeology of Peru* (New York: Thames and Hudson, 1992), 86 – 87; T. D. Dillehay, J. Rossen, T. C. Andres et al., "Preceramic Adoption of Peanut, Squash, and Cotton in Northern Peru," *Science* 316 (2007): 1890 – 1893; Bellwood, *First Farmers*, 99; O. Hanotte, D. G. Bradley, J. W. Ochieng et al., "African Pastoralism: Genetic Imprints of Origins and Migrations," *Science* 296 (2002): 336 – 339; P. C. Sereno, E. A. A. Garcea, H. Jousse et al., "Lakeside Cemeteries in the Sahara: 5,000 Years of Holocene Population and Environmental Change," *PLoS ONE* 3 (2008): 1 – 22; Salima Ikram, *Death and Burial in Ancient Egypt* (London: Longman, 2003), 23; Kenneth L. Feder, *The Past in Perspective: An Introduction to Human History* (Mountain View, CA: Mayfield, 2000), 406 – 407.

50. Annemarie deWaal Malefijt, *Religion and Culture: An Introduction to Anthropology of Religion* (New York: Macmillan, 1968), 18 – 19; Tylor, *Primitive Culture*, 2:247.

51. Herbert Basedow, *The Australian Aboriginal* (Adelaide: F. W. Preece and Sons, 1925), http://ehrafworldcultures.yale.edu/document?id=oi08 – 007.

52. Edward L. Schieffelin and Robert Crittenden, *Like People You See in a Dream: First Contact in Six Papuan Societies* (Stanford: Stanford University Press,

1991), 74, 101, 171, 222. 다음의 글도 참조하라. Bob Connolly and Robin Anderson, *First Contact: New Guinea's Highlanders Encounter the Outside World* (New York: Viking, 1987); and Edward Marriott, *The Lost Tribe: A Harrowing Passage Into New Guinea's Heart of Darkness* (New York: Holt, 1996).

53. Schieffelin and Crittenden, *Like People You See*, 63, 92, 94; Croucher, *Death and Dying*, 125.

54. Cochran and Harpending, *The 10,000 Year Explosion*, 65; C. Haub, "How Many People Have Ever Lived on Earth?," Population Research Bureau, www.prb.org/Articles/2002/HowManyPeopleHaveEverLivedonEarth.aspx.

55. George P. Murdoch, *Ethnographic Atlas* (Pittsburgh: University of Pittsburgh Press, 1967), 52 (자료가 온라인에 올라와 있음); Guy Swanson, *The Birth of the Gods* (Ann Arbor: University of Michigan Press, 1960), 42, 56; F. L. Roes and M. Raymond, "Belief in Moralizing Gods," *Evolution and Human Behavior* 24 (2003): 126 – 135; A. F. Shariff , "Big Gods Were Made for Big Groups," *Religion, Brain and Behavior* 1 (2011): 89 – 93.

56. Cauvin, *The Birth of the Gods*, 112.

57. Parker Pearson, *The Archaeology of Death and Burial*, 164. 다음의 글도 참조하라. Simmons, *The Neolithic Revolution in the Near East*, 157.

58. Cauvin, *The Birth of the Gods*, 112; Balter, *The Goddess and the Bull*, x, 37 – 39; I. Hodder, "Women and Men at Çatalhöyük," *Scientific American* 290 (2004): 76 – 83; Cauvin, *The Birth of the Gods*, 32.

59. Balter, *The Goddess and the Bull*, 322.

60. "Ancestor Worship," *Encyclopedia Britannica* (Chicago: Encyclopedia Britannica, 1954), 1:888.

61. Guthrie, *The Nature of Paleolithic Art*, 405.

62. Georg F. Striedter, *Principles of Brain Evolution* (Sunderland, MA: Sinauer Associates, 2005), 333.

63. Paul E. Flechsig, *Anatomie des menschlichen Gehirns und Rückenmarks auf myelogenetischer Grundlage* (Leipzig: Thieme, 1920); N. Gogtay, J. N. Giedd, L. Lusk et al., "Dynamic Mapping of Human Cortical Development During Childhood Through Early Adulthood," *Proceedings of the National*

Academy of Sciences USA 101 (2004): 8174 – 8179; J. N. Giedd, "Structural Magnetic Resonance Imaging of the Adolescent Brain," *Annals of the New York Academy of Sciences* 1021 (2004): 77 – 85; T. M. Preuss, "Evolutionary Specializations of Primate Brain Systems," in *Primate Origins: Adaptations and Evolution*, ed. Matthew J. Ravosa and Marian Dagasto (New York: Springer, 2007), 625 – 675; John Allman, *Evolving Brains* (New York: Scientific American Library, 2000), 176; T. M. Preuss, "Primate Brain Evolution in Phylogenetic Context," in *Evolution of Nervous Systems*, vol. 4, *Primates*, ed. Jon H. Kaas and Todd M. Preuss (Oxford: Elsevier, 2007), 1 – 34.

64. P. T. Schoenemann, M. J. Sheehan, and L. D. Glotzer, "Prefrontal White Matter Volume Is Disproportionately Larger in Humans Than in Other Primates," *Nature Neuroscience* 8 (2005): 242 – 225.

7. 정부와 신들

1. Peter Bellwood, *First Farmers: The Origin of Agricultural Societies* (Malden, MA: Blackwell, 2005), 15; J. Nicholas Postgate, *Early Mesopotamia: Society and Economy at the Dawn of History* (London: Routledge, 1992), 112.

2. Postgate, *Early Mesopotamia*, 206 – 221; Samuel N. Kramer, *The Sumerians: Their History, Culture, and Character* (Chicago: University of Chicago Press, 1963), 73 – 111.

3. Brian Fagan, *People of the Earth: An Introduction to World Prehistory* (Upper Saddle River, NJ: Prentice Hall, 2004), 362 – 363; Kramer, *The Sumerians*, 73, 135.

4. Kramer, *The Sumerians*, 73 – 74.

5. Thorkild Jacobsen, *The Treasures of Darkness: A History of Mesopotamian Religion* (New Haven: Yale University Press, 1976), 26.

6. 같은 책, 110 – 111.

7. 같은 책, 20, 36.

8. 같은 책, 27; Kramer, *The Sumerians*, 110 – 111; Patrick E. McGovern,

Uncorking the Past: The Quest for Wine, Beer, and Other Alcoholic Beverages (Berkeley: University of California Press, 2009), 98; Glyn Edmund Daniel, *The First Civilizations: The Archaeology of Their Origins* (New York: Crowell, 1968), 74. 메소포타미아, 특히 수메르어 어원에서 파생했다고 알려진 그 밖의 영어 단어로는 gypsum(석고), myrrh(몰약), saffron(사프란), naphtha(나프타)가 있다.

9. Jacobsen, *The Treasures of Darkness*, 47, 36.

10. Kramer, *The Sumerians*, 132, 134, 154; George Roux, *Ancient Iraq*, 3rd ed. (London: George Allen and Unwin, 1964; New York: Penguin, 1992)([국역] 조르주 루 지음, 김유기 옮김, 《메소포타미아의 역사》, 한국문화사, 2013), 100; Julian Jaynes, *The Origins of Consciousness in the Breakdown of the Bicameral Mind* (Boston: Houghton Mifflin, 1976)([국역] 줄리언 제인스 지음, 김득룡 · 박주용 옮김, 《의식의 기원: 옛 인류는 신의 음성을 들을 수 있었다》, 연암서가, 2017), 162.

11. Kramer, *The Sumerians*, 126; M. Dirda, "In Search of Gilgamesh, the Epic Hero of Ancient Babylonia," *Washington Post Book World*, March 4, 2007; N. K. Sandars, *The Epic of Gilgamesh*, rev. ed. (New York: Penguin, 1972))[국역] N. K. 샌다즈 지음, 이현주 옮김, 《길가메시 서사시》, 범우사, 2000), 101 – 102. 길가메시는 약 4,700년 전에 실제로 수메르를 다스린 통치자였다고 생각된다.

12. Sandars, *The Epic of Gilgamesh*, 102, 106, 107, 115, 119.

13. Jacobsen, *The Treasures of Darkness*, 20, 73.

14. 같은 책, 83.

15. Roux, *Ancient Iraq*, 169; R. L. Zettler, "The Royal Cemetery of Ur," in *Treasures from the Royal Tombs of Ur*, ed. Richard L. Zettler and Lee Horne (Philadelphia: University of Pennsylvania Museum, 1998), 21 – 32, at 25; D. P. Hansen, "Art of the Royal Tombs of Ur: A Brief Interpretation," in Zettler and Horne, *Treasures*, 47.

16. R. L. Zettler, "The Burials of a King and Queen," in Zettler and Horne, *Treasures*, 35 – 36; Roux, *Ancient Iraq*, 137.

17. Postgate, *Early Mesopotamia*, 109, 118, 120; Kramer, *The Sumerians*, 117 – 118, 123; Roux, *Ancient Iraq*, 99.

18. Kramer, *The Sumarians*, 136 – 137; Postgate, *Early Mesopotamia*, 114 – 115,

135 – 136.

19. Postgate, *Early Mesopotamia*, 126 – 127; Kramer, *The Sumarians*, 142; Roux, *Ancient Iraq*, 132.

20. Jacobsen, *The Treasures of Darkness*, 78; Postgate, *Early Mesopotamia*, 252.

21. Roux, *Ancient Iraq*, 138 – 139, 141 – 142.

22. Postgate, *Early Mesopotamia*, 133, 253; Kramer, *The Sumarians*, 261, 90.

23. Roux, *Ancient Iraq*, 23. 크세노파네스의 말은 Clyde Kluckhohn, "Foreword," in *Reader in Comparative Religion: An Anthropological Approach*, ed. William A. Lessa and Evon Z. Vogt (New York: Harper and Row, 1979), v – vi에서 인용했다.; Baron de La Brède Montesquieu, *Lettres Persones* (Paris: Alphonse Lemerre, 1721), 59.

24. Roux, *Ancient Iraq*, 85.

25. Robert J. Wenke and Deborah I. Olszewski, *Patterns in Prehistory: Mankind's First Three Million Years* (Oxford: Oxford University Press, 2007), 382 – 383.

26. 같은 책, 389 – 390; Edith Hamilton, *The Greek Way to Western Civilization* (New York: Norton, 1930)([국역] 이디스 해밀턴 지음, 이지은 옮김, 《고대 그리스인의 생각과 힘》, 까치, 2009), 13; Salima Ikram, *Death and Burial in Ancient Egypt* (London: Longman, 2003), ix.

27. Ikram, *Death and Burial*, 152.

28. Kenneth L. Feder, *The Past in Perspective: An Introduction to Human History* (Mountain View, CA: Mayfield, 2000), 402; Ikram, *Death and Burial*, 152 – 153.

29. 미라 제작의 전 과정에 대한 설명은 Ikram, *Death and Burial*, and in Carol Andrews, *Egyptian Mummies* (Cambridge: Harvard University Press, 1984) 에서 찾아볼 수 있다.

30. Andrews, *Egyptian Mummies*, 83; Ikram, *Death and Burial*, 81 – 82.

31. Andrews, *Egyptian Mummies*, 30, 72.

32. Ikram, *Death and Burial*, 132, 200; McGovern, *Uncorking the Past*, 167.

33. Ikram, *Death and Burial*, 128 – 131; Andrews, *Egyptian Mummies*, 75, 79.

34. Bruce G. Trigger, *Understanding Early Civilizations* (New York: Cambridge University Press, 2003), 409.

35. Feder, *The Past in Perspective*, 409 – 410; Wenke and Olszewski, *Patterns in*

Prehistory, 417; A. Lawler, "The Indus Script—Write or Wrong?," *Science* 306 (2004): 2026 – 2029. 다음의 글도 참조하라. Burjor Avari, *India: The Ancient Past* (New York: Routledge, 2007), 44 – 45.

36. Bridget Allchin and Raymond Allchin, *The Rise of Civilization in India and Pakistan* (Cambridge: Cambridge University Press, 1982), 213; Mortimer Wheeler, *The Indus Civilization* (Cambridge: Cambridge University Press, 1962), 89; Avari, *India*, 48.

37. Allchin and Allchin, *The Rise of Civilization*, 217, 238, 305; A. Lawler, "Boring No More, a Trade-Savvy Indus Emerges," *Science* 320 (2008): 1276 – 1281.

38. David W. Anthony, ed., *The Lost World of Old Europe: The Danube Valley, 5,000 – 3,500 BC* (Princeton: Princeton University Press, 2010), 29.

39. Marija Gimbutas, *The Gods and Goddesses of Old Europe: Myths and Cult Images* (Berkeley: University of California Press, 1982), 11, 195; Douglas W. Bailey, "The Figurines of Old Europe," in Anthony, *The Lost World*, 113 – 127.

40. 바르나에서 발견된 유적과 유물에 대해서는 C. Renfrew, "Varna and the Social Context of Early Metallurgy," *Antiquity* 52 (1978)에 기술되어 있다.: 199 – 203; C. Renfrew, "Varna and the Emergence of Wealth in Prehistoric Europe," in *The Social Life of Things: Commodities in Cultural Perspective*, ed. Arjun Appadurai (Cambridge: Cambridge University Press, 1986), 141 – 168; Mike Parker Pearson, *The Archaeology of Death and Burial* (College Station: Texas A and M University Press, 1999), 79; and J. N. Wilford, "A Lost European Culture, Pulled from Obscurity," *New York Times*, December 1, 2009.

41. Renfrew, "Varna and the Emergence of Wealth."

42. C. Desdemaines-Hugon, *Stepping Stones: A Journey Through the Ice Age Caves of the Dordogne* (New Haven: Yale University Press, 2010), 144 – 145; J. O'Shea and M. Zvelebil, "Oleneostrovski Mogilnik: Reconstructing the Social and Economic Organization of Prehistoric Foragers in Northern Russia," *Journal of Anthropological Archaeology* 3 (1984): 1 – 40.

43. M. J. O'Kelly, "The Megalithic Tombs of Ireland," in *The Megalithic*

Monuments of Western Europe, ed. Colin Renfrew (London: Thames and Hudson, 1983), 113 – 126, at 113; R. Chapman, "The Emergence of Formal Disposal Areas and the 'Problem' of Megalithic Tombs in Prehistoric Europe," in *The Archeology of Death*, ed. Robert Chapman, Ian Kinnes, and Klaves Randborg (Cambridge: Cambridge University Press, 1981), 71.

44.   Jean-Pierre Mohen, *Standing Stones: Stonehenge, Carnac, and the World of Megaliths* (London: Thames and Hudson, 1999), 82 – 83.

45.   같은 책, 55.

46.   C. Renfrew, "Introduction: The Megalithic Builders of Western Europe," in Renfrew, *The Megalithic Monuments*, 8 – 17, 9; Mohen, *Standing Stones*, 57; P.-R. Giot, "The Megaliths of France," in Renfrew, *The Megalithic Monuments*, 18 – 28, 26 – 27. 다음의 글도 참조하라. B. Bramanti, M. G. Thomas, W. Haak et al., "Genetic Discontinuity Between Local Hunter-Gatherers and Central Europe's First Farmers," *Science* 326 (2009): 137 – 140.

47.   Wenke and Olszewski, *Patterns in Prehistory*, 462.

48.   M. Balter, "Monumental Roots," *Science* 343 (2014): 18 – 23; Roff Smith, "Before Stonehenge," *National Geographic*, August 2014, 26 – 51.

49.   Caroline Malone, *The Prehistoric Monuments of Avebury* (Swindon: National Trust, 1994), 38, 39, 47.

50.   같은 책, 21 – 25.

51.   같은 책, 10 – 13.

52.   Mark Gillings and Joshua Pollard, *Avebury* (London: Gerald Duckworth, 2004), 72 – 73.

53.   Aubrey Burl, *A Guide to the Stone Circles of Britain, Ireland and Brittany* (New Haven: Yale University Press, 1995), 87.

54.   Timothy Darvill, *Long Barrows of the Cotswolds and Surrounding Areas* (Stroud, Gloucestershire: Tempus, 2004), 165 – 168, 212; Malone, *The Prehistoric Monuments*, 29 – 32; Brian Hayden, *Shamans, Sorcerers, and Saints* (Washington, DC: Smithsonian, 2003), 229.

55.   Aubrey Burl, *Prehistoric Stone Circles* (Aylesbury: Shire, 1979), 10, 42; Gillings and Pollard, *Avebury*, 63 – 64.

56. Kwang-chih Chang, *The Archeology of Ancient China*, 4th ed. (New Haven: Yale University Press, 1986), 248; Wenke and Olszewski, *Patterns in Prehistory*, 432.

57. Robert H. Bellah, *Religion in Human Evolution: From the Paleolithic to the Axial Age* (Cambridge: Harvard University Press, 2011), 250-251.

58. A. Lawler, "Beyond the Yellow River: How China Became China," *Science* 325 (2009): 930-935; Trigger, *Understanding Early Civilizations*, 422.

59. Feder, *The Past in Perspective*, 412; Chang, *The Archeology of Ancient China*, 255, 276; McGovern, *Uncorking the Past*, 51.

60. R. S. Solis, J. Haas, and W. Creamer, "Dating Caral, a Preceramic Site in the Supe Valley on the Central Coast of Peru," *Science* 292 (2001): 723-726.

61. P. J. McDonnell, "Plaza in Peru May Be the Americas' Oldest Urban Site," *Los Angeles Times*, February 26, 2008; Richard L. Burger, *Chavin and the Origins of Andean Civilization* (London: Thames and Hudson, 1992), 80.

62. Burger, *Chavin*, 35-36.

63. Solis et al., "Dating Caral."

64. Ruth Shady Solis, Marco Machacuay Romero, Daniel Caceda Guillén et al., *Caral, the Oldest Civilization in the Americas: 15 Years Unveiling Its History* (Lima: Institute Nacional de Cultura, 2009), 46-53. 다음의 글도 참조하라. Solis et al., "Dating Caral"; C. C. Mann, "Oldest Civilization in the Americas Revealed," *Science* 307 (2005): 34-35; J. Haas and A. Ruiz, "Power and the Emergence of Complex Polities in the Peruvian Preceramic," *Archaeological Papers of the American Anthropological Association* 14 (2005): 37-52; J. Haas and W. Creamer, "Crucible of Andean Civilization: The Peruvian Coast from 3000 to 1800 BC," *Current Anthropology* 47 (2006): 745-775.

65. J. A. Lobell, "Atacama's Decaying Mummies," *Archaeology*, September-October 2015; Michael E. Moseley, *The Incas and Their Ancestors: The Archaeology of Peru* (New York: Thames and Hudson, 1992), 93-94, 144; Fagan, *People of the Earth*, 527.

66. H. Hoag, "Oldest Evidence of Andean Religion Found," *Nature*, April 15, 2003, www.nature.com/news/2003/030415/full/news030414-4.html;

Mann, "Oldest Civilization."

67. Émile Durkheim, *The Elementary Forms of Religious Life* (1912; Oxford: Oxford University Press, 2001), 314; Toynbee의 말은 Theodosius Dobzhansky, *The Biology of Ultimate Concern* (New York: New American Library, 1967), 94에서 재인용.

68. Burger, *Chavin*, 175, 149 – 150. 다음의 글도 참조하라. Feder, *The Past in Perspective*, 378.

69. Moseley, *The Incas and Their Ancestors*, 155.

70. Karen Armstrong, *The Great Transformation: The Beginning of Our Religious Traditions* (New York: Knopf, 2006)([국역] 카렌 암스트롱 지음, 정영목 옮김, 《축의 시대: 종교의 탄생과 철학의 시작》, 교양인, 2010), 390.

71. Karl Jaspers, *The Future of Mankind* (Chicago: University of Chicago Press, 1961), 135; John Hick, *An Interpretation of Religion: Human Responses to the Transcendent* (New Haven: Yale University Press, 2004), 31; E. Weil, "What Is a Breakthrough in History?," *Daedalus* 104 (1975): 21 – 36; Karen Armstrong, *A History of God: The 4,000-Year Quest of Judaism, Christianity, and Islam* (New York: Ballantine, 1993)([국역] 카렌 암스트롱 지음, 배국원 · 유지황 옮김, 《신의 역사: 유대교, 기독교, 이슬람의 4,000년간 유일신의 역사》, 동연, 1999), 27.

72. 바빌론의 왕도에 새겨진 명문은 베를린의 페르가몬 박물관에 가면 볼 수 있다. William James, *The Varieties of Religious Experience* (New York: Random House, 1929), 514, first published in 1902. Luther의 말은 Corliss Lamont, *The Illusions of Immortality* (1935; New York: Continuum, 1990), 2에서 재인용했다.

73. H. Horn, "Where Does Religion Come From?," *Atlantic*, August 17, 2011, www.theatlantic.com/entertainment/archive/2011/08/where-does-religion-come-from/243723/.

74. Bismarck의 말은 Diamond, *Guns, Germs, and Steel*, 420에서 재인용했다.

75. Annemarie deWaal Malefijt, *Religion and Culture: An Introduction to Anthropology of Religion* (New York: Macmillan, 1968), 17. 다음의 글도 참조하라. Arthur Cotterell and Rachel Storm, *The Ultimate Encyclopedia of Mythology* (London: Hermes House, 1999), 21; and Armstrong, *The Great*

Transformation, 106.

76. Kramer, *The Sumerians* , 292 – 296; Armstrong, *A History of God* , 23; 페르시아가 유대인에게 끼친 영향은 구약성서 〈이사야〉 45장 1절과 〈에즈라〉 1장 2절, 6장 3~8절 참조; Mary Boyce, *Zoroastrians:Their Religious Beliefs and Practices* (Boston: Routledge and Kegan Paul, 1979), 51 – 53, 76 – 77, 99, 152 – 153. 조로아스터교 신학에 따르면, 동정녀의 출산이 가능한 것은 자라투스트라의 정액이 호수에 보존되어 있다고 전해지기 때문이다. "세 동정녀가 긴 시간 간격을 두고 차례로...그곳에서 목욕을 하여 선지자의 아들을 잉태할 것이며... 이 세 아들은 각각 자기 몫의 구원 사역을 완성할 것이다." 다음을 참조하라. Peter Clark, *Zoroastrianism:An Introduction to an Ancient Faith* (Portland, OR: Sussex Academic Press, 1998), 65 – 67; Mary Boyce, *A History of Zoroastrianism*, vol. 1 (New York: Brill, 1989), 285; Boyce, *Zoroastrians*, 154 – 155; and Richard Foltz, *Spirituality in the Land of the Noble:How Iran Shaped the World's Religions* (London: Oneworld, 2004), 25.

77. Robin Dunbar, *The Human Story:A New History of Mankind's Evolution* (London: Faber and Faber, 2004), 183, 197; Armstrong, *A History of God*, xix, 4, 362.

78. Ernest Becker, *The Denial of Death* (New York: Free, 1973), 26, 51.

8. 신의 기원에 대한 다른 이론들

1. John Micklethwait and Adrian Wooldridge, *God Is Back:How the Global Revival of Faith Is Changing the World* (New York: Penguin, 2009), 134.

2. Charles Darwin, *The Descent of Man, and Selection in Relation to Sex* (London: John Murray, 1871), pt. 2, pp. 67, 68.

3. Sam Harris, *The End of Faith* (New York: Norton, 2004)([국역] 샘 해리스 지음, 김원옥 옮김,《종교의 종말》, 한언, 2005), 38.

4. Edward B. Tylor, *Primitive Culture: Researches Into the Development of Mythology, Philosophy, Religion, Language, Art and Custom*, 2 vols. (1871; New York: Holt, 1874), 2:2.

5. Daniel L. Pals, *Seven Theories of Religion* (New York: Oxford University Press,

1996), 114, 112, 89; Émile Durkheim, *The Elementary Forms of Religious Life* (1912; Oxford: Oxford University Press, 2001), 46.

6. Nicholas Wade, *The Faith Instinct: How Religion Evolved and Why It Endures* (New York: Penguin, 2009), 58, 10, 2, 9; Barbara J. King, *Evolving God: A Provocative View on the Origins of Religion* (New York: Doubleday, 2007), 7, 56.

7. David Sloan Wilson, *Darwin's Cathedral: Evolution, Religion, and the Nature of Society* (Chicago: University of Chicago Press, 2002)([국역] 데이비드 슬론 윌슨 지음, 이철우 옮김,《종교는 진화한다》, 아카넷, 2005), 165.

8. Wade, *The Faith Instinct*, 280.

9. Pascal Boyer, *Religion Explained: The Evolutionary Origins of Religious Thought* (New York: Basic, 2001)([국역] 파스칼 보이어 지음, 이창익 옮김,《종교, 설명하기: 종교적 사유의 진화론적 기원》, 동녘사이언스, 2015), 23; M. Bateson, D. Nettle, and G. Roberts, "Cues of Being Watched Enhance Cooperation in Real-World Setting," *Biology Letters* 2 (2006): 412–414. 이 주제는 다음의 글에도 잘 요약되어 있다. Dominic Johnson and Jesse Bering, "Hand of God, Mind of Man: Punishment and Cognition in the Evolution of Cooperation," in *The Believing Primate: Scientific, Philosophical, and Theological Reflections on the Origin of Religion*, ed. Jeffrey Schloss and Michael I. Murray (New York: Oxford University Press, 2009), 26–43. 아동을 대상으로 한 연구는 다음의 글을 참조하라. S. Vogt, C. Eff erson, J. Berger et al., "Eye Spots Do Not Increase Altruism in Children," *Evolution and Human Behavior*, 2015, doi:10.1016/j.evolhumbehav.2014.11.007. 친사회적 이론의 강점 중 하나는 지지자들이 이 이론의 과학적 검증을 시도한다는 것이다. 예를 들어 다음의 글을 참조하라. B. G. Purzycki, C. Apicella, Q. D. Atkinson et al., "Moralistic Gods, Supernatural Punishment and the Expansion of Human Sociality (Letter)," *Nature* 530 (2016): 327–330.

10. Jesse Bering, *The Faith Instinct* (New York: Norton, 2011), 190.

11. Ara Norenzayan, *Big Gods: How Religion Transformed Cooperation and Conflict* (Princeton: Princeton University Press, 2013); Dominic Johnson, *God Is Watching You: How the Fear of God Makes Us Human* (New York: Oxford University Press, 2016). 다음의 글은 이 두 책이 매우 유사함을 상술하고

있다. Johnson, "Big Gods, Small Wonder, Supernatural Punishment Strikes Back," *Religion, Brain and Behavior* 5 (2015): 290 – 298. 친사회적 이론을 훌륭하게 요약한 다음의 글도 참조하라. A. Norenzayan, A. F. Shariff, W. M. Gervais et al., "The Cultural Evolution of Prosocial Religions," *Behavioral and Brain Sciences*, 2016, doi:10.1017/S0140525X14001356.

12.   Johnson, *God Is Watching You*, 3, 96, 73.

13.   Karen Armstrong, *A History of God: The 4,000-Year Quest of Judaism, Christianity, and Islam* (New York: Ballantine, 1993), 389; Robert H. Bellah, *Religion in Human Evolution: From the Paleolithic to the Axial Age* (Cambridge: Harvard University Press, 2011), 1.

14.   Patrick McNamara, *The Neuroscience of Religious Experience* (Cambridge: Cambridge University Press, 2009), 41, 163, 258.

15.   Pals, *Seven Theories of Religion*, 79.

16.   Coke Newell, *Latter Days: An Insider's Guide to Mormonism, the Church of Jesus Christ of Latter-Day Saints* (New York: St. Martin's Griffin, 2000), 240, 236, 241 – 242.

17.   Robert A. Hinde, *Why Gods Persist: A Scientific Approach to Religion* (London: Routledge, 1999), 67; David J. Linden, *The Accidental Mind: How Brain Evolution Has Given Us Love, Memory, Dreams, and God* (Cambridge: Harvard University Press, 2007), 225.

18.   Lionel Tiger and Michael McGuire, *God's Brain* (Amherst, NY: Prometheus, 2010)([국역] 라이오넬 타이거 · 마이클 맥과이어 지음, 김상우 옮김, 《신의 뇌》, 와이즈북, 2012), 20, 202 – 204.

19.   Boyer, *Religion Explained*, 21; Stewart Guthrie, *Faces in the Clouds: A New Theory of Religion* (New York: Oxford University Press, 1993), 13.

20.   Hinde, *Why Gods Persist*, 215, 216; Theodosius Dobzhansky, *The Biology of Ultimate Concern* (New York: New American Library, 1967), 92.

21.   Stewart Guthrie, *Faces in the Clouds*, 3, 7, 6.

22.   Michael Shermer, *How We Believe: The Search for God in an Age of Science* (New York: Freeman, 2000), 38 – 39; Boyer, *Religion Explained*, 318, 330; Daniel C. Dennett, *Breaking the Spell: Religion as a Natural Phenomenon* (New York: Viking, 2006)([국역] 대니얼 데닛 지음, 김한영 옮김, 《주문을 깨다: 우리는 어떻게

해서 종교라는 주문에 사로잡혔는가?》, 동녘사이언스, 2010), 109, 114.

23. McNamara, *The Neuroscience of Religious Experience*. 특히 5장을 참조하라.

24. Matthew Alper, *The "God" Part of the Brain* (New York: Rogue, 2001), 113;
V. S. Ramachandran and Sandra Blakeslee, *Phantom in the Brain: Probing
the Mysteries of the Human Mind* (New York: HarperCollins, 1998)([국역] 빌
라야누르 라마찬드란 · 샌드라 블레이크스리 지음, 신상규 옮김, 《라마찬드란 박
사의 두뇌 실험실: 우리의 두뇌 속에는 무엇이 들어 있는가?》, 바다출판사, 2015),
179; Michael A. Persinger, *Neuropsychological Bases of God Beliefs* (New York:
Praeger, 1987), 14, 19.

25. D. De Ridder, K. Van Laere, P. Dupont et al., "Visualizing out-of-
Body Experience in the Brain," *New England Journal of Medicine* 357
(2007): 1829 – 1833; P. Brugger, M. Regard, and T. Landis, "Unilaterally
Felt 'Presences': The Neuropsychiatry of One's Invisible *Doppelgänger*,"
Neuropsychiatry, Neuropsychology, and Behavioral Neurology 9 (1996): 114 – 122;
C. Urgesi, S. M. Aglioti, M. Skrap et al., "The Spiritual Brain: Selective
Cortical Lesions Modulate Human Self-Transcendence," *Neuron* 65 (2010):
309 – 319; Alper, *The "God" Part of the Brain*, 188.

26. R. Joseph, "The Limbic System and the Soul: Evolution and the
Neuroanatomy of Religious Experience," *Zygon* 36 (2001): 105 – 136;
A. D. Owen, R. D. Hayward, H. G. Koenig et al., "Religious Factors
and Hippocampal Atrophy in Late Life," *PLoS One* 6 (2011): e17006;
McNamara, *The Neuroscience of Religious Experience*, xi, 245.

27. Andrew Newberg and Mark R. Waldman, *Why We Believe What We Believe*
(New York: Free, 2006), 175 – 176. 다음의 글도 참조하라. Eugene d'Aquili
and Andrew G. Newberg, *The Mystical Mind: Probing the Biology of Religious
Experience* (Minneapolis: Fortress, 1999); R. D. Hayward, A. D. Owen,
H. G. Koenig et al., "Associations of Religious Behavior and Experiences
with Extent of Regional Atrophy in the Orbitofrontal Cortex During Older
Adulthood," *Religion, Brain and Behavior* 1 (2011): 103 – 118; M. Inzlicht, A.
M. Tullett, and M. Good, "The Need to Believe: A Neuroscience Account
of Religion as a Motivated Process," *Religion, Brain and Behavior* 1 (2011):
192 – 251; N. P. Azari, J. Nickel, G. Wunderlich et al., "Neural Correlates

of Religious Experience," *European Journal of Neuroscience* 13 (2001): 1649 – 1652.

28. McNamara, *The Neuroscience of Religious Experience*, xi; D. Kapogiannis, A. K. Barbey, M. Su et al., "Neuroanatomical Variability in Religiosity," *PLoS ONE* 4 (2009): e7180.

29. R. Dale Guthrie, *The Nature of Paleolithic Art* (Chicago: University of Chicago Press, 2005), 440; Nancy L. Segal, *Born Together—Reared Apart: The Landmark Minnesota Twin Study* (Cambridge: Harvard University Press, 2012), 144, 252.

30. Alper, *The "God" Part of the Brain*, 78, 82.

31. Dean Hamer, *The God Gene: How Faith Is Hardwired Into Our Genes* (New York: Anchor, 2004)([국역] 딘 해머 지음, 신용협 옮김, 《신의 유전자: 믿음의 생물학적 증거》, 씨앗을뿌리는사람, 2011), 9 – 12, 139.

32 . Julian Jaynes, *The Origins of Consciousness in the Breakdown of the Bicameral Mind* (Boston: Houghton Mifflin, 1976), 143.

33. R. M. Henig, "God Has Always Been a Puzzle," *New York Times Magazine*, March 4, 2007, 37 – 85, at 39. 이 문제에 대한 상세한 논의는 다음의 글을 참조하라. J. P. Schloss and M. J. Murray, "Evolutionary Accounts of Belief in Supernatural Punishment: A Critical Review," *Religion, Brain and Behavior* 1 (2011): 46 – 99; Schloss and Murray, *The Believing Primate*.

34. A. F. Shariff and A. Norenzayan, "God Is Watching You," *Psychological Science* 18 (2007): 803 – 809; Wade, *The Faith Instinct*, 9 – 10.

35. Hamer, *The God Gene*, 10; Alper, *The "God" Part of the Brain*, 102; McNamara, *The Neuroscience of Religious Experience*, 28.

36. C. S. Alcorta, "Religion, Health, and the Social Signaling Model of Religion," *Religion, Brain and Behavior* 1 (2012): 213 – 216.

37. Scott Atran, *In Gods We Trust: The Evolutionary Landscape of Religion* (New York: Oxford University Press, 2002), 279; Richard Dawkins, *The God Delusion* (Boston: Houghton Mifflin, 2006)([국역] 리처드 도킨스 지음, 이한음 옮김, 《만들어진 신》, 김영사, 2007), 172.

38. 이 경쟁은 구약성서 〈열왕기상〉 18장 20~40절에 기록되어 있다. 펠릭스 멘델스존의 오라토리오 〈엘리야〉도 이 이야기를 기반으로 하고 있다.

39. Matthew White, *The Great Big Book of Horrible Things: The Definitive Chronicle of History's 100 Worst Atrocities* (New York: Norton, 2012), 107, 112; Sam Harris, *Letter to a Christian Nation* (New York: Knopf, 2006; New York: Vintage, 2008)([국역] 샘 해리스 지음, 박상준 옮김,《기독교 국가에 보내는 편지》, 동녘사이언스, 2008), xii, 91.

40. Dostoevsky의 말은 다음의 글에서 재인용했다. Dobzhansky, *The Biology of Ultimate Concern*, 63; J. Gorden Melton, ed., *The Encyclopedia of American Religions: Creeds* (Detroit: Gale Research, 1988); John Micklethwait and Adrian Wooldridge, *God Is Back: How the Global Revival of Faith Is Changing the World* (New York: Penguin, 2009), 215; James G. Frazer, *The Fear of the Dead in Primitive Religion* (New York: Collier-MacMillan, 1933; New York: Biblo and Tannen, 1966), vi.

41. Jesus, a Humble Prophet of God, Al Islam, www.alislam.org/topics/jesus/index.php; S. Aziz, "Death of Jesus," bulletin, October 2001, Ahmadiyya Anjuman Ishaat Islam Lahore, UK, www.aaiil.org/uk/newsletters/2001/1001ukbulletin.pdf; A. A. Chaudhry, "The Promised Mahdi and Messiah," Islam International Publications Limited, www.alislam.org/library/books/promisedmessiah/index.htm?page=50; James E. Talmage, *Jesus the Christ* (Salt Lake City: Church of Jesus Christ of Latter-Day Saints, 1981), 721–736.

42. Michael Balter, *The Goddess and the Bull: Çatalhöyük: An Archeological Journey to the Dawn of Civilization* (Walnut Creek, CA: Left Coast, 2006), 320–321.

43. Timothy Darvill, *Long Barrows of the Cotswolds and Surrounding Areas* (Stroud, Gloucestershire: Tempus, 2004), 239; Robert Silverberg, *The Mound Builders* (Athens: Ohio University Press, 1970), 204–205; Moundbuilders Country Club, "The Beginning," www.moundbuilderscc.com.

44. Percy Bysshe Shelley, "Ozymandias," 1818([국역] 퍼시 비시 셸리 지음, 김천봉 옮김,《겨울이 오면 봄이 저 멀리 있을까?》, "오지만디아스", 이담북스, 2009), www.rc.umd.edu/rchs/reader/ozymandias.html.

부록 A

1. Gerhard Roth, *The Long Evolution of Brains and Minds* (New York: Springer, 2013), 234.

2. 같은 책, 235. 말이집을 만드는 신경아교세포를 희소돌기아교세포라고 한 다.

3. P. T. Schoenemann, M. J. Sheehan, and L. D. Glotzer, "Prefrontal White Matter Volume Is Disproportionately Larger in Humans Than in Other Primates," *Nature Neuroscience* 8 (2005): 242 – 252; T. Sakai, A. Mikami, M. Tomonaga et al., "Differential Prefrontal White Matter Development in Chimpanzees and Humans," *Current Biology* 21 (2011): 1397 – 1402; David C. Geary, *The Origin of Mind: Evolution of Brain, Cognition, and General Intelligence* (Washington, DC: American Psychological Association, 2005), 230. 다음의 글도 참조하라. J. K. Rilling and T. R. Insel, "The Primate Neocortex in Comparative Perspective Using Magnetic Resonance Imaging," *Journal of Human Evolution* 37 (1999): 191 – 233; and C. C. Sherwood, R. L. Holloway, K. Semendeferi et al., "Is Prefrontal White Matter Enlargement a Human Evolutionary Specialization? (Letter)," *Nature Neuroscience* 8 (2005): 537 – 538.

4. O. Langworthy, "Development of Behavior Patterns and Myelinization of the Nervous System in the Human Fetus and Infant," *Contributions to Embryology* 139 (1933): 1 – 57. 이와 관련하여, 다음의 글도 참조하라. P. I. Yakovlev and A.-R. Lecours, "The Myelogenetic Cycles of Regional Maturation of the Brain," in *Regional Development of the Brain in Early Life*, ed. Alexandre Minkowski (Oxford: Blackwell, 1967), 3 – 70, at 64 – 66.

5. Paul E. Flechsig, *Anatomie des menschlichen Gehirns und Rückenmarks auf myelogenetischer Grundlage* (Leipzig: Thieme, 1920). 플레시히가 수행한 연구 의 상당 부분은 다른 연구자들에 의해 반복 검증되었다.; 다음의 글을 참조 하라. Percival Bailey and Gerhardt von Bonin, *The Isocortex of Man* (Urbana: University of Illinois Press, 1951), 265. 말이집 형성 시점에 대해서는 다 음의 글을 참조하라. F. M. Benes, "Myelination of Cortical-Hippocampal

Relays During Late Adolescence," *Schizophrenia Bulletin* 15 (1989): 585 – 593; and Yakovlev and Lecours, "The Myelogenetic Cycles," 61.

6. Rilling and Insel, "The Primate Neocortex"; K. Zilles, E. Armstrong, A. Schleicher et al., "The Human Pattern of Gyrification in the Cerebral Cortex," *Anatomy and Embryology* 179 (1988): 173 – 179; N. W. Ingalls, "The Parietal Region in the Primate Brain," *Journal of Comparative Neurology* 24 (1914): 291 – 341; Bailey and von Bonin, *The Isocortex of Man*, 49; R. Holloway, "Evolution of the Human Brain," in *Handbook of Human Symbolic Evolution*, ed. Andrew Lock and Charles R. Peters (Oxford: Clarendon, 1996), 74 – 125, at 83. 뇌 진화를 알 수 있는 다른 척도들도 있다. 신경 연결(시냅스)의 형성도 같은 방향을 가리키고 있지만 연구가 그만큼 많이 이루어지지 않았다. 다음을 참조하라. P. R. Huttenlocher, C. De Courten, L. J. Garey et al., "Synaptic Development in Human Cerebral Cortex," *International Journal of Neurology* 16 – 17 (1982 – 1983): 144 – 154; and P. R. Huttenlocher and A. S. Dabholkar, "Regional Differences in Synaptogenesis in Human Cerebral Cortex," *Journal of Comparative Neurology* 387 (1997): 167 – 178. 이 연구들은 이마앞겉질의 시냅스가 다른 뇌 영역보다 늦게 형성된다는 것을 보여 주었다.

찾아보기

뇌의 진화, 신의 출현
초기 인류와 종교의 기원

E. 풀러 토리 지음 | 유나영 옮김

2019년 11월 25일 초판 1쇄 발행
2020년 10월 30일 초판 2쇄 인쇄

펴낸이 이제용 | 펴낸곳 갈마바람 | 등록 2015년 9월 10일 제2019-000004호
주소 (06775) 서울시 서초구 논현로 83, A동 1304호(양재동, 삼호물산빌딩)
전화 (02) 517-0812 | 팩스 (02) 578-0921
전자우편 galmabaram@naver.com
블로그 blog.naver.com/galmabaram
페이스북 www.facebook.com/galmabaram

편집 오영나 | 디자인 이새미
인쇄·제본 공간

ISBN 979-11-964038-6-7 03470

이 도서의 국립중앙도서관 출판예정도서목록(CIP)은 서지정보유통지원시스템 홈페이지
(http://seoji.nl.go.kr)와 국가자료종합목록시스템(http://www.nl.go.kr/kolisnet)에서
이용하실 수 있습니다. (CIP제어번호 : CIP2019045553)

책값은 뒤표지에 있습니다.
잘못된 책은 구입하신 곳에서 바꾸어 드립니다.